北京市
水生态补偿制度研究

居江　李其军　韩丽　孙凤华 等 著

中国水利水电出版社
www.waterpub.com.cn
·北京·

内 容 提 要

北京市水生态系统是以水域为核心，由城市生态系统和农林业生态系统耦合构成的生命共同体。水生态系统修复主要是通过拟自然方式，即不是让生态系统简单恢复到自然状态，而是通过人工调控驱动水生态系统演变，使其从指标特征值上不低于甚至优于自然状态，从而实现人与自然和谐共生。本书基于北京市水生态系统特点和保护修复工作的体制机制，遵循水生态系统演变的规律，从补偿目标、指标、权责和动态改进4个维度耦合，研究构建了4D型北京市水生态补偿制度集，可为北京市落实国家关于建立生态补偿制度的相关部署，构建水生态补偿制度，采用经济手段推动水生态保护修复发挥技术支撑作用。

本书可为各级政府、科研单位及高等院校等相关人士研究和践行水生态补偿制度提供借鉴。

图书在版编目（CIP）数据

北京市水生态补偿制度研究 / 居江等著. -- 北京 : 中国水利水电出版社, 2023.8
ISBN 978-7-5226-1752-7

Ⅰ. ①北… Ⅱ. ①居… Ⅲ. ①水环境－生态环境－补偿机制－研究－北京 Ⅳ. ①X143

中国国家版本馆CIP数据核字(2023)第152126号

书　　名	**北京市水生态补偿制度研究** BEIJING SHI SHUISHENGTAI BUCHANG ZHIDU YANJIU
作　　者	居江　李其军　韩丽　孙凤华　等 著
出版发行	中国水利水电出版社 （北京市海淀区玉渊潭南路1号D座　100038） 网址：www.waterpub.com.cn E-mail：sales@mwr.gov.cn 电话：（010）68545888（营销中心）
经　　售	北京科水图书销售有限公司 电话：（010）68545874、63202643 全国各地新华书店和相关出版物销售网点
排　　版	中国水利水电出版社微机排版中心
印　　刷	北京中献拓方科技发展有限公司
规　　格	170mm×240mm　16开本　13.75印张　269千字
版　　次	2023年8月第1版　2023年8月第1次印刷
定　　价	**90.00**元

本书编写人员名单

居　江　李其军　韩　丽　孙凤华　韩中华

马东春　蔡　玉　邱彦昭　范秀娟　孙桂珍

唐摇影　陈瑞晖　林跃朝　刘可暄　薛万来

常国梁　孟庆义　李永坤　卢亚静　郑凡东

于　磊　楼春华　李　垒　黄俊雄　邓捷铭

王建慧　王远航　石建杰　杨默远　杨　勇

李炳华　陈　楠　邸苏闯　綦中跃　张　霓

汪元元　杨　浩　胡秀琳　高　琳　詹莉莉

曹天昊　李少华　张小侠

前 言

党的十八大把生态文明建设纳入国家发展“五位一体”总体布局，开启了生态文明建设和绿色发展的新篇章。生态保护补偿制度是落实生态保护权责、调动各方参与生态保护积极性、推进生态文明建设的重要手段。水生态系统是生态系统的基础和重要组成部分。北京市是在水资源自然禀赋严重不足的基础上建成的超大城市，人类活动对水生态循环的干扰尤为剧烈，属于以水域为核心的由城市和农林业生态系统耦合构成的人工水生态系统。北京市水生态系统的特点决定了水生态修复不能是简单地退回自然状态，而是站在人与自然和谐共生的高度，用更加精细化的拟生态调控，以防御洪涝灾害（水多），消除河道干涸断流、地下水超采（水少），治理水环境恶化（水脏），遏制水生态退化和保障水安全为主线，以“安全、洁净、生态、优美、为民”为目标，努力建设一个更加适合人类生存发展、生态更加优美、生态价值更高的新型水生态系统，实现人与自然的融合互济。

作者基于北京市水生态系统的特点，以及多年水生态保护修复的技术支撑理论和实践，紧密结合北京实际，在借鉴吸收国内外生态补偿成果的基础上，系统、持续开展北京市水生态补偿制度研究构建，取得了系列成果，主要特点如下。

1. 整体性着手、系统性构建

采用系统方法进行北京市水生态补偿制度的总体架构研究设计，基于北京市水生态系统保护修复的整体性和特点，遵循水生态系统演变的规律，结合北京市水生态保护修复工作体制机制，耦合4个维度形成4D型水生态补偿成果集。

2. 提出了基于水生态价值提升偏好的补偿方式

以北京市水生态保护修复的目标为导向，从补偿金分配方法和使用规则入手，突破传统补偿交易方式，提出了基于水生态价值提升偏好的补偿方式。将赔偿类补偿金大部分返还给赔偿者，专款专用于消除对水生态的破坏，从而提升水生态价值，整体增进人民福祉。

3. 基于拟生态理念和多学科融合的技术方法

（1）基于北京市水生态系统人工化的特点，采用拟生态的理念确定水生态补偿的保护目标。拟生态的理念就是通过生态修复，让人工生态系统的特征指标值不低于自然状态特征值，甚至优于自然状态，而不是从形态上恢复自然状态。

（2）基于水生态补偿制度架构，研究提出了各指标补偿金核算方法集。其主要包括各类指标考核范围、考核目标值、补偿标准的确定方法和补偿金的核算方法。涉及系统理论、经济学理论、制度管理理论、水系统理论、水工程理论等多学科的交叉融合。

4. 成果应用性强

成果应用支撑了密云水库上游流域横向生态补偿、官厅水库上游流域横向生态补偿、北京市密云水库水资源战略储备横向补偿、北京市水环境区域补偿、北京市水生态区域补偿、北京市水生态价值核算等水生态补偿制度的构建和实践，对促进北京市水生态保护修复和生态文明建设发挥了重要作用。

感谢北京市水务局相关处室和北京市水文总站等单位的支持和帮助！期望本书能为各级政府、相关研究单位，水生态补偿各相关方和有关人士研究和践行水生态补偿制度提供参考。由于作者水平有限，希望广大读者对本书的不足之处不吝批评指正！

作者

2023年8月

目 录

第1章 生态补偿制度研究进展

1.1 生态补偿研究的背景

1.1.1 生态产品的提出

生态产品是西方学说中“生态系统服务”的中国化表达，其概念随着生态文明建设的探索与推进不断地深化，当前较为主流的观点为生态产品是自然生态系统与人类生产共同作用所产生的可以增进人类福祉的产品和服务总和。生态产品的概念体现“绿水青山”和“金山银山”共生增长的价值目标，是新发展背景下政府推进生态文明建设的重要抓手。

生态产品是我国提出的独创性概念（最早可追溯至2010年国务院发布的《全国主体功能区规划》，指维系生态安全、提供良好人居环境的自然要素，包括清新的空气、清洁的水源和宜人的气候等），与西方研究中的自然资本、生态系统服务等概念类似。2020年10月，党的十九届五中全会提出：生态功能区应把发展重点放到保护生态环境、提供生态产品上；加强自然调查评价监测和确权登记，建立生态产品价值实现机制，完善市场化、多元化的补偿。2021年9月中共中央办公厅、国务院办公厅印发了《关于深化生态保护补偿制度改革的意见》，对新发展阶段生态保护补偿制度进行全局谋划和系统设计。

基于国内外的研究，生态产品通常兼有自然和经济社会双重属性，既包括公共性生态产品（如森林、湿地、河流以及具有水资源战略储备功能的水库等），也包括由生态产业化、产业生态化形成的经营性生态产品（如生态农产品、工业品、服务业产品等）。经营性生态产品的市场价值大多可直接通过市场交易实现，即可商品化；而公共性生态产品并非普通商品，难以通过传统的市场交易实现其价值，需要更好地发挥政府的主导作用。

1.1.2 生态产品价值实现研究的几个阶段

生态产品价值实现作为“绿水青山就是金山银山”核心理念的实践，以多元化手段实现其生态价值转化，可有效破解部分地区难以兼顾环境保护与经济发展的困境。随着我国人民对高质量绿色生态产品的需求日益增加，生态产品价值研究在生态文明建设的背景下快速发展，多样化的生态产品价值实现路径渐渐成为研究热点。

中国生态产品价值实现研究可分为四个阶段：第一阶段（1993—2005年）为政府主导生态补偿探索阶段；第二阶段（2006—2010年）为政府主导生态补偿深化阶段；第三阶段（2011—2015年）为多主体参与生态产品价值实现探索阶段；第四阶段（2016年至今）为生态产品价值实现多元发展阶段。各阶段具体特征与学术文献数量见表1.1。

表1.1　　各阶段具体特征与学术文献数量

阶　段	阶　段　特　征	文献数量
第一阶段（1993—2005年）	在生态补偿政策的驱动下，研究集中在生态补偿机制建立、生态补偿理论、生态补偿制度等方面，研究视角较为宏观，以定性研究为主要研究方法，生态产品价值实现研究处于政府主导生态补偿探索阶段	80
第二阶段（2006—2010年）	研究内容逐步拓展，从宏观的制度研究逐步转向林木补偿、生态税费、流域生态补偿、水资源污染、生态服务价值等微观领域研究；研究对象由过去的政策机制、生态补偿制度等理论性研究转向较为微观的水资源、矿产资源、森林、草原、流域以及生态补偿与经济发展关系等领域。生态补偿研究进一步深化，形成了政府主导生态补偿深化阶段	666
第三阶段（2011—2015年）	生态产品价值实现研究逐步升温，不再局限于生态补偿制度研究，开始转向更为微观的生态补偿模式、财政财税政策、资源交易制度等，学者们开始探索以市场机制进行生态产品价值实现的路径，市场机制在生态产品价值实现中的作用逐渐凸显，此阶段研究逐渐由政府主导转移至以经济、社会为主体，研究进入多主体参与生态产品价值实现探索阶段	1026
第四阶段（2016年至今）	研究内容与国家战略紧密结合，同时学者们对生态产品价值实现的绿色金融（期权、银行、基金）、社会路径（生态倡议、政府与社会资本合作）进行更为深入的研究，生态产品价值实现研究进入了多元发展阶段，市场化路径成为研究的热点问题	1121
合　计		2893

1.1.3　生态补偿实践的主要领域

生态补偿是生态产品价值实现的重要手段。冯艳芬等（2009）疏理了中国生态补偿政策，将生态补偿实践的主要领域概括为森林生态效益补偿、自然保护区补偿、流域生态补偿、矿产资源开发生态补偿、国家重大生态建设工程生态补偿等。按照生态文明建设的要求和国家决策部署，总体来看，我国生态补偿已从流域、森林、草原、湿地、耕地等单领域生态补偿，拓展到面向重点生态功能区、生态保护红线区等的综合补偿；从纵向补偿、省内补偿拓展到跨省的横向生态补偿；从单纯的资金补偿拓展到实物、技术、产业、政策等多元形式的补偿，市场化补偿机制逐渐成为财政转移支付的重要补充，将补偿资金转化为技术或产业项目，促进当地形成造血机能与自我发展机制。

1. 森林生态效益补偿

在我国各个领域生态补偿的研究和实践中，森林生态效益补偿开展得最全面，取得了许多宝贵的经验，尤其在补偿标准的确定上，森林生态效益补偿标准以森林生态系统服务功能及其价值评估为依据，较好地解决了生态效益补偿的定量化问题，为其他领域的相关问题研究提供了借鉴。中央政府与相关部门高度重视森林生态效益补偿问题，颁布了一系列法规，逐步建立了森林生态效益补偿制度，并在实施过程中不断调整和改进，如山西、福建、江西、山东等省近年来结合各地实际，纷纷开展了生态公益林生态补偿的调查和问题研究。

2. 自然保护区生态补偿

建立自然保护区是进行生物多样性保护和生态服务功能恢复的最重要措施之一。目前我国已建立了各种类型、不同级别的自然保护区，基本形成了一个层次分明、类型众多的自然保护区体系。目前国内对自然保护区的生态补偿主要依赖于森林生态效益补偿基金，而其他方式的补偿较少。2001 年，中央财政建立森林生态效益补助资金，在河北等 11 个省（自治区）的 658 个县级以上单位和 24 个国家级自然保护区进行补助试点，平均补助为 75 元/（hm^2 · a)，为我国各种类型的自然保护区建立生态补偿机制提供了样板。

3. 流域生态补偿

流域生态补偿主要是基于对上游经济相对贫困、生态相对脆弱地区难以独自承担建设和保护流域生态环境重任，而对下游受益区提出分担生态建设要求，理顺流域上下游间的生态关系和利益关系的重要举措。例如浙江在全省流域实施生态补偿政策和机制试点，包括淳安县千岛湖的生态补偿、杭州市的生态补偿、浙江绍兴慈溪水权交易、珊溪水利枢纽工程生态补偿、义乌-东阳水权交易、浙江省德清县西部乡镇生态补偿等。福建省在省辖区、市辖区三个流域（九龙江流域、闽江流域、晋江流域）的上下游实施生态补偿机制试点，并取了积极成效。

4. 矿产资源开发生态补偿

矿产资源开发的生态补偿实践已有了很多探索，主要集中在对“废弃矿山生态环境补偿费”和“生态环境恢复治理保证金”的利用与管理上。例如广西壮族自治区采用征收保证金来激励企业治理和恢复生态环境，浙江省建立矿山生态环境备用金制度解决新矿山的生态破坏问题，辽宁省对矿山闭坑实行环境保护验收和生态审计。

5. 国家重大生态建设工程生态补偿

我国实施的生态补偿政策很大一部分是由政府主导的，主要通过直接实施重大生态建设工程来实现对项目区政府和民众的资金、物资和技术补偿。近年来在国家重大生态建设工程中开展的主要生态补偿实践有以下几类：

(1) 退耕还林（草）工程。该工程于1999年开始试点，2002年正式全面启动，主要通过对陡坡耕地和沙化耕地实施退耕还林（草），解决重点地区的沙地流失和风沙危害等问题，国家对退耕地农户按标准进行了经济补偿。

(2) 天然林保护工程。该工程于1998—1999年开始试点，2000年正式启动，主要通过天然林禁伐和大幅度减少商品木材产量，有计划分流安置林区职工等措施来解决我国天然林的休养生息和恢复发展问题，国家通过基本建设投资和财政专项资金投资。

(3) 退牧还草工程。该工程于2003年正式启动，主要是按照以草定畜的要求，严格控制载畜量，在退化的草原上通过围栏建设、补播改良及禁牧、休牧、划区轮牧等措施实现草畜平衡和牧民生计转移目标。

(4) "三北"防护林体系建设。1979年，国家决定在西北、华北、东北风沙危害、水土流失严重的地区，建设大型防护林工程，根本目的是在沙化危害严重地区基本遏制沙化土地扩展趋势，使风沙危害程度和沙尘暴发生频率有效降低，减少水土流失，增强水源涵养能力，提高农作物产量，生态环境得到明显改善，建成一批比较完备的区域性防护林体系。

(5) 京津风沙源治理工程。鉴于沙尘暴对京津地区生产生活构成的威胁和沙尘暴与沙尘来源区土地沙漠化的密切关系，国家于2000年3月启动了京津风沙源治理工程，旨在改善京津及周边地区生态环境、遏制沙尘暴，主要通过对现有植被的保护、封沙育林、飞播造林、人工造林、退耕还林、草地治理等生物措施和小流域综合治理等措施，使工程区可治理的沙化土地得到基本治理，生态环境明显好转，风沙天气和沙尘暴天气明显减少，从总体上遏制了沙化土地的扩展趋势，使北京周围生态环境得到明显改善。

公共性生态产品的价值实现是当前水生态补偿的重点。水是保障生态系统健康不可分割的基础性要素，在公共性生态产品中，发挥着特殊的重要作用；同时水资源作为经济社会发展的基础性、先导性、控制性要素，是经济社会发展不可替代的基础支撑。基于水的基础性、公共性作用，以水为媒，又将水的公共性生态产品价值分为公共性生态服务价值和公共性生态资源价值（水资源战略储备价值）进行补偿。

1.2 生态补偿分类方法研究归纳

生态产品通常兼具自然和经济社会的双重属性，既包括公共性生态产品，也包括由生态产业化、产业化生态形成的经营性生态产品（如生态农产品、生态旅游服务等)。经营性生态产品的价值实现往往可以依托市场交易实现，而公共性生态产品难以通过市场交易形成商品，现阶段主要通过生态补偿的方式实现其价值。

生态补偿类型的划分是建立生态补偿机制以及制定相关政策的基础。生态补偿类型的不同划分方法和标准对政策设计和制度安排的系统性、目的性以及可操作性有很大的影响。当前，国内对生态补偿问题的类型划分还没有统一的体系，根据不同标准和目的有不同的划分或表述。

中国环境规划院按照实施主体的不同，将生态补偿划分为国家补偿、资源型利益相关者补偿、自力补偿和社会补偿。前三者都属于利益相关者补偿，具有强制补偿的性质，而社会补偿属于非利益关联者补偿，属于自愿补偿的范畴。同时从政策选择的角度，将生态补偿分为西部补偿、生态功能区补偿、流域补偿、要素补偿等。这种分类方法表面上思路很清晰，但是每种类型所要解决的具体生态补偿问题并没有描述清楚，人们不易理解每种类型生态补偿问题的本质特征以及其中的利益关系，这种类型划分不利于针对某个具体的生态补偿问题制定系统政策，不利于确定生态补偿政策的优先领域。

沈满洪等（2004)，根据不同的标准对生态补偿类型做过详细的划分。

(1) 按补偿对象，可划分为对生态保护作出贡献者进行补偿、对在生态破坏中的受损者进行补偿和对减少生态破坏者给以补偿。

(2) 从条块角度，可划分为“上游与下游之间的补偿”和“部门与部门之间的补偿”。

(3) 从政府介入程度，可分为政府的“强干预”补偿和政府“弱干预”补偿。

(4) 从补偿的效果，可分为“输血型”补偿和“造血型”补偿。这种划分方法触及了生态补偿的核心，但不足之处是没有描述清楚生态补偿所要解决的实际问题，划分标准比较零散，缺乏系统性和分类的主线，不利于政策的整体架构。

俞海等（2008）认为确定标准是划分生态补偿问题类型的前提，而标准确定要遵循两个原则：一个是有助于对现实问题的认识；另一个是便于政策制定，即分类本身要具有一定的政策含义。根据这两个原则按地理尺度和生态要素以及公共物品属性划分生态补偿类型。

1.2.1 基于地理尺度和生态要素划分的生态补偿类型

从地理尺度和生态要素来看，国内生态补偿问题可分为三类。

1. 重要生态功能区生态补偿类型

重要生态功能区是指在保持流域、区域生态平衡，防止和减轻自然灾害，确保国家和地区生态安全方面具有重要作用的江河源头区、重要水源涵养区、自然保护区、生态脆弱和敏感区、水土保持的重点预防保护区和重点监督区、江河洪水调蓄区、防风固沙区、重要渔业水域以及其他具有重要生态功能的区域。

中国有1458个重要生态功能区，约占国土面积的22%、人口的11%。如：青海、云南、广西等江河源头区，内蒙古的草原生态脆弱区，陕西的黄土高原水土保持区，甘肃的秦岭自然保护区等。这些地区的共同特点是生态战略地位显著，但是经济普遍落后，保护生态和发展地方经济的矛盾突出。

2. 流域生态补偿类型

这类问题可以细分为4个小类。

(1) 国家尺度上大江大河流域的生态补偿。主要指长江、黄河等具有全局性影响的，或者跨3省以上的江河流域。这类问题的特征是流域涉及几个到十几个省份，受益和保护地区界定困难，补偿问题非常复杂。

(2) 跨省的中尺度流域的生态补偿问题。跨省的中小流域不涉及生态全局，通常关系到流域上下游的两个省份，如跨江西和广东的东江流域，跨安徽和浙江的新安江钱塘江水系，跨云南、广西和广东的珠江水系，跨陕西和湖北的汉江流域，跨青海、甘肃和内蒙古的黑河流域等。主要包括流域上下游的生态补偿和上下游的污染赔偿问题。

(3) 省以下一个行政辖区内的小流域生态补偿。其特点是流域小，利益主体关系比较清晰，辖区政府较容易协调其利益关系。

(4) 城市饮用水源保护地的生态补偿。首先这类问题涉及饮用水安全；其次只涉及两个利益主体，即水源保护区和饮用水供水区。二者可能隶属同一个行政辖区，也可能是两个辖区。

3. 生态要素补偿类型

前面两类基本上是根据不同的生态经济系统和地理区位、区域来确定类型。这一类是按照生态系统的组成要素作为划分的标准来进行分类，如矿产资源开发、水资源开发和土地资源开发等。

1.2.2　基于生态产品属性特征划分的生态补偿类型

考虑到生态补偿的本质是促进生态服务功能这种公共物品的提供，而公共物品属性也是公共政策制定的理论依据之一，从生态补偿所要解决的实际问题出发，根据其公共物品属性来进一步划分生态补偿类型。

根据非排他性和消费的非竞争性特征，将物品分为两大类：公共产品和私人产品。在两者之间还可以划分出准公共产品和准私人产品。而准公共物品又可分为俱乐部产品和共同资源两类。根据这一理论，可以将现实存在的上述生态补偿问题分为以下几类。

1. 属于纯粹公共产品的生态补偿类型

纯粹公共产品同时具有非排他性和消费的非竞争性两个特征。国家级重要生态功能服务区的生态保护，其生态功能定位是保障和维系整个国家全局的生态安全。首先从非排他性看，无法排除他人获得或享受这些地区生态保护所产生的生态效用；其次从消费的非竞争性看，在全局上增加一个人不会影响其他人对这些生态效用的消费。因此国家重要生态功能区所提供的生态服务属于典型的纯粹公共物品。

公共性生态服务价值是在经营性生态产品通过市场直接交易形成的价值之外，生态系统提供的改善生存与生活环境的调节服务价值，其基本属性包括以下几个方面：

（1）公共性（即消费的非竞争性和非排他性）。从价值产出看，公共性生态服务价值不仅仅需要通过人类劳动而直接生产，更主要从自然生态系统物质循环、能量流动、信息交换、协同进化过程中生产，只要自然生态系统不被破坏，就能够产出人类生存发展所需的生态服务价值，表现出典型的消费或者使用非竞争性、非排他性，也就是一个消费者的消费或者使用不影响其他消费者消费或者使用，这是其最普惠民生福祉的重要体现。

（2）规模化（即整体性和系统性）。从价值的表现形式看，公共性生态服务价值是由生态系统本身的整体性和系统性决定的。也就是说，由生态系统中各生态要素协同作用提供的生态功能来实现，往往具有一定的规模性、规模效应和不可分割性，同时更加注重生态系统的质量和稳定性要求，生态要素中的单个生物量，如一棵树、一方水几乎不具有公共性生态服务价值。

（3）间接性（即外部经济性内部化）。从价值实现的途径看，公共性生态服务价值和价格很难核定，一般受禁止开发活动等政策限制，无法直接通过市场交易实现；此外，其非排他性和非竞争性很容易导致对公共产品的无偿无序使用，进而导致生态产品的过度利用，这应主要由政府主导进行保护和修复，通过间接方式实现其价值，体现当地履行保护修复义务人员的劳动价值。

2. 属于共同资源的生态补偿类型

共同资源的基本特征是在消费上具有竞争性但是却无法有效地排他。跨两省的中尺度流域上的生态补偿所解决的问题主要包括跨省的流域上下游的生态补偿和上下游的污染赔偿问题。原因为：首先对这种流域性自然资源特别是水资源的利用在技术上很难排除他人的进入；其次对这些资源的过度使用和消耗最终影响全体成员的利益或者说影响他人的消费。实际上，这种划分标准并不是绝对的而是相对的。在属于共同资源的生态补偿类型中，有些问题更接近于纯粹公共物品类型，如大江大河等较大流域的生态保护等；有些则更接近于俱乐部产品，如南水北调工程中的水源涵养等，其保护和受益主体相对更为明确，关系较为单纯。

公共性生态资源价值包括水资源战略储备价值，是在水资源作为一般性资源通过市场机制实现经济价值之外，为应对重大安全风险进行长期应急储备的水资源的价值，其价值根据水资源的可储备量和常规水源出现最不利情况下的应急保障需求来确定，其基本属性包括以下几个方面：

（1）公共性（即全民所有）。从价值服务的对象看，其作为公共性生态产品发挥着公共安全保障功能，在使用储备时，由政府统一调配，提供水源保障。

（2）长期性（即战略保障作用）。从价值内在的要求看，水资源战略储备是城市安全发展的基础保障。特别是北京作为首都，地位特殊，必须保障水源长期绝对安全。统筹发展与安全，水资源战略储备既是立足当前也是着眼长远。

（3）应急性（即不确定性）。从价值实现的途径看，由于水源安全的风险具有不确定性，战略储备也是应急储备，须臾不可缺少，宁可备而不用，不可一日无备，以保障在常规水源风险情况下的应急供水安全。

3. 属于俱乐部产品的生态补偿类型

俱乐部产品的特征是可以较为容易地做到排他，但是具有非竞争性。省以下一个行政辖区的小流域以及城市水源地保护的生态补偿问题可以归为这个类型。比如，由于地理空间距离的遥远，其他地区的人难以进入到该区域获得其生态服务，可以较为容易地做到排他；但是增加一个人可能并不影响其他人的消费，即具有一定程度的消费的非竞争性。在这里俱乐部还有一个可能的含义，即生态补偿中的利益主体非常明确，容易通过市场交易或自愿协商的途径来解决外部性问题。需要注意的是，这种类型是相对整个国家尺度而言，地方性公共物品更倾向于俱乐部产品。如果把一个省作为一个全局，地方政府对其辖区内的生态问题仍可按照上述思路细分为纯粹公共物品、共同资源以及俱乐部产品，然后采取相应的政策途径和手段予以解决。

4. 属于准私人产品的生态补偿类型

矿产资源等开发的生态补偿问题具有准私人产品的性质。矿产资源开发过程及其产品具有私人产品性质。其产生的生态环境问题大部分属于点源污染，责任主体明确；但是它又具有一定的公共物品性质。因为矿产资源产权属于国家所有，资源开发所产生的生态问题的影响部分地具有公共物品的性质。总体上，在矿产资源开发中，损害方和受损方的关系较为明确，主要是代理国家行使权利的开发者、当地生态环境的代理人和责任人——政府，以及当地社区和居民的利益关系。

1.3　不同生态补偿问题的补偿途径研究

俞海等（2008）探讨了不同问题的补偿途径，认为在具体实践中，一个关键问题是不同的生态补偿问题类型下到底哪部分利益或损失需要得到补偿。这是生态补偿政策边界所要解决的问题，也就是所谓的政策作用的范围。这对于实际的政策框架设计至关重要，否则，可能会引发生态补偿政策的偏差，甚至导致整个环境保护领域政策的混乱。

1.3.1 对属于纯粹公共物品类型的国家重要生态功能区生态补偿的政策边界

国家重要生态功能区包括江河源头区、国家自然保护区、生态敏感和脆弱区以及大江大河水系等。这种类型的生态补偿政策所要解决的问题可以分为两个层次。

(1) 从产权权利初始分配和界定或法律责任的角度看。按照法律规定，这些地区当地政府和社区居民有法律责任和义务来保护当地生态，维持生态平衡，或者说至少不主动地破坏生态。在强调这些地区的当地政府和社区居民遵守其义务的同时，需要考虑到这些主体具有利用其所实际占有，或使用的自然资源或生态要素，来满足其基本需要的权利，以及实现其利益最大化的权利，即与生态服务功能的其他享受者平等地具有发展的权利。但是由于其所处地区的特殊性（生态服务功能的提供地区），国家对其自然资源或生态要素利用的法律约束更严格，如对上游水质要求比下游的更高。这种限制自然地使这些地区当地政府和社区居民部分地或完全地丧失了其与生态服务功能其他享受者或受益者平等发展的权利，从而出现由于生态利益的不平衡而产生的经济利益的不平衡，形成事实上的社会不公平。因此生态补偿政策应该对这种发展权利的丧失进行补偿。这一层次的生态补偿应该是激励当地政府和社区居民，使其能够基本履行其法律责任和义务，满足国家对生态服务功能的最低要求，这也是生态补偿的最低标准。如果没有这种生态补偿的激励，可能最基本的法律要求都难以得到遵守，从而导致或加剧生态的退化和破坏。这里存在一个问题，即能否用“庇古税”中的征税方式解决生态破坏所产生的负外部性，如森林砍伐、草原过牧所产生的水土流失、荒漠化等生态问题，仅就生态保护来说，由于生态破坏的非点源特征以及生态破坏的原因极其复杂，其监督和控制的成本非常高，生态破坏的行为主体难以确定，即政策实施的对象不明确。因此不宜通过征税这种类似于惩罚的机制来解决生态破坏的负外部性。在这个领域，更适合于用补贴这种激励的方式来促进生态服务功能的维护与改善。

(2) 除去上面提到的平等的发展权以外，从人具有平等的责任角度出发。理论上，生态服务功能提供者和受益者具有平等保护生态的责任和义务，如流域上下游都应该保持同等的水质标准。在这种情况下，流域上下游对于保护水质或生态所付出的直接成本可能是基本相同的，也不存在谁补偿谁的问题。但在事实上，由于在环境资源权利的初始界定中，对流域上游地区生态保护的要求比下游的更为严格，因此，流域上游地区生态服务功能的主要提供者可能要比下游的人付出一些额外的生态保护或建设的成本，才能达到这个更高的标准和要求。生态服务功能的受益者也应对这些由于保护责任不同而导致的额外的生态保护或建设成本给予补偿。就此类问题的补偿主体而言，由于国家重要生态功能区所提供的生态服务功能是由全体人民共同享受的，而中央政府是受益者的委托代理人，因此，中央政府应是此类生态补偿问题类型中提供补偿的主体；而接受补偿的主体应是提供生态服务功能的地方政府、企业法人和社区居民等。因为在提供生态服务功能的过程中，除了相关法人和自然人承担其机会成本损失和额外的投入成本外，地方政府也由于限制发展等而承担一定的机会成本损失。

1.3.2　对属于共同资源类型的生态补偿政策边界

属于共同资源的生态补偿类型，主要是跨省（2个省级行政区）中尺度流域上下游的生态补偿和上下游的污染赔偿问题。流域上下游生态补偿的政策边界类似于国家重要生态功能区的生态补偿，只不过利益主体范围更窄。

对于流域上下游的污染赔偿问题，如果按照权利的初始界定或法律要求，流域上游地区有义务履行法律责任促使本区域的水质达到国家要求，上游地区可采取典型的环境保护政策手段如总量控制、浓度标准以及“庇古税”中的环境税费（如排污费）等来促使排污企业的排放达标。对于可能丧失的发展权，可采取前述生态补偿的方式进行弥补。当上游地区没有履行其责任或义务而对下游地区造成污染时，上游地区应对这种污染负责，应赔偿对下游造成的损失，弥补这种外部性损失。这是流域上下游污染赔偿政策所要解决的主要问题。

流域上下游的生态补偿中，因地方政府是受益人群的委托代理人，提供补偿的主体应是下游受益地的地方政府；接受补偿的主体应是上游提供生态服务功能的地方政府、其他法人和社区居民等。流域上下游的污染赔偿中，提供赔偿的主体应是上游产生污染的地方政府和污染企业，而接受赔偿的应是下游遭受损失的地方政府、其他法人和社区居民等。

1.3.3　对属于俱乐部产品类型的生态补偿政策边界

属于俱乐部产品类型的生态补偿问题，主要是指省级及以下行政辖区内小尺度的生态补偿问题。前面提到，这种类型是相对整个国家而言的，如果把一个省作为一个全局，地方政府对其辖区内的生态问题仍可细分为纯粹公共物品、共同资源以及俱乐部产品。因此这种类型的生态补偿政策边界应与国家尺度上的类型相似，只不过政策实施的主体主要限于行政辖区内部。

1.3.4　对属于准私人产品类型的矿产资源开发的生态补偿政策边界

从分析矿产资源开发所可能产生的生态环境问题或负外部性问题入手，矿产资源开发可能产生的生态环境问题或负外部性可分为以下3类。

(1) 矿产资源开发所直接造成，并且能够由矿产资源开发企业主体治理或解决的空气、水、地表等生态要素的污染和破坏等。

(2) 矿产资源开发企业主体造成的且无法由其自身进行治理或解决的区域性的生态环境问题，如地下水的破坏、区域性的地表塌陷等。

(3) 由于生态环境污染或破坏引发的对矿山周边居民生产生活造成的负面影响和损失。

第一类生态环境问题属于典型的环境污染和破坏问题，完全可以通过传统的典型的环境污染治理政策进行解决。通过“污染者付费”原则，使开发企业主体自行将外部性内部化，如矿山复垦等。矿山复垦押金或保证金制度应属于这种政策的延伸，不具有生态补偿或赔偿的性质。

第二类生态环境问题则是破坏了当地的生态服务功能的提供能力，企业无法通过自身解决，需要对当地的生态服务功能的产权代理人——当地政府进行补偿。

第三类负外部性问题是对周边居民生产生活造成的负面影响和损失，也应由开发企业主体进行补偿。因此，矿产资源开发生态补偿政策应着眼于解决第二类和第三类问题，第一类问题和政策不应归为生态补偿范畴。矿产资源开发中的生态补偿中，提供补偿的主体应是造成生态破坏的矿产开发企业，接受补偿的主体应是遭受生态破坏的地方政府和社区居民。

1.4 生态补偿的政策路径选择

1.4.1 政策路径的经济学选择

生态补偿问题的核心是将自然资源利用以及生态环境保护或损害的外部性进行内部化。但是，许多经济学者认为“外部性”概念的意义不明确，对外部性理论存在一定的争议。对外部性的不同认识和理解，决定了生态补偿具有不同的政策选择。理论上，生态补偿政策可以有两种截然不同的路径选择，即庇古税路径和产权路径。

庇古税路径强调政府在生态补偿政策中的干预作用，即通过政府补贴或征税方式对保护者和受损者予以补偿或赔偿，把生态保护或破坏中的外部性进行内部化。在现实的政策设计中，特别是在解决正外部性的生态补偿政策中，外部收益很难直接进行量化或货币化。可以从成本弥补的角度来考虑对外部收益的补贴，包括生态建设和保护的额外成本和发展机会成本的损失等。在庇古税理论中，外部性通常被认为是单向的，而且可以通过政府干预得到消除。

以科斯为代表的新制度经济学家从新的视角和方法扩展了对外部性的认识，对庇古税理论进行了批判，提出了解决外部性的新的政策途径，即在一定条件下，解决外部性问题可以用市场交易或自愿协商的方式来代替政府采取的庇古税手段，政府的责任是界定和保护产权。

在实际的生态补偿政策路径选择中，不同的政策途径具有不同的适用条件和范围，要根据生态补偿问题所涉及的公共物品的具体属性，以及产权的明晰程度来进行细分。如果通过政府调节的边际交易费用低于自愿协商的边际交易费用，宜采用庇古税途径，通过政府干预将外部性内部化；反之，则宜采取市场交易和自愿协商的方法较为合适；如果二者相等，则两种途径具有等价性。在实际操作中，可针对补偿要素综合采用两种理论用于补偿政策设计。

1.4.2　生态补偿政策的总体思路与逻辑

根据以上的分析和讨论，按照生态补偿问题的不同公共物品的属性以及政策选择路径，可以架构如下的政策思路：

(1) 国家首先要界定产权，即做好“初始权利的分配与界定”工作。全国重要生态功能区的划分就是一种初始权利的分配与界定，其核心内容是哪些区域属于国家层次的生态环境保护问题，属于为全民提供生态服务功能的是严格禁止开发的；哪些区域属于限制开发；哪些区域可以优先开发等。在此基础上，才能够进一步确定哪些问题需要国家的政策干预，哪些问题由利益主体自行协商或市场交易。

(2) 对于属于纯粹公共物品的生态补偿类型，国家是这种公共利益或者受益主体的代理人，必须由国家来承担补偿的责任和义务，通过公共财政和补贴政策激励这种生态产品和服务的提供。补贴政策可以有不同的表现和实施形式，但核心应该是国家公共财政支持。这种类型的补偿方应是中央政府，被补偿方应是在这些领域实施保护的政府、社区和居民，即采用纵向补偿方式。

(3) 对于属于共同资源的生态补偿类型，可采取中央政府协调监督下的生态保护或损害利益主体的协商谈判这种思路。对于较接近于纯粹公共物品的共同资源，国家应担负主要的补偿责任；对于接近于俱乐部产品，其利益主体较为明确的共同资源，如江西广东的东江源保护、南水北调工程水源涵养等，应主要由当事方担负主要责任，采用横向补偿方式。在当前权利义务关系界定尚不完善、市场机制还未完全建立的情况下，中央政府的干预力度应强化；在产权界定比较明确、市场经济程度较高的情况下，可逐步侧重于自愿协商的解决途径。

(4) 对于属于俱乐部产品或者地方性公共物品的生态补偿类型，可由地方政府来解决。中央政府的职能是宏观法律和制度的约束，而非具体的公共财政支持。地方政府可按公共物品的属性对区域内的生态补偿类型进行划分，采取相应区域补偿的政策手段和制度安排。

(5) 对于属于准私人物品的矿产资源开发生态补偿类型，其中的损害方和受损方的关系较为明确，主要是代理国家行使权利的开发企业和当地政府、社区和居民的利益关系问题的规模和影响都是区域性和局部的，并不涉及生态保护的全局。国家在该领域的重点是调整矿产资源开发的利益分配关系，确立开发企业和当地政府、社区以及居民的平等的谈判协商地位，生态补偿主要通过自愿协商来解决，采用类似拆迁补偿的模式。

1.5 生态补偿的典型方式

1.5.1 政策补偿

通过制定促进上游地区经济转型、产业替代、技术改造等方面的有关政策，着力加大对协同发展的推动，自觉打破自家“一亩三分地”的思维定式，根据定位加快推进产业对接协作，理顺两地产业发展链条，形成区域间产业合理分布和上下游联动机制，对接产业规划，加快完成上下游产业链条，推动产业间互补，并从财政政策、投资政策、项目安排等方面形成具体措施对上游地区产业发展机会进行补偿，并以此作为对上游地区实施长期、持续、稳定补偿的制度保障。这种补偿方式主要是用于国家对上游地区的补偿。其优点在于能够通过政策的持续实施，有效提高上游地区的自我发展能力。

1.5.2 资金补偿

如果上游地区通过流域治理等努力，给下游带来福利，则下游地区可以通过横向转移支付的方式，直接向上游地区政府支付补偿资金。如果上游地区给下游带来利益损失，那么上游地区可以通过横向转移支付的方式，直接向下游地区政府支付补偿资金。因此，在初期可考虑将横向转移支付纵向化，即由下游地区财政将横向补偿资金上交给由中央财政部门或北京与周边区域的协调领导小组共同监管的“水资源水生态合作补偿基金”，再通过纵向转移制度将横向补偿资金拨付给上游地区政府。这是在当前行政体制下比较切实可行的、可操作性强的方式。其优点是上游地区的灵活性较强，能够根据发展和解决实际涉水问题的需要及时调整补偿资金使用方向，但同时给补偿资金使用方向的有效监管带来困难。下一步双方可以研究建立资金双向补偿机制，由双方财政出资，建立补偿基金，全面推动双向补偿。

1.5.3 项目补偿

由上游地区政府根据补偿资金使用方向，组织制定年度工程项目建设规划和具体项目建设方案，然后由下游地区政府项目建设主管部门审核并列入当地年度建设项目投资计划，根据项目建设规划和具体项目建设方案，以项目建设资金的方式向上游地区支付补偿资金。其优点在于能够确保补偿资金的使用方向，但减少了补偿资金使用的灵活性，且容易造成彼此之间的扯皮，增加补偿机制的运行成本。

1.5.4　智力补偿

下游地区组织高校、科研机构和企业，通过开展智力服务，无偿为上游地区提供技术咨询和指导，培养技术人才和管理人才，输送各类专业人才，根据上游地区劳动力输出需求提供多种劳动技能培训，提高上游地区劳动者技能、产业和产品技术含量，提高政府和企业管理组织水平。智力服务所需的必要成本可从补偿资金中支付。

1.5.5　合作发展

借鉴国内外有关地区经验，采用区县“帮对子”或异地开发等形式，由上游地区负责提供土地和配套条件，由下游地区负责园区基础设施建设和管理，分别在适当区域选址建设以发展低耗水、低排放产业和高新技术产业为核心的产业园区，以“造血”的方式，加速推进当地产业替代、结构调整和经济转型，提升其自我可持续发展能力，实现双方互利共赢。如浙江金磐扶贫经济开发区、川浙合作四川新津工业园、江苏和伊犁共建伊犁清水河江苏工业园、中新合作开发苏州工业园提供了很好的例证和经验。

第 2 章　国内水生态补偿制度的实践

2.1　国家关于水生态保护补偿制度的要求

党的十八大把生态文明建设纳入中国特色社会主义事业“五位一体”总体布局，明确从全局和战略高度解决日益严峻的生态矛盾，大力推进生态文明建设，确保生态安全，努力建设美丽中国，实现中华民族永续发展。“生态兴则文明兴、生态衰则文明衰”，坚持人与自然和谐共生，是中国式现代化的本质要求。党的二十大报告提出要深入推进环境污染防治，提升生态系统多样性、稳定性、持续性。生态保护补偿制度作为生态文明制度的重要组成部分，是落实生态保护权责、调动各方参与生态保护积极性、推进生态文明建设的重要手段。为健全生态保护补偿制度，国家出台了一系列重要政策文件，从推进生态文明建设体制改革、健全生态保护补偿机制、健全生态产品价值实现机制等方面提出了要求。

2.1.1　关于加快推进生态文明建设体制改革的要求

1. 关于加快推进生态文明建设的意见

2015 年 3 月 24 日，中共中央政治局审议通过的《关于加快推进生态文明建设的意见》指出：“生态文明建设是中国特色社会主义事业的重要内容，关系人民福祉，关乎民族未来，事关‘两个一百年’奋斗目标和中华民族伟大复兴中国梦的实现。党中央、国务院高度重视生态文明建设，先后出台了一系列重大决策部署，推动生态文明建设取得了重大进展和积极成效。但总体上看我国生态文明建设水平仍滞后于经济社会发展，资源约束趋紧，环境污染严重，生态系统退化，发展与人口资源环境之间的矛盾日益突出，已成为经济社会可持续发展的重大瓶颈制约。”加快推进生态文明建设“是加快转变经济发展方式、提高发展质量和效益的内在要求，是坚持以人为本、促进社会和谐的必然选择，是全面建成小康社会、实现中华民族伟大复兴中国梦的时代抉择，是积极应对气候变化、维护全球生态安全的重大举措。要充分认识加快推进生态文明建设的极端重要性和紧迫性，切实增强责任感和使命感，牢固树立尊重自然、顺应自然、保护自然的理念，坚持绿水青山就是金山银山，动员全党、全社会积极行动、深入持久地推进生态文明建设，加快形成人与自然和谐发展的现代化建设新格局，开创社会主义生态文明新时代”。

《关于加快推进生态文明建设的意见》指出："良好生态环境是最公平的公共产品，是最普惠的民生福祉。"要加大自然生态系统和环境保护力度，切实改善生态环境质量，让人民群众呼吸新鲜的空气，喝上干净的水，在良好的环境中生产生活。为此，要健全生态文明制度体系，特别是要健全生态保护补偿机制。科学界定生态保护者与受益者权利义务，加快形成生态损害者赔偿、受益者付费、保护者得到合理补偿的运行机制。结合深化财税体制改革，完善转移支付制度，归并和规范现有生态保护补偿渠道，加大对重点生态功能区的转移支付力度，逐步提高其基本公共服务水平。建立地区间横向生态保护补偿机制，引导生态受益地区与保护地区之间、流域上游与下游之间，通过资金补助、产业转移、人才培训、共建园区等方式实施补偿。建立独立公正的生态环境损害评估制度。

2. 生态文明体制改革总体方案

2015 年 9 月，中共中央、国务院印发《生态文明体制改革总体方案》，从制度建设角度要求"加快建立系统完整的生态文明制度体系，加快推进生态文明建设，增强生态文明体制改革的系统性、整体性、协同性"，提出"到 2020 年，构建起由自然资源资产产权制度、国土空间开发保护制度、空间规划体系、资源总量管理和全面节约制度、资源有偿使用和生态补偿制度、环境治理体系、环境治理和生态保护市场体系、生态文明绩效评价考核和责任追究制度等八项制度构成的产权清晰、多元参与、激励约束并重、系统完整的生态文明制度体系，推进生态文明领域国家治理体系和治理能力现代化，努力走向社会主义生态文明新时代"。文件重申要完善生态补偿机制，主要是"探索建立多元化补偿机制，逐步增加对重点生态功能区转移支付，完善生态保护成效与资金分配挂钩的激励约束机制。制定横向生态补偿机制办法，以地方补偿为主，中央财政给予支持。鼓励各地区开展生态补偿试点，继续推进新安江水环境补偿试点，推动在京津冀水源涵养区、广西广东九洲江、福建广东汀江-韩江等开展跨地区生态补偿试点，在长江流域水环境敏感地区探索开展流域生态补偿试点"。

2.1.2　关于健全生态保护补偿机制的要求

2.1.2.1　关于健全生态保护补偿机制的意见

根据中央决策部署，各地区、各有关部门有序推进生态保护补偿机制建设，取得了阶段性进展。鉴于生态保护补偿总体上存在的范围偏小、标准偏低，保护者和受益者良性互动的体制机制尚不完善，一定程度上影响生态环境保护措施行动成效的问题。为进一步健全生态保护补偿机制，加快推进生态文明建设，2016 年国务院办公厅颁布了《关于健全生态保护补偿机制的意见》，明确指出：实施生态保护补偿是调动各方积极性、保护好生态环境的重要手段，是生态文明制度建设的重要内容，要坚持“四个全面”战略布局，牢固树立创新、协调、绿色、开放、共享的新发展理念，按照党中央、国务院决策部署，不断完善转移支付制度，探索建立多元化生态保护补偿机制，逐步扩大补偿范围，合理提高补偿标准，有效调动全社会参与生态环境保护的积极性，促进生态文明建设迈上新台阶。文件进一步明确要求到2020年，实现森林、草原、湿地、荒漠、海洋、水流、耕地等重点领域和禁止开发区域、重点生态功能区等重要区域生态保护补偿全覆盖，补偿水平与经济社会发展状况相适应，跨地区、跨流域补偿试点示范取得明显进展，多元化补偿机制初步建立，基本建立符合我国国情的生态保护补偿制度体系，促进形成绿色生产方式和生活方式。针对推进生态补偿体制机制创新，提出了以下各项措施：

（1）建立稳定投入机制。多渠道筹措资金，加大生态保护补偿力度。中央财政考虑不同区域生态功能因素和支出成本差异，通过提高均衡性转移支付系数等方式，逐步增加对重点生态功能区的转移支付。中央预算内投资对重点生态功能区内的基础设施和基本公共服务设施建设予以倾斜。各省级人民政府要完善省以下转移支付制度，建立省级生态保护补偿资金投入机制，加大对省级重点生态功能区域的支持力度。完善森林、草原、海洋、渔业、自然文化遗产等资源收费基金和各类资源有偿使用收入的征收管理办法，逐步扩大资源税征收范围，允许相关收入用于开展相关领域生态保护补偿。完善生态保护成效与资金分配挂钩的激励约束机制，加强对生态保护补偿资金使用的监督管理。

（2）完善重点生态区域补偿机制。继续推进生态保护补偿试点示范，统筹各类补偿资金，探索综合性补偿办法。划定并严守生态保护红线，研究制定相关生态保护补偿政策。健全国家级自然保护区、世界文化自然遗产、国家级风景名胜区、国家森林公园和国家地质公园等各类禁止开发区域的生态保护补偿政策。将青藏高原等重要生态屏障作为开展生态保护补偿的重点区域。将生态保护补偿作为建立国家公园体制试点的重要内容。

（3）推进横向生态保护补偿。研究制定以地方补偿为主、中央财政给予支持的横向生态保护补偿机制办法。鼓励受益地区与保护生态地区、流域下游与上游通过资金补偿、对口协作、产业转移、人才培训、共建园区等方式建立横向补偿关系。鼓励在具有重要生态功能、水资源供需矛盾突出、受各种污染危害或威胁严重的典型流域开展横向生态保护补偿试点。在长江、黄河等重要河流探索开展横向生态保护补偿试点。继续推进南水北调中线工程水源区对口支援、新安江水环境生态补偿试点，推动在京津冀水源涵养区、广西广东的九洲江流域、福建广东的汀江-韩江流域、江西广东的东江流域、云南贵州广西广东的西江流域等开展跨地区生态保护补偿试点。

（4）健全配套制度体系。加快建立生态保护补偿标准体系，根据各领域、不同类型地区特点，以生态产品产出能力为基础，完善测算方法，分别制定补偿标准。加强森林、草原、耕地等生态监测能力建设，完善重点生态功能区、全国重要江河湖泊水功能区、跨省流域断面水量水质国家重点监控点位布局和自动监测网络，制定和完善监测评估指标体系。研究建立生态保护补偿统计指标体系和信息发布制度。加强生态保护补偿效益评估，积极培育生态服务价值评估机构。健全自然资源资产产权制度，建立统一的确权登记系统和权责明确的产权体系。强化科技支撑，深化生态保护补偿理论和生态服务价值等课题研究。

（5）创新政策协同机制。研究建立生态环境损害赔偿、生态产品市场交易与生态保护补偿协同推进生态环境保护的新机制。稳妥有序开展生态环境损害赔偿制度改革试点，加快形成损害生态者赔偿的运行机制。健全生态保护市场体系，完善生态产品价格形成机制，使保护者通过生态产品的交易获得收益，发挥市场机制促进生态保护的积极作用。建立用水权、排污权、碳排放权初始分配制度，完善有偿使用、预算管理、投融资机制，培育和发展交易平台。探索地区间、流域间、流域上下游等水权交易方式。推进重点流域、重点区域排污权交易，扩大排污权有偿使用和交易试点。逐步建立碳排放权交易制度。建立统一的绿色产品标准、认证、标识等体系，完善落实对绿色产品研发生产、运输配送、购买使用的财税金融支持和政府采购等政策。

（6）结合生态保护补偿推进精准脱贫。在生存条件差、生态系统重要、需要保护修复的地区，结合生态环境保护和治理，探索生态脱贫新路子。生态保护补偿资金、国家重大生态工程项目和资金按照精准扶贫、精准脱贫的要求向贫困地区倾斜，向建档立卡贫困人口倾斜。重点生态功能区转移支付要考虑贫困地区实际状况，加大投入力度，扩大实施范围。加大贫困地区新一轮退耕还林还草力度，合理调整基本农田保有量。开展贫困地区生态综合补偿试点，创新资金使用方式，利用生态保护补偿和生态保护工程资金使当地有劳动能力的部分贫困人口转为生态保护人员。对在贫困地区开发水电、矿产资源占用集体土地的，试行给原住居民集体股权方式进行补偿。

（7）加快推进法制建设。研究制定生态保护补偿条例。鼓励各地出台相关法规或规范性文件，不断推进生态保护补偿制度化和法制化。加快推进环境保护税立法。

2.1.2.2　关于深化生态保护补偿制度改革的意见

为深入贯彻习近平生态文明思想，进一步深化生态保护补偿制度改革，加快生态文明制度体系建设，2021 年 9 月中共中央办公厅、国务院办公厅印发了《关于深化生态保护补偿制度改革的意见》，进一步强调生态环境是关系党的使命宗旨的重大政治问题，也是关系民生的重大社会问题，“生态保护补偿制度作为生态文明制度的重要组成部分，是落实生态保护权责、调动各方参与生态保护积极性、推进生态文明建设的重要手段”。

1. 总体要求

（1）明确了指导思想。以习近平新时代中国特色社会主义思想为指导，深入贯彻党的十九大和十九届二中、三中、四中、五中全会精神，坚持稳中求进工作总基调，立足新发展阶段，贯彻新发展理念，构建新发展格局，践行“绿水青山就是金山银山”的理念，完善生态文明领域统筹协调机制，加快健全有效市场和有为政府更好结合、分类补偿与综合补偿统筹兼顾、纵向补偿与横向补偿协调推进、强化激励与硬化约束协同发力的生态保护补偿制度，推动全社会形成尊重自然、顺应自然、保护自然的思想共识和行动自觉，做好“碳达峰、碳中和”工作，加快推动绿色低碳发展，促进经济社会发展全面绿色转型，建设人与自然和谐共生的现代化，为维护国家生态安全、奠定中华民族永续发展的生态环境基础提供坚实有力的制度保障。

（2）确定了工作原则。主要包括以下几个方面：

1）系统推进，政策协同。坚持和加强党的全面领导，统筹谋划、全面推进生态保护补偿制度及相关领域改革，加强各项制度的衔接配套。按照生态系统的整体性、系统性及其内在规律，完善生态保护补偿机制，促进对生态环境的整体保护。

2）政府主导，各方参与。充分发挥政府开展生态保护补偿、落实生态保护责任的主导作用，积极引导社会各方参与，推进市场化、多元化补偿实践。逐步完善政府有力主导、社会有序参与、市场有效调节的生态保护补偿体制机制。

3）强化激励，硬化约束。加快推进法治建设，运用法律手段规范生态保护补偿行为。清晰界定各方权利义务，实现受益与补偿相对应、享受补偿权利与履行保护义务相匹配。健全考评机制，依规依法加大奖惩力度、严肃责任追究。

（3）明确了改革目标。到2025年，与经济社会发展状况相适应的生态保护补偿制度基本完备。以生态保护成本为主要依据的分类补偿制度日益健全，以提升公共服务保障能力为基本取向的综合补偿制度不断完善，以受益者付费原则为基础的市场化、多元化补偿格局初步形成，全社会参与生态保护的积极性显著增强，生态保护者和受益者良性互动的局面基本形成。到2035年，适应新时代生态文明建设要求的生态保护补偿制度基本定型。

2. 聚焦重要生态环境要素，完善分类补偿制度

健全以生态环境要素为实施对象的分类补偿制度，综合考虑生态保护地区经济社会发展状况、生态保护成效等因素确定补偿水平，对不同要素的生态保

护成本予以适度补偿。

（1）建立健全分类补偿制度。加强水生生物资源养护，确保长江流域重点水域十年禁渔落实到位。针对江河源头、重要水源地、水土流失重点防治区、蓄滞洪区、受损河湖等重点区域开展水流生态保护补偿。健全公益林补偿标准动态调整机制，鼓励地方结合实际探索对公益林实施差异化补偿。完善天然林保护制度，加强天然林资源保护管理。完善湿地生态保护补偿机制，逐步实现国家重要湿地（含国际重要湿地）生态保护补偿全覆盖。完善以绿色生态为导向的农业生态治理补贴制度。完善耕地保护补偿机制，因地制宜推广保护性耕作，健全耕地轮作休耕制度。落实好草原生态保护补奖政策。研究将退化和沙化草原列入禁牧范围。对暂不具备治理条件和因保护生态不宜开发利用的连片沙化土地依法实施封禁保护，健全沙化土地生态保护补偿制度。研究建立近海生态保护补偿制度。

（2）逐步探索统筹保护模式。生态保护地所在地政府要在保障对生态环境要素相关权利人的分类补偿政策落实到位的前提下，结合生态空间中并存的多元生态环境要素系统谋划，依法稳步推进不同渠道生态保护补偿资金统筹使用，以灵活有效的方式一体化推进生态保护补偿工作，提高生态保护整体效益。有关部门要加强沟通协调，避免重复补偿。

3. 围绕国家生态安全重点，健全综合补偿制度

坚持生态保护补偿力度与财政能力相匹配、与推进基本公共服务均等化相衔接，按照生态空间功能，实施纵横结合的综合补偿制度，促进生态受益地区与保护地区利益共享。

（1）加大纵向补偿力度。结合中央财力状况逐步增加重点生态功能区转移支付规模。中央预算内投资对重点生态功能区基础设施和基本公共服务设施建设予以倾斜。继续对生态脆弱脱贫地区给予生态保护补偿，保持对原深度贫困地区支持力度不减。各省级政府要加大生态保护补偿资金投入力度，因地制宜出台生态保护补偿引导性政策和激励约束措施，调动省级以下地方政府积极性，加强生态保护，促进绿色发展。

（2）突出纵向补偿重点。对青藏高原、南水北调水源地等生态功能重要性突出地区，在重点生态功能区转移支付测算中通过提高转移支付系数、加大生态环保支出等方式加大支持力度，推动其基本公共服务保障能力居于同等财力水平地区前列。建立健全以国家公园为主体的自然保护地体系生态保护补偿机制，根据自然保护地规模和管护成效加大保护补偿力度。各省级政府要将生态功能重要地区全面纳入省级以下生态保护补偿转移支付范围。

（3）改进纵向补偿办法。根据生态效益外溢性、生态功能重要性、生态环境敏感性和脆弱性等特点，在重点生态功能区转移支付中实施差异化补偿。引

入生态保护红线作为相关转移支付分配因素，加大对生态保护红线覆盖比例较高地区支持力度。探索建立补偿资金与破坏生态环境相关产业逆向关联机制，对生态功能重要地区发展破坏生态环境相关产业的，适当减少补偿资金规模。研究通过农业转移人口市民化奖励资金对吸纳生态移民较多地区给予补偿，引导资源环境承载压力较大的生态功能重要地区人口逐步有序地向外转移。继续推进生态综合补偿试点工作。

（4）健全横向补偿机制。巩固跨省流域横向生态保护补偿机制试点成果，总结推广成熟经验。鼓励地方加快重点流域跨省上下游横向生态保护补偿机制建设，开展跨区域联防联治。推动建立长江、黄河全流域横向生态保护补偿机制，支持沿线省（自治区、直辖市）在干流及重要支流自主建立省际和省内横向生态保护补偿机制。对生态功能特别重要的跨省和跨地市重点流域横向生态保护补偿，中央财政和省级财政分别给予引导支持。鼓励地方探索大气等其他生态环境要素横向生态保护补偿方式，通过对口协作、产业转移、人才培训、共建园区、购买生态产品和服务等方式，促进受益地区与生态保护地区良性互动。

4. 发挥市场机制作用，加快推进多元化补偿

合理界定生态环境权利，按照受益者付费的原则，通过市场化、多元化方式，促进生态保护者利益得到有效补偿，激发全社会参与生态保护的积极性。

（1）完善市场交易机制。加快自然资源统一确权登记，建立归属清晰、权责明确、保护严格、流转顺畅、监管有效的自然资源资产产权制度，完善反映市场供求和资源稀缺程度、体现生态价值和代际补偿的自然资源资产有偿使用制度，对履行自然资源资产保护义务的权利主体给予合理补偿。在合理科学控制总量的前提下，建立用水权、排污权、碳排放权初始分配制度。逐步开展市场化环境权交易。鼓励地区间依据区域取用水总量和权益，通过水权交易解决新增用水需求。明确取用水户水资源使用权，鼓励取水权人在节约使用水资源基础上有偿转让取水权。全面实行排污许可制，在生态环境质量达标的前提下，落实生态保护地区排污权有偿使用和交易。加快建设全国用能权、碳排放权交易市场。健全以国家温室气体自愿减排交易机制为基础的碳排放权抵消机制，将具有生态、社会等多种效益的林业、可再生能源、甲烷利用等领域温室气体自愿减排项目纳入全国碳排放权交易市场。

（2）拓展市场化融资渠道。研究发展基于水权、排污权、碳排放权等各类资源环境权益的融资工具，建立绿色股票指数，发展碳排放权期货交易。扩大绿色金融改革创新试验区试点范围，把生态保护补偿融资机制与模式创新作为重要试点内容。推广生态产业链金融模式。鼓励银行业金融机构提供符合绿色项目融资特点的绿色信贷服务。鼓励符合条件的非金融企业和机构发行绿色债

券。鼓励保险机构开发创新绿色保险产品参与生态保护补偿。

(3) 探索多样化补偿方式。支持生态功能重要地区开展生态环保教育培训，引导发展特色优势产业、扩大绿色产品生产。加快发展生态农业和循环农业。推进生态环境导向的开发模式项目试点。鼓励地方将环境污染防治、生态系统保护修复等工程与生态产业发展有机融合，完善居民参与方式，建立持续性惠益分享机制。建立健全自然保护地控制区经营性项目特许经营管理制度。探索危险废物跨区域转移处置补偿机制。

5. 完善相关领域配套措施，增强改革协同

加快相关领域制度建设和体制机制改革，为深化生态保护补偿制度改革提供更加可靠的法治保障、政策支持和技术支撑。

(1) 加快推进法治建设。落实环境保护法、长江保护法以及水、森林、草原、海洋、渔业等方面的法律法规。加快研究制定生态保护补偿条例，明确生态受益者和生态保护者权利义务关系。开展生态保护补偿、重要流域及其他生态功能区相关法律法规立法研究。鼓励和指导地方结合本地实际出台生态保护补偿相关法规规章或规范性文件。加强执法检查，营造依法履行生态保护义务的法治氛围。

(2) 完善生态环境监测体系。加快构建统一的自然资源调查监测体系，开展自然资源分等定级和全民所有自然资源资产清查。健全统一的生态环境监测网络，优化全国重要水体、重点区域、重点生态功能区和生态保护红线等国家生态环境监测点位布局，提升自动监测预警能力，加快完善生态保护补偿监测支撑体系，推动开展全国生态质量监测评估。建立生态保护补偿统计指标体系和信息发布制度。

(3) 发挥财税政策调节功能。发挥资源税、环境保护税等生态环境保护相关税费以及土地、矿产、海洋等自然资源资产收益管理制度的调节作用。继续推进水资源税改革。落实节能环保、新能源、生态建设等相关领域的税收优惠政策。逐步探索对预算支出开展生态环保方面的评估。实施政府绿色采购政策，建立绿色采购引导机制，加大绿色产品采购力度，支持绿色技术创新和绿色建材、绿色建筑发展。

(4) 完善相关配套政策措施。建立占用补偿、损害赔偿与保护补偿协同推进的生态环境保护机制。建立健全依法建设占用各类自然生态空间的占用补偿制度。逐步建立统一的绿色产品评价标准、绿色产品认证及标识体系，健全地理标志保护制度。建立和完善绿色电力生产、消费证书制度。大力实施生物多样性保护重大工程。有效防控野生动物造成的危害，依法对因法律规定保护的野生动物造成的人员伤亡、农作物或其他财产损失开展野生动物致害补偿。积极推进生态保护、环境治理和气候变化等领域的国际交流与合作，开展生态保

护补偿有关技术方法等的联合研究。

6. 树牢生态保护责任意识，强化激励约束

健全生态保护考评体系，加强考评结果运用，严格生态环境损害责任追究，推动各方落实主体责任，切实履行各自义务。

(1) 落实主体责任。地方各级党委和政府要强化主体责任意识，树立正确政绩观，落实领导干部生态文明建设责任制，压实生态环境保护责任，严格实行党政同责、一岗双责，加强政策宣传，积极探索实践，推动改革任务落细落实。有关部门要加强制度建设，充分发挥生态保护补偿工作部际联席会议制度作用，及时研究解决改革过程中的重要问题。财政部、生态环境部要协调推进改革任务落实。生态保护地区所在地政府要统筹各渠道生态保护补偿资源，加大生态环境保护力度，杜绝边享受补偿政策、边破坏生态环境。生态受益地区要自觉强化补偿意识，积极主动履行补偿责任。

(2) 健全考评机制。在健全生态环境质量监测与评价体系的基础上，对生态保护补偿责任落实情况、生态保护工作成效进行综合评价，完善评价结果与转移支付资金分配挂钩的激励约束机制。按规定开展有关创建评比，应将生态保护补偿责任落实情况、生态保护工作成效作为重要内容。推进生态保护补偿资金全面预算绩效管理。加大生态环境质量监测与评价结果公开力度。将生态环境和基本公共服务改善情况等纳入政绩考核体系。鼓励地方探索建立绿色绩效考核评价机制。

(3) 强化监督问责。加强生态保护补偿工作进展跟踪，开展生态保护补偿实施效果评估，将生态保护补偿工作开展不力、存在突出问题的地区和部门纳入督察范围。加强自然资源资产离任审计，对不顾生态环境盲目决策、造成严重后果的，依规依纪依法严格问责、终身追责。

2.1.3 关于建立健全生态产品价值实现机制的要求

2021 年 4 月，中共中央办公厅、国务院办公厅印发了《关于建立健全生态产品价值实现机制的意见》，要求各地区各部门结合实际认真贯彻落实。文件指出：建立健全生态产品价值实现机制，是贯彻落实习近平生态文明思想的重要举措，是践行绿水青山就是金山银山理念的关键路径，是从源头上推动生态环境领域国家治理体系和治理能力现代化的必然要求，对推动经济社会发展全面绿色转型具有重要意义。文件对加快推动建立健全生态产品价值实现机制提出了要求。

2.1.3.1 总体要求

1. 指导思想

以习近平新时代中国特色社会主义思想为指导，全面贯彻党的十九大和十九届二中、三中、四中、五中全会精神，深入贯彻习近平生态文明思想，按照

党中央、国务院决策部署，统筹推进“五位一体”总体布局，协调推进“四个全面”战略布局，立足新发展阶段、贯彻新发展理念、构建新发展格局，坚持“绿水青山就是金山银山”的理念，坚持保护生态环境就是保护生产力、改善生态环境就是发展生产力，以体制机制改革创新为核心，推进生态产业化和产业生态化，加快完善政府主导、企业和社会各界参与、市场化运作、可持续的生态产品价值实现路径，着力构建绿水青山转化为金山银山的政策制度体系，推动形成具有中国特色的生态文明建设新模式。

2. 工作原则

（1）保护优先、合理利用。尊重自然、顺应自然、保护自然，守住自然生态安全边界，彻底摒弃以牺牲生态环境换取一时一地经济增长的做法，坚持以保障自然生态系统休养生息为基础，增值自然资本，厚植生态产品价值。

（2）政府主导、市场运作。充分考虑不同生态产品价值实现路径，注重发挥政府在制度设计、经济补偿、绩效考核和营造社会氛围等方面的主导作用，充分发挥市场在资源配置中的决定性作用，推动生态产品价值有效转化。

（3）系统谋划、稳步推进。坚持系统观念，搞好顶层设计，先建立机制，再试点推开，根据各种生态产品价值实现的难易程度，分类施策、因地制宜、循序渐进地推进各项工作。

（4）支持创新、鼓励探索。开展政策制度创新试验，允许试错、及时纠错、宽容失败，保护改革积极性，破解现行制度框架体系下深层次瓶颈制约，及时总结推广典型案例和经验做法，以点带面形成示范效应，保障改革试验取得实效。

3. 战略取向

（1）培育经济高质量发展新动力。积极提供更多优质生态产品满足人民日益增长的优美生态环境需要，深化生态产品供给侧结构性改革，不断丰富生态产品价值实现路径，培育绿色转型发展的新业态新模式，让良好生态环境成为经济社会持续健康发展的有力支撑。

（2）塑造城乡区域协调发展新格局。精准对接、更好满足人民差异化的美好生活需要，带动广大农村地区发挥生态优势就地就近致富、形成良性发展机制，让提供生态产品的地区和提供农产品、工业产品、服务产品的地区同步基本实现现代化，人民群众享有基本相当的生活水平。

（3）引领保护修复生态环境新风尚。建立生态环境保护者受益、使用者付费、破坏者赔偿的利益导向机制，让各方面真正认识到绿水青山就是金山银山，倒逼、引导形成以绿色为底色的经济发展方式和经济结构，激励各地提升生态产品供给能力和水平，营造各方共同参与生态环境保护修复的良好氛围，提升保护修复生态环境的思想自觉和行动自觉。

(4) 打造人与自然和谐共生新方案。通过体制机制改革创新，率先走出一条生态环境保护和经济发展相互促进、相得益彰的中国道路，更好彰显我国作为全球生态文明建设重要参与者、贡献者、引领者的大国责任担当，为构建人类命运共同体、解决全球性环境问题提供中国智慧和中国方案。

4. 主要目标

到 2025 年，生态产品价值实现的制度框架初步形成，比较科学的生态产品价值核算体系初步建立，生态保护补偿和生态环境损害赔偿政策制度逐步完善，生态产品价值实现的政府考核评估机制初步形成，生态产品“难度量、难抵押、难交易、难变现”等问题得到有效解决，保护生态环境的利益导向机制基本形成，生态优势转化为经济优势的能力明显增强。到 2035 年，完善的生态产品价值实现机制全面建立，具有中国特色的生态文明建设新模式全面形成，广泛形成绿色生产生活方式，为基本实现美丽中国建设目标提供有力支撑。

2.1.3.2 建立生态产品调查监测机制

(1) 推进自然资源确权登记。健全自然资源确权登记制度规范，有序推进统一确权登记，清晰界定自然资源资产产权主体，划清所有权和使用权边界。丰富自然资源资产使用权类型，合理界定出让、转让、出租、抵押、入股等权责归属，依托自然资源统一确权登记明确生态产品权责归属。

(2) 开展生态产品信息普查。基于现有自然资源和生态环境调查监测体系，利用网格化监测手段，开展生态产品基础信息调查，摸清各类生态产品数量、质量等底数，形成生态产品目录清单。建立生态产品动态监测制度，及时跟踪掌握生态产品数量分布、质量等级、功能特点、权益归属、保护和开发利用情况等信息，建立开放共享的生态产品信息云平台。

2.1.3.3 建立生态产品价值评价机制

(1) 建立生态产品价值评价体系。针对生态产品价值实现的不同路径，探索构建行政区域单元生态产品总值和特定地域单元生态产品价值评价体系。考虑不同类型生态系统功能属性，体现生态产品数量和质量，建立覆盖各级行政区域的生态产品总值统计制度。探索将生态产品价值核算基础数据纳入国民经济核算体系。考虑不同类型生态产品商品属性，建立反映生态产品保护和开发成本的价值核算方法，探索建立体现市场供需关系的生态产品价格形成机制。

(2) 制定生态产品价值核算规范。鼓励地方先行开展以生态产品实物量为重点的生态价值核算，再通过市场交易、经济补偿等手段，探索不同类型生态产品经济价值核算，逐步修正完善核算办法。在总结各地价值核算实践基础上，探索制定生态产品价值核算规范，明确生态产品价值核算指标体系、具体算法、数据来源和统计口径等，推进生态产品价值核算标准化。

（3）推动生态产品价值核算结果应用。推进生态产品价值核算结果在政府决策和绩效考核评价中的应用。探索在编制各类规划和实施工程项目建设时，结合生态产品实物量和价值核算结果采取必要的补偿措施，确保生态产品保值增值。推动生态产品价值核算结果在生态保护补偿、生态环境损害赔偿、经营开发融资、生态资源权益交易等方面的应用。建立生态产品价值核算结果发布制度，适时评估各地生态保护成效和生态产品价值。

2.1.3.4　健全生态产品经营开发机制

（1）推进生态产品供需精准对接。推动生态产品交易中心建设，定期举办生态产品推介博览会，组织开展生态产品线上云交易、云招商，推进生态产品供给方与需求方、资源方与投资方高效对接。通过新闻媒体和互联网等渠道，加大生态产品宣传推介力度，提升生态产品的社会关注度，扩大经营开发收益和市场份额。加强和规范平台管理，发挥电商平台资源、渠道优势，推进更多优质生态产品以便捷的渠道和方式开展交易。

（2）拓展生态产品价值实现模式。在严格保护生态环境的前提下，鼓励采取多样化模式和路径，科学合理推动生态产品价值实现。依托不同地区独特的自然禀赋，采取人放天养、自繁自养等原生态种养模式，提高生态产品价值。科学运用先进技术实施精深加工，拓展延伸生态产品产业链和价值链。依托洁净水源、清洁空气、适宜气候等自然本底条件，适度发展数字经济、洁净医药、电子元器件等环境敏感型产业，推动生态优势转化为产业优势。依托优美自然风光、历史文化遗存，引进专业设计、运营团队，在最大限度减少人为扰动前提下，打造旅游与康养休闲融合发展的生态旅游开发模式。加快培育生态产品市场经营开发主体，鼓励盘活废弃矿山、工业遗址、古旧村落等存量资源，推进相关资源权益集中流转经营，通过统筹实施生态环境系统整治和配套设施建设，提升教育文化旅游开发价值。

（3）促进生态产品价值增值。鼓励打造特色鲜明的生态产品区域公用品牌，将各类生态产品纳入品牌范围，加强品牌培育和保护，提升生态产品溢价。建立和规范生态产品认证评价标准，构建具有中国特色的生态产品认证体系。推动生态产品认证国际互认。建立生态产品质量追溯机制，健全生态产品交易流通全过程监督体系，推进区块链等新技术应用，实现生态产品信息可查询、质量可追溯、责任可追查。鼓励将生态环境保护修复与生态产品经营开发权益挂钩，对开展荒山荒地、黑臭水体、石漠化等综合整治的社会主体，在保障生态效益和依法依规的前提下，允许利用一定比例的土地发展生态农业、生态旅游获取收益。鼓励实行农民入股分红模式，保障参与生态产品经营开发的村民利益。对开展生态产品价值实现机制探索的地区，鼓励采取多种措施，加大对必要的交通、能源等基础设施和基本公共服务设施建设的支持力度。

（4）推动生态资源权益交易。鼓励通过政府管控或设定限额，探索绿化增量责任指标交易、清水增量责任指标交易等方式，合法合规开展森林覆盖率等资源权益指标交易。健全碳排放权交易机制，探索碳汇权益交易试点。健全排污权有偿使用制度，拓展排污权交易的污染物交易种类和交易地区。探索建立用能权交易机制。探索在长江、黄河等重点流域创新完善水权交易机制。

2.1.3.5 健全生态产品保护补偿机制

（1）完善纵向生态保护补偿制度。中央和省级财政参照生态产品价值核算结果、生态保护红线面积等因素，完善重点生态功能区转移支付资金分配机制。鼓励地方政府在依法依规前提下统筹生态领域转移支付资金，通过设立市场化产业发展基金等方式，支持基于生态环境系统性保护修复的生态产品价值实现工程建设。探索通过发行企业生态债券和社会捐助等方式，拓宽生态保护补偿资金渠道。通过设立符合实际需要的生态公益岗位等方式，对主要提供生态产品地区的居民实施生态补偿。

（2）建立横向生态保护补偿机制。鼓励生态产品供给地和受益地按照自愿协商原则，综合考虑生态产品价值核算结果、生态产品实物量及质量等因素，开展横向生态保护补偿。支持在符合条件的重点流域依据出入境断面水量和水质监测结果等开展横向生态保护补偿。探索异地开发补偿模式，在生态产品供给地和受益地之间相互建立合作园区，健全利益分配和风险分担机制。

（3）健全生态环境损害赔偿制度。推进生态环境损害成本内部化，加强生态环境修复与损害赔偿的执行和监督，完善生态环境损害行政执法与司法衔接机制，提高破坏生态环境违法成本。完善污水、垃圾处理收费机制，合理制定和调整收费标准。开展生态环境损害评估，健全生态环境损害鉴定评估方法和实施机制。

2.1.3.6 健全生态产品价值实现保障机制

（1）建立生态产品价值考核机制。探索将生态产品总值指标纳入各省（自治区、直辖市）党委和政府高质量发展综合绩效评价。推动落实在以提供生态产品为主的重点生态功能区取消经济发展类指标考核，重点考核生态产品供给能力、环境质量提升、生态保护成效等方面指标；适时对其他主体功能区实行经济发展和生态产品价值“双考核”。推动将生态产品价值核算结果作为领导干部自然资源资产离任审计的重要参考。对任期内造成生态产品总值严重下降的，依规依纪依法追究有关党政领导干部责任。

（2）建立生态环境保护利益导向机制。探索构建覆盖企业、社会组织和个人的生态积分体系，依据生态环境保护贡献赋予相应积分，并根据积分情况提供生态产品优惠服务和金融服务。引导各地建立多元化资金投入机制，鼓励社会组织建立生态公益基金，合力推进生态产品价值实现。严格执行《中华人民共和国环境保护税法》，推进资源税改革。在符合相关法律法规基础上探索规范用地供给，服务于生态产品可持续经营开发。

（3）加大绿色金融支持力度。鼓励企业和个人依法依规开展水权和林权等使用权抵押、产品订单抵押等绿色信贷业务，探索“生态资产权益抵押＋项目贷”模式，支持区域内生态环境提升及绿色产业发展。在具备条件的地区探索古屋贷等金融产品创新，以收储、托管等形式进行资本融资，用于周边生态环境系统整治、古屋拯救改造及乡村休闲旅游开发等。鼓励银行机构按照市场化、法治化原则，创新金融产品和服务，加大对生态产品经营开发主体中长期贷款支持力度，合理降低融资成本，提升金融服务质效。鼓励政府性融资担保机构为符合条件的生态产品经营开发主体提供融资担保服务。探索生态产品资产证券化路径和模式。

2.1.3.7　建立生态产品价值实现推进机制

（1）加强组织领导。按照中央统筹、省负总责、市县抓落实的总体要求，建立健全统筹协调机制，加大生态产品价值实现工作推进力度。发展改革委加强统筹协调，各有关部门和单位按职责分工，制定完善相关配套政策制度，形成协同推进生态产品价值实现的整体合力。地方各级党委和政府要充分认识建立健全生态产品价值实现机制的重要意义，采取有力措施，确保各项政策制度精准落实。

（2）推进试点示范。国家层面统筹抓好试点示范工作，选择跨流域、跨行政区域和省域范围内具备条件的地区，深入开展生态产品价值实现机制试点，重点在生态产品价值核算、供需精准对接、可持续经营开发、保护补偿、评估考核等方面开展实践探索。鼓励各省（自治区、直辖市）积极先行先试，并及时总结成功经验，加强宣传推广。选择试点成效显著的地区，打造一批生态产品价值实现机制示范基地。

（3）强化智力支撑。依托高等学校和科研机构，加强对生态产品价值实现机制改革创新的研究，强化相关专业建设和人才培养，培育跨领域跨学科的高端智库。组织召开国际研讨会、经验交流论坛，开展生态产品价值实现国际合作。

（4）推动督促落实。将生态产品价值实现工作推进情况作为评价党政领导班子和有关领导干部的重要参考。系统梳理生态产品价值实现相关现行法律法规和部门规章，适时进行立改废释。发展改革委会同有关方面定期对本意见落实情况进行评估，重大问题及时向党中央、国务院报告。

2.2　国内水生态保护补偿制度及实践

国内水生态保护补偿实践是从流域水环境质量补偿开始的。目前我国进行的流域生态补偿实践主要分为跨省域生态补偿实践与省域内生态补偿实践。

2.2.1 国内跨省域水生态补偿实践——以新安江流域为例

国内跨省域生态补偿实践主要有跨皖浙界面的新安江流域、跨赣粤港界面的东江流域、跨桂粤的九洲江流域等。其中最早实施的是新安江流域横向补偿。

新安江发源于安徽省黄山市休宁县，汇入浙江省千岛湖，是浙江省最大的入境河流。2012 年，全国首个跨省流域生态保护补偿改革试点在新安江启动。财政部、环保部、安徽省、浙江省正式签订《新安江流域水环境补偿协议》，每轮试点 3 年，以皖浙两省跨界断面高锰酸盐指数、氨氮、总氮、总磷 4 项指标为考核依据。试点工作按照“保护优先，合理补偿；保持水质，力争改善；地方为主，中央监管；监测为据，以补促治”的基本原则，设立新安江流域水环境补偿资金，主要用于安徽省内两省交界区域的污水和垃圾，特别是农村污水和垃圾治理。

2012—2014 年为首轮试点，设置补偿资金每年 5 亿元，其中中央财政 3 亿元拨付安徽，皖浙两省各出资 1 亿元，年度水质达到考核标准，浙江拨付给安徽 1 亿元，否则相反。2015—2017 年为第二轮试点，突出“双提高”，提高资金补助标准，皖浙两省出资由 1 亿元提高至 2 亿元；提高水质考核标准，水质稳定系数由 0.85 提高至 0.89。2018—2020 年为第三轮试点，中央财政统筹资金给予支持，皖浙两省每年各出资 2 亿元，考核标准较前两轮更高。为推动单一补偿向综合补偿升级，浙江、安徽两省人民政府签署《共同建设新安江-千岛湖生态保护补偿样板区协议》，在补偿标准、补偿理念、补偿方式、补偿范围等方面全面提档扩面升级。

(1) 补偿标准更高。从 2023 年开始，双方每年出资额度从过去的最多出资“2 亿元”提升到“4 亿～6 亿元”，补偿资金总盘增至 10 亿元，并从 2024 年开始，资金总额在 10 亿元基础上参照浙皖两省年度 GDP 增速，建立逐年增长机制。

(2) 补偿理念更新。引入了产业人才补偿指数 M 值，构建资金、产业、人才全方位的补偿成效评价体系，作为两省分配补偿资金的重要依据。

(3) 补偿方式更优。除资金补偿外，皖浙两省还将在绿色金融、新兴产业、传统农业、文旅产业、人才交流等方面加强合作。

(4) 补偿范围更广。生态补偿样板区范围扩大至安徽省黄山市、宣城市全境，浙江省杭州市、嘉兴市全境。

新安江流域生态补偿样板区在建立生态产品价值实现机制和市场化、多元化生态保护补偿机制方面，为全国省域横向生态保护补偿提供了有益借鉴。

2.2.2　国内主要省份生态补偿情况——以山东省为例

据初步统计，截至 2022 年 11 月，全国各省（自治区、直辖市）均已在不同程度上开展了水生态补偿相关工作。《山东省地表水环境质量生态补偿暂行办法》以水质为考核指标初步建立了水生态补偿制度。

2.2.2.1　山东省流域横向生态补偿实施情况

（1）实施背景。为落实中共中央、国务院印发的《黄河流域生态保护和高质量发展规划纲要》以及财政部等四部委《支持引导黄河全流域建立横向生态补偿机制试点实施方案》（财资环〔2020〕20 号），财政部等四部委《关于加快建立流域上下游横向生态保护补偿机制的指导意见》（财建〔2016〕928 号）作出的建立黄河流域横向生态补偿机制部署，充分调动流域上下游县（市、区）治污积极性，加快形成责任清晰、合作共治的流域保护和治理长效机制，促进流域生态环境质量不断改善，山东省建立流域横向生态补偿机制，出台了《关于建立流域横向生态补偿机制的指导意见》以及《流域横向生态补偿机制实施办法》。

（2）补偿总体要求。

1）明确“权责对等，合理补偿；省定规则，市县落实；激励引导，合作共治”的基本原则。

2）确定横向生态补偿实施范围为全省相关县（市、区），考核指标为流域跨界断面水质类别或特征因子浓度，涉及全省 291 个主要跨县（市、区）界河流断面（后增加到 301 个）。

3）规定完成时限为 2021 年 10 月底，并要求黄河干流、南四湖和东平湖等重点流域率先完成。

（3）补偿主要内容。

1）补偿基准。原则上采用跨界断面水质类别作为补偿基准，国家、省、市相关文件已确定断面水质目标的，补偿基准不得低于目标要求；未确定目标的跨市、跨县界断面，分别由省、市级生态环境部门研究确定补偿基准。黄河干流跨市、跨县界断面，可视上下游需求增设总氮指标作为补偿基准。

2）补偿模式及额度。以断面月度水质类别或特征因子浓度值是否达到要求计算补偿金额，并根据年度均值情况对总金额进行调整。跨市、跨县界断面月度补偿资金基准额度分别不低于 100 万元和 85 万元。断面月度水质达到目标时，上下游互不补偿；优于目标时，下游补偿上游；劣于目标时，上游赔偿下游。全年各月情况汇总后下游需补偿上游的，若断面年均值优于水质目标，补偿金额增加 20%；若断面年均值劣于水质目标，不再进行补偿。全年各月情况汇总后上游需赔偿下游时，若断面年均值优于或达到水质目标，赔偿金额减少 40%；若断面年均值劣于水质目标，赔偿金额增加 20%。增设总氮浓度作为补偿基准时，具体补偿方式由上下游市、县（市、区）协商确定。

3）水质测定。省控以上断面（含省质量点）及跨市界断面采用省级反馈的水质监测数据；省控以下断面采用市生态环境部门确认的水质监测数据。监测期间如遇不可抗力等因素导致水质异常波动时，由相关市或县级生态环境部门联合报上级生态环境部门裁定是否补偿。

4）资金使用和管理。省、市级生态环境部门每月核算各市、各县（市、区）间横向生态补偿资金获得（支出）金额，每季度各自通报具体情况；市级生态环境部门每月须同时向省级生态环境部门报送本市补偿资金计算过程及依据。次年4月底前，各县（市、区）按照协议约定完成上年度补偿资金清算工作。对不按照协议约定及时兑付补偿资金的县（市、区），由省市财政通过体制结算方式清缴。补偿资金专项用于流域环境综合治理、生态保护建设、生态补偿等，鼓励和支持受偿方通过政府与社会资本合作、基金、绿色债券、融资贴息、建后奖补等方式，积极引入社会资本加大流域综合整治和绿色产业投入。

5）联防共治。流域上下游县（市、区）以签订横向生态补偿协议为契机，健全完善区域联防共治机制，共同推进流域保护与治理。

2.2.2.2 与北京市补偿机制的对比

山东省流域横向生态补偿机制与北京市水生态区域补偿机制对比如下。

1. 相同点

（1）都有按照跨界断面水质指标进行考核和补偿内容，补偿双方为流域跨界断面上下游县级以上政府。

（2）水质考核都是基于水质目标和地表水水环境标准类别进行考核。

（3）跨界断面水质补偿金逐级由上级生态环境部门核算，用于流域环境综合治理、生态保护建设、生态补偿等。

2. 不同点

（1）考核内容不同。北京市坚持遵循水生态系统的自然规律，通过实施水流、水环境、水生态三类指标考核，建立起水质与水量、资源与生态环境、地表与地下、流域与区域有机统筹的水生态区域补偿制度。其中水环境类指标，从断面水质、密云水库流域总氮、污水治理年度任务三方面进行考核。而山东只考核跨界断面水质一类。

（2）水质考核指标不同。北京市主要考核化学需氧量（高锰酸盐指数）、氨氮、总磷三项核算指标；山东省为水质全指标考核，同时可协议增加总氮指标。

（3）补偿履行方式不同。北京市由市政府以行政规范性文件方式建立区政府间的水环境补偿机制，核算与清算均由市级部门执行；山东省以指导意见方式督促指导流域跨县（市、区）断面上下游政府签订横向补偿协议及水污染防治联防联控协议。补偿金由上级部门核算，本级按协议自行清算，当本级不履行协议时，上级部门代为清算。

（4）履职部门不同。北京市履职部门为水务部门、生态环境部门、财政部门；山东省为生态环境部门、财政部门。

2.2.3　国内水生态补偿典型模式分析和主要经验

2.2.3.1　水生态补偿典型模式分析

以新安江流域、闽江流域、太湖流域为例，从补偿相关方、补偿方式、补偿方法进行案例分析，见表 2.1。

表 2.1　　国内典型流域生态补偿实践案例分析

流域名称	相关方	补偿方式	补　偿　方　法
新安江流域	皖浙两省	国家纵向补偿引导，横向补偿为主的跨省政府间综合补偿	补偿标准：根据《地表水环境质量标准》（GB 3838—2002）中高锰酸盐指数、氨氮、总磷、总氮 4 项指标目标值及监测平均值核算补偿资金。采取双向补偿，若未超过目标值则浙江省补偿安徽省，超过目标值则安徽省补偿浙江省。补偿方式：浙江省财政、安徽省财政、中央财政三方转移支付补偿，每年中央出资 3 亿元，皖浙两省各出资 1 亿元，每年共计 5 亿元
闽江流域	福建省福州、南平、三明等市	省级纵向引导，横向补偿为主的省内政府间综合补偿	补偿标准：根据上游支柱产业（畜禽养殖业）经济损失成本及流域生态保护成本、地方政府财政转移支付能力核算闽江流域生态补偿标准；福建省财政主持设立闽江流域生态补偿专项资金；下游福州市政府每年出资 1000 万元用于补偿上游三明市及南平市，上游两市每年各出资 500 万元，省财政每年切块安排 1500 万元
太湖流域	江苏省无锡、常州、苏州等市	省级政府主持，省内流域上下游政府间的横向补偿	补偿方式：采取双向补偿模式，选取河道较宽、水量较大、流向稳定的 30 个监测断面，监测指标包括 COD、NH_3-N、TP，上游出境水质监测结果超标则对下游城市进行补偿，入境水质超标则根据责任向省级财政缴纳补偿金，优于目标水质则根据情况进行奖励； 补偿标准：按照城镇污水处理厂处理 1t COD、NH_3-N、TP 费用核算补偿标准； 补偿监督执行：根据跨界断面水质监测结果，采取上下游间相互监督的资金补偿方式

2.2.3.2　主要经验

可借鉴的经验包括：①相关补偿普遍实行流域上下游双向补偿机制。当考核断面水质低于目标值时，上游给下游补偿，反之，下游给上游补偿。调动了流域上下游治理水污染的积极性。②大部分水生态补偿考核以水质为主，但江西省综合考虑了水污染、水源涵养（森林）、水资源管理和水环境综合治理等多种要素，对水生态保护的导向作用更佳。

2.3 北京市水生态补偿制度的实践

2.3.1 实施水生态补偿制度的必要性

生态环境与自然资源是人类赖以生存和发展的基础。随着人口规模的持续膨胀和生产力的快速发展，人类活动对自然界的影响严重超出了自然界本身的承受范围，人类为了发展经济向自然界索取了过多的资源和能量，自然资源、生态环境与可持续发展之间的矛盾日益凸显，生态环境日益恶化。由于我国长期以经济发展为主要目标，在全社会尊重自然、顺应自然、保护自然的生态文明理念还没有形成，我国现有生态文明制度仍不健全。与此同时，我国资源趋紧、环境破坏严峻、生态系统退化局面尚未得到根本扭转，高投入、高消耗、高排放、难循环、低效率的增长方式还未根本性改变。党的十八大把生态文明建设纳入中国特色社会主义事业“五位一体”总体布局，明确从全局和战略高度解决日益严峻的生态矛盾，大力推进生态文明建设，确保生态安全，努力建设美丽中国，实现中华民族永续发展。水生态系统作为生态系统的重要组成部分，研究建立水生态补偿制度，落实水生态保护修复权责，实现水生态产品价值，促进水生态系统健康，为人民群众提供更多更好的水生态产品和服务，对建设生态文明具有重要意义。

2.3.1.1 落实生态文明建设的要求

“生态兴则文明兴、生态衰则文明衰”，坚持人与自然和谐共生，是中国式现代化的本质要求。党的二十大报告提出要“深入推进环境污染防治”“提升生态系统多样性、稳定性、持续性”，中共中央办公厅、国务院办公厅《关于深化生态保护补偿制度改革的意见》提出“生态环境是关系党的使命宗旨的重大政治问题，也是关系民生的重大社会问题。生态保护补偿制度作为生态文明制度的重要组成部分，是落实生态保护权责、调动各方参与生态保护积极性、推进生态文明建设的重要手段”。要“加快健全有效市场和有为政府更好结合、分类补偿与综合补偿统筹兼顾、纵向补偿与横向补偿协调推进、强化激励与硬化约束协同发力的生态保护补偿制度”。

在国家建立健全生态补偿制度、落实生态保护权责、推进生态文明建设的大背景下，北京市委市政府有关文件明确北京市治水工作的重点和最终目标是水生态系统恢复和水生态良好，要求健全完善水生态区域补偿制度，推动水污染防治向水生态保护转变。

2.3.1.2　开展北京市水生态保护修复工作需要

随着水环境质量不断改善，北京市水环境治理已经转向为人民提供更多更好水生态服务的高质量发展阶段。面对新阶段河湖水生态系统健康的更高要求，北京市仍存在溢流污染、密云水库总氮指标偏高以及部分河流有水河长不足、河流流动性阻断、生境生物多样性恢复困难等现阶段亟待解决的问题需要补偿机制发挥导向作用。

2.3.1.3　完善北京市水生态保护修复政策体系需要

北京市持续加大水生态环境领域立法和执法力度，陆续出台关于进一步加强水生态保护修复工作的意见、加强水生态空间管控工作的意见、强化河长制工作实施意见以及多个三年行动方案，强化行政手段对水环境治理和水生态保护的推动作用，需要通过建立水生态保护补偿制度，采用经济手段激励和约束引导各区加强水生态环境保护修复，进一步完善水生态保护修复政策体系。

2.3.2　北京市生态补偿制度体系

为落实中央关于建立生态补偿制度的部署，北京市结合实际制定了一系列政策文件，初步健全了北京市生态补偿制度体系。

2.3.2.1　《关于健全生态保护补偿机制的实施意见》(京政办发〔2018〕16 号)

2018 年，为深入贯彻落实《国务院办公厅关于健全生态保护补偿机制的意见》(国办发〔2016〕31 号）等文件精神，进一步健全生态保护补偿机制，高质量、高水平推进首都生态文明建设，北京市发布了《关于健全生态保护补偿机制的实施意见》（京政办发〔2018〕16 号)，全市初步确立了生态补偿制度。

1. 总体要求

(1) 要深入贯彻落实习近平总书记对北京重要讲话精神，牢固树立创新、协调、绿色、开放、共享的新发展理念，增强绿水青山就是金山银山的意识，围绕落实首都城市战略定位、加快建设国际一流的和谐宜居之都，按照高质量发展的要求，通过创新体制机制、完善政策框架、拓宽补偿渠道、加强统筹实施、强化责任落实，进一步健全生态保护补偿机制，推动生态保护补偿市场化、多元化，切实提高补偿工作绩效，促进首都生态文明建设迈上新台阶。

(2) 明确了补偿基本原则。

1) 权责统一，合理补偿。秉承“谁受益、谁补偿，谁保护、谁受偿”的原则，科学界定生态环境保护者、良好生态环境受益者的权利和责任，建立合理的生态保护补偿标准、考核评价制度和沟通协调平台，完善受益者付费、保护者得到合理补偿的运行机制。

2) 政府主导，社会参与。发挥政府对生态环境保护的主导作用，完善政策制度，加强市区统筹，保障生态保护主体的相关权益。拓宽补偿渠道，加大政府购买服务力度，积极引导社会力量参与生态保护，努力构建市场化、多元化的补偿机制。

3）统筹兼顾，多措并举。将健全生态保护补偿机制与完善财政补贴、转移支付等公共财政政策有效衔接，与促进低收入农户就业增收有机结合，加大生态保护投入力度，完善生态保护管理体系，促进生态环境与经济社会发展相协调。

4）重点推动，逐步完善。进一步完善既有生态保护补偿机制，加快研究建立空气、湿地等重点领域和生态保护红线区等重点区域生态保护补偿机制，开展跨地区横向生态保护补偿试点，逐步健全生态保护补偿制度体系。

（3）明确了目标任务。到 2020 年，实现空气、森林、湿地、水流、耕地等重点领域和生态保护红线区、生态涵养区等重点区域生态保护补偿全覆盖，补偿标准与经济社会发展状况相适应，补偿额度与生态保护绩效相挂钩，跨地区横向生态保护补偿试点取得突破。到 2022 年，市场化、多元化的生态保护补偿机制更加健全，绿色生产方式和生活方式基本形成。

2. 分领域研究建立补偿机制

（1）空气。研究建立空气质量生态保护补偿机制，完善空气质量排名、通报、约谈、督察等工作制度，进一步压实各区政府、各部门责任，有效调动相关主体积极性，推动空气质量持续改善。

（2）森林。在统筹存量、增量的基础上，完善山区生态林生态效益促进发展机制，根据资源总量、生态服务价值、碳汇量的增长情况和全市国民经济社会发展水平等因素，对补偿范围和标准进行动态调整；完善山区生态林补偿机制，提高生态管护水平。完善平原地区生态林补助政策，建立以政府购买服务为主的林木资源管护、效益监测评价机制，适时调整补助范围和标准，提高精细化管理水平。

（3）湿地。适度推进退耕还湿，恢复和扩大湿地面积。探索建立湿地生态保护补偿机制，率先在自然保护区、国家重要湿地和市级湿地开展补偿试点，逐步完善湿地保护和恢复制度。

（4）水流。研究建立大中型水库、饮用水水源地、河流源头、蓄滞洪区和北京市南水北调工程区的生态保护补偿机制。严格执行北京市水环境区域补偿办法，根据水质目标要求，适时提高跨界断面水质考核标准，调整水环境区域补偿资金标准。

（5）耕地。研究建立耕地保护生态补偿制度。加强基本农田保护，促进耕地质量提升。推进以绿色生态为导向的农业补贴制度改革，研究制定激励引导政策，支持开展化肥农药减量和受污染耕地治理行动，推进农业废弃物回收处理与综合利用。加强对地下水漏斗区、重金属污染区、生态严重退化区的治理和修复。研究建立支持引导政策，推进耕地轮作休耕。

3. 分区域重点任务

（1）建立生态保护红线区生态保护补偿机制。按照国家有关禁止开发区域的要求严格管理生态保护红线区，建立保护成效评估和考核制度。制定对生态保护红线区、建立国家公园体制试点区的转移支付制度。探索建立受益地区与生态保护红线区之间横向生态保护补偿机制，共同分担生态保护责任。

（2）健全生态涵养区生态保护补偿机制。完善生态涵养区综合化生态保护补偿相关政策。健全转移支付制度，重点支持生态涵养区水资源保护、生态保育、污染治理、山区危村险村搬迁安置、基础设施与基本公共服务提升等方面工作，切实改善生态涵养区尤其是山区村镇生产生活条件。

4. 跨地区重点任务

（1）健全京津冀水源涵养区生态保护补偿机制。积极配合国家相关部门开展潮白河等流域上下游生态保护补偿工作，逐步完善生态保护补偿长效机制。建立基于水量、水质目标要求的考核机制，率先开展密云水库上游流域水源涵养区生态保护补偿试点。

（2）推进南水北调中线工程水源区对口协作。按照市级统筹与区县结对（一对一）的协作形式，通过资金支持、产业培育、技术支持、人才交流等多种方式，与河南、湖北两省水源区 16 县（市、区）开展对口协作工作，促进水源区生态型特色产业发展，带动当地劳动力就业，协助受援地区在有效推动生态环境持续改善和实现调水水质稳定达标的基础上，实现经济社会可持续发展。

5. 完善体制机制

（1）优化稳定投入机制。多渠道筹措资金，稳步增加生态保护补偿投入。积极争取中央财政对森林、湿地、水流、耕地等资源保护的补助资金。综合考虑市级财力水平及各区功能定位，进一步完善市对区转移支付制度，加强生态保护补偿政策、资金在市级层面的统筹，提高资金使用绩效。市政府固定资产投资对生态保护红线区的生态环境、必要的基础设施建设予以倾斜。按照中央有关要求，制定完善森林、自然文化遗产等资源收费基金和各类资源有偿使用收入的征收管理办法。积极发展绿色金融，支持生态环境保护。

（2）健全配套制度体系。加快推进自然资源资产产权制度改革，建立统一的确权登记系统和权责明确的产权体系。以生态产品产出能力和生态服务价值为基础，完善测算方法，研究制定生态保护分类补偿标准。充分利用遥感监测、地面监测等技术，加强对生态资源变化情况的动态监测。研究建立生态保护补偿统计指标体系和信息发布制度。研究制定生态保护补偿绩效考评体系，实现补偿资金与考评结果相挂钩。

（3）建立政策协同保障机制。建立健全生态环境损害赔偿、生态产品市场交易等机制，协同推进生态环境保护工作。积极落实国家生态环境损害赔偿制度改革试点要求，推动建立损害生态者赔偿的运行机制。实施控制污染物排放许可制，分行业推进排污许可证核发工作，以排污许可证作为初始排污权确权依据，夯实排污交易基础。进一步完善碳排放权交易制度，促进交易平台健康发展，扩大碳排放权交易规模，并积极探索增加生态产品交易种类。根据国家生态保护补偿有关法规制定情况，积极推进北京市生态保护补偿工作制度化、法治化。

（4）结合生态保护补偿促进低收入农户就业增收。生态保护补偿要与低收入农户就业增收相结合，生态保护补偿资金、生态建设项目资金向低收入农户和低收入村倾斜，生态管护队伍优先吸纳有劳动能力的低收入农民。鼓励生态保护补偿资金用于山区采空区、泥石流等地质灾害易发区生态恢复和农民易地搬迁。

（5）多种方式实施生态保护补偿。因地制宜把资金补偿、实物服务补偿、干部人才支持、精准帮扶、产业扶持等补偿方式结合起来，通过开展多元化、综合化补偿，建立生态保护和绿色发展相互促进的长效机制。

2.3.2.2 关于《北京市自然资源资产产权制度改革方案》(京办发〔2020〕17号)

自然资源资产产权制度是加强生态保护、促进生态文明建设的重要基础性制度，也是建立生态产品价值实现机制的基础性制度。2020年，为落实《中共中央办公厅、国务院办公厅印发〈关于统筹推进自然资源资产产权制度改革的指导意见〉的通知》精神，加快健全北京市自然资源资产产权制度，进一步推动首都生态文明建设，北京市结合实际，颁布了《北京市自然资源资产产权制度改革方案》(京办发〔2020〕17号)。文件要求：“到2020年底，基本建立归属清晰、权责明确、保护严格、流转顺畅、监管有效的自然资源资产产权制度。到2022年底，形成完善的法规政策体系、监督管理体系和技术支撑体系，自然资源资产产权制度全面运行，自然资源保护成效和开发利用效率显著提升”。

文件要求强化自然资源整体保护。完善北京市国土空间规划体系，健全规划实施管理机制，加强规划实施与产权制度、管理政策之间的衔接。划定并严守生态保护红线、永久基本农田、城镇开发边界等控制线。建立健全国土空间用途管制制度，严格执行用途管制规则、产业准入政策和负面清单。加快构建自然保护地体系，建立统一的分级分类管理体系，健全自然保护地内自然资源资产特许经营权等制度。完善监控手段，积极预防、及时制止破坏自然资源资产行为。依法依规解决部分现有使用权、经营权合理退出问题。探索建立政府主导、企业和社会参与、市场化运作、可持续的生态保护补偿机制。建立完善生态林、湿地、耕地等自然资源以及生态保护红线、生态涵养区等重点区域的生态保护补偿机制。完善保护成效评价考核机制。积极探索生态价值的实现途径，构建以产业生态化和生态产业化为主体的生态经济体系。

2.3.2.3　关于《北京市水生态区域补偿暂行办法》(京政办发〔2022〕31 号)

为进一步完善北京市水生态保护修复管理政策，用经济手段督促流域各区政府（含北京经济技术开发区管委会，下同）落实水生态保护修复主体责任，推动水生态健康水平不断向好，建设“造福人民的幸福河”，2022 年，北京市依据国家及北京市有关规定，按照“保护者受益、使用者付费、损害者赔偿”的利益导向机制，颁布了《北京市水生态区域补偿暂行办法》（京政办发〔2022〕31 号）。

该办法针对影响水生态系统的关键因素，设置水流、水环境、水生态三类考核指标和十三项核算指标。其中：

（1）水流类指标。考核内容包括有水河长和流动性，共设三项核算指标。流动性包括阻断设施拆除和阻断设施管控两项核算指标。

（2）水环境类指标。考核内容包括水质和污水治理年度任务，共设八项核算指标。水质包括跨区断面污染物浓度和密云水库上游入库总氮总量两方面指标。其中，跨区断面污染物浓度包括氨氮、总磷、高锰酸盐指数（或化学需氧量）三项核算指标，高锰酸盐指数适用于水质目标为Ⅱ类、Ⅲ类的断面，化学需氧量适用于水质目标为Ⅳ类、Ⅴ类的断面。污水治理年度任务包括污水治理项目建设、污水跨区处理量、溢流污染调蓄量和再生水配置利用量 4 项核算指标。

（3）水生态类指标。考核内容包括生境和生物，共设两项核算指标。生物核算指标重点考虑水生动植物的多样性、丰度等因素。生境、生物核算指标参考《水生态健康评价技术规范》（DB11/T 1722—2020）中的调查评分方法确定评分值，针对山区、平原（郊野或城市）河段的不同生态功能分别考核。

同时，该办法还研究制定了各指标补偿金核算方法，以及补偿金核算与收缴、分配、使用规程等。

2.3.2.4　相关法律制度

北京市有《北京市水污染防治条例》《北京市生态涵养区生态保护和绿色发展条例》两部地方性法规，规定要建立水生态补偿制度。

（1）2021 年修订的《北京市水污染防治条例》第十六条规定：“本市逐步建立流域水环境资源区域补偿机制。对超额完成重点水污染物排放总量控制指标和水环境质量考核指标的市人民政府有关部门和区人民政府，市人民政府应当给予奖励。对完成重点水污染物排放总量控制指标和削减计划做出突出贡献的单位，市人民政府有关部门或者区人民政府应当给予奖励。补偿和奖励的具体办法由市人民政府制定。”

（2）2021年颁布的《北京市生态涵养区生态保护和绿色发展条例》第二十四条规定：“本市建立健全针对森林、耕地、湿地、水流、空气等重点领域和生态保护红线、饮用水水源保护区等重点区域的生态保护补偿机制，确保生态保护主体得到合理补偿。市财政部门应当会同市发展改革、规划和自然资源、生态环境等部门逐步建立完善生态涵养区综合性生态保护补偿机制；补偿机制依据有关区自然资源调查监测评价、生态环境质量状况评价，并可以结合生态服务价值评估成果确定。有关区人民政府可以统筹使用补偿资金。市人民政府有关部门应当建立健全市场化生态保护补偿机制，推动用能权、用水权、碳排放权交易，促进符合条件的生态资源资产化、可量化、可经营。”

2.3.3 北京市水生态补偿实践

2.3.3.1 构建了多元互补的水生态补偿体系

（1）成功建立践行水环境治理的创新机制。一是采用经济手段压实区政府治污主体责任，形成流域上下游、左右岸各区协同治污的系统治理格局。二是保障水环境治理专项资金投入。截至2021年，各区缴纳水环境区域补偿金总额超过47亿元，用于水环境治理相关项目累计25亿元，带动的资金总额为39亿元，用于各区开展水环境治理相关项目231项，项目拉动效应超过1.5倍。补偿金发挥了“固本培元、标本兼治”的作用，有力推动了三个治污三年行动方案的实施，推动了污水治理设施建设。三是全面促进了水环境质量改善。2014年全市有水河道水质近一半为Ⅴ类或劣Ⅴ类，水功能区限制纳污考核达标率不到30%。2019年全市重要江河湖泊水功能区水质达标率提高到87%，提前1年达到了“十三五”国家考核目标。2021年全市首次实现市级考核断面消除劣Ⅴ类水质。同时，跨界断面水质补偿金也从2015年的97427万元下降到2021年的2164万元。

（2）实施了北京市水生态区域补偿制度。随着水环境质量不断改善，北京市水环境治理已经转向为人民提供更多更好水生态服务的高质量发展阶段，现行水环境区域补偿制度已无法满足新阶段工作需要。为此，北京市在《北京市水环境区域补偿办法（试行）》基础上，修订完善形成《北京市水生态区域补偿暂行办法》，建立了水生态保护补偿新制度，既是对已经建立的河湖流域系统治理机制的坚持和完善，也是按照新发展阶段要求从水环境治理向水生态恢复为目标的政策提升，又是落实国家和北京市生态保护补偿相关政策的重要举措。对进一步压实区政府水生态保护主体责任，推动解决北京市面临的有水河长不足、河流流动性阻断、生境生物多样性恢复困难等水生态保护突出问题，具有重要的现实意义。

（3）实施了跨省（直辖市）横向水生态保护补偿。北京市人民政府、河北省人民政府签订密云水库上游潮白河流域水源涵养区横向生态保护补偿协议，2018年起实施。2022年8月，为深入贯彻习近平新时代中国特色社会主义思想，践行习近平总书记给建设和守护密云水库的乡亲们重要回信精神，落实中共中央办公厅、国务院办公厅《关于深化生态保护补偿制度改革的意见》等文件精神，协同保障首都水安全，签署了新一轮协议。协议按照“生态优先、绿色发展、区际公平、权责清晰”的原则，推动建立“成本共担、效益共享、合作共治”的流域保护和治理长效机制，在总结2018—2020年工作的基础上，完善协作机制，针对总氮防控等突出问题，通过溯源解析、制订实施科学防控方案，共同促进流域水资源保护与水生态环境改善。河北省着力加强水资源保护、水污染防治、水生态修复、水土流失防治、节约用水管理等工作。北京市积极落实生态保护补偿政策，完善联席会议、专家咨询等机制，在京津冀协同发展框架下，加强生态无污染低碳产业、技术和人才交流，支持脱贫地区乡村振兴，推动上游地区绿色发展。

（4）实施了水生态综合补偿。为进一步加大对生态涵养区政策资金支持力度，北京市自2018年起建立生态保护补偿转移支付引导政策，每年安排30亿元资金，对门头沟、平谷、怀柔、密云、延庆、昌平、房山等7个生态涵养区给予支持，围绕“两山三库五河”实施高水平生态涵养保护，坚决守护好首都生态屏障和水源地，生态文明建设取得突出成效。2021年出台《北京市生态涵养区综合性生态保护补偿政策》，2022年进一步深化生态保护补偿改革，实现了分类补偿与综合补偿统筹、纵向补偿与横向补偿并重、激励与约束协同。建立生态环境损害赔偿制度，并完善与检察公益诉讼衔接机制，办理了251件损害赔偿案件，索赔资金超过3.11亿元。按照“生态有价”原则，建立生态产品价值实现机制，发布生态产品总值（GEP）核算技术规范，推动生态涵养区试行GEP分区核算，让守护绿水青山的市民吃好“生态饭”。

2.3.3.2　典型案例——北京市水环境区域补偿实施

2015年，北京市积极探索流域上下游、左右岸系统治理新机制，创新北京生态文明建设的新实践，发布实施《北京市水环境区域补偿办法（试行）》（京政发办〔2014〕57号）（以下简称《补偿办法》），以经济手段推动国家断面水质考核达标和污水治理三年行动方案各项任务全面落地。

1. 补偿办法的主要内容

（1）第一条至第六条明确了办法的目的依据、适用范围、考核指标、考核断面及考核年度目标任务的设定、考核标准、断面水质与污水治理年度任务考核数据获取方式等内容。考核指标包括跨界断面水质浓度指标和污水治理年度任务指标两项内容，分别由市生态环境局和市水务局组织实施。

（2）第七条至第九条明确了跨界断面补偿金核算方法。该核算工作由市生态环境局组织实施。

（3）第十条明确了污水治理年度任务补偿金核算方法。该核算工作由市水务局组织实施。

（4）第十一条明确了补偿金核算、收缴与结算。规定“补偿金由市水务局会同市环保局、市财政局组织各区县政府进行核算，按年度收缴”，具体如下：

1）市环保局（现改为市生态环境局）根据跨界断面水质监测数据和水质目标，逐月核算补偿金；市水务局根据各区县政府污水治理年度任务完成情况，按年度核算补偿金。

2）市环保局（现改为市生态环境局）、市水务局于每年年初将上一年度应缴纳的跨界断面补偿金额和污水治理年度任务补偿金额通报市财政局和各区县政府，由市财政局与各区县财政局结算。

（5）第十二条至第十五条明确了补偿金分配和使用、补偿金使用监管、信息公布等。

2. 组织实施情况

（1）编制实施细则。为组织好《补偿办法》的实施，市水务局印发了《北京市污水治理年度任务补偿金核算细则（试行）》，市生态环境局（原市环保局）印发了《北京市水环境区域补偿跨界断面及水质评价标准》《北京市水环境区域补偿水质监测办法（试行）》和《跨界断面补偿金核算细则》，市财政局印发了《北京市水环境区域补偿金结算使用管理实施细则》。

《北京市污水治理年度任务补偿金核算细则（试行）》呼应《补偿办法》第二条至第六条、第十条，针对污水治理年度任务考核指标，在考核适用范围内对考核年度目标任务的设定、补偿标准、考核数据获取方式等方面做了具体的规定，并对核算方法等进行了细化。

《北京市水环境区域补偿跨界断面及水质评价标准》和《北京市水环境区域补偿水质监测办法（试行）》及《跨界断面补偿金核算细则》呼应《补偿办法》第二条至第九条，针对跨界断面水质浓度指标考核指标，在考核适用范围内，明确了各区考核断面及水质考核标准，在水质监测数据获取方式等方面做了具体的规定，并对核算方法等进行了细化。

《北京市水环境区域补偿金结算使用管理实施细则》呼应《补偿办法》第十一条至第四条，对补偿金结算拨付、预算管理、专款专用、使用监管、信息发布等做了细化规定。

（2）补偿核算与结算工作开展情况。根据《北京市污水治理年度任务补偿金核算细则（试行）》，市水务局组织开展污水治理年度任务目标补偿金的核算与核查。每年年初，市政府与各区政府签订年度污水治理和再生水利用工作目标责任书（河长制目标责任书），将污水处理率和设施建设目标任务分解到各区。同时，有针对性地对相应区的污水排放系数、分区污水处理量、污水处理综合成本等进行抽查，核实相关核算指标，并对季度核算情况进行复核，将抽查结果通知各区。按年度核算汇总后报市政府。

市生态环境局根据《跨界断面补偿金核算细则》对跨界断面开展了采样监测，原则上每周采样监测一次，并明确各个环节的操作规范、质控要求和数据争议的解决办法。每月根据断面水质监测数据进行补偿金核算。

市财政局按照《北京市水环境区域补偿金结算使用管理实施细则》建立专项账户，对补偿金进行结算，专款专用。

自2015年起至2021年，市水务局会同市生态局、市财政局按照《补偿办法》规定，完成了补偿金年度核算、分配和结算，市统筹补偿金使用计划，以及办法实施效果分析评价工作，形成年度报告报市政府批准实施。

3. 实施效果评估

(1)《补偿办法》条文得到全面落实。自2015年《补偿办法》颁布实施之日起，市水务局、市生态环境局和市财政局按照各自的职责分工，对《补偿办法》条文予以全面落实。依据《补偿办法》规定，2015—2021年，完成了补偿金年度核算、分配和结算，市统筹补偿金使用计划，以及办法实施效果分析评价工作，形成年度报告报市政府批准实施，并通报各区政府。具体如下：

1）由市水务局和市生态环境局按照各自职责，分别对《补偿办法》第一条至第六条予以落实。市水务局针对污水治理年度任务指标，根据《补偿办法》适用范围，明确了各区考核年度目标任务及考核数据获取方式等。市生态环境局针对跨界断面水质浓度指标，根据《补偿办法》适用范围，明确了各区考核断面、考核标准，以及断面水质考核数据获取方式等。

2）市生态环境局（原市环保局）印发了《跨界断面补偿金核算细则》，根据《补偿办法》第七条至第九条细化、明确了跨界断面补偿金核算方法。

3）市水务局印发了《北京市污水治理年度任务补偿金核算细则（试行）》，根据《补偿办法》第十条细化了污水治理年度任务补偿金核算方法。

4）完成了补偿金核算结算。经核算，2015—2021年全市缴纳的水环境区域补偿金473496万元全部由市财政结算返还16区，其中跨界断面补偿金结算252161万元，占比53.26%，包括获得上游补偿129840万元、市统筹结算122321万元；污水治理年度任务补偿金结算221335万元，包括补偿金返还本区69187万元、获得上游补偿65459万元、市统筹结算86689万元。各区缴纳的补偿金全部返还本区，在操作层面上实现了水环境区域补偿办法设定的补偿金各区缴纳、各区使用的政策目标。

(2) 政策效果显著。总体来看，《补偿办法》以经济手段落实了区政府治污主体责任，《补偿办法》实施后，提高了区政府主动治污的积极性，形成了各区、各部门齐抓共管的水环境治理工作格局。随着水环境区域补偿机制的实施和全市水环境质量改善，全市缴纳补偿金呈下降趋势，政策效果明显：

1）各区严格落实属地责任，建立压力传导机制。通过缴纳补偿金、内部通报等多种措施，各区政府加快完善本区水污染防治体制，将治污压力向下传导到基层。在区级补偿制度建立后，北京市又推动建立乡镇间水环境区域补偿，目前全市设有乡镇的13个区均已建立跨乡镇间水环境区域补偿机制。

2）水环境区域补偿倒逼水环境治理攻坚，促进创新治水工作机制。制定了农村污水治理和再生水利用项目实施暂行办法、设施运营考核暂行办法。大力推进生态再生水厂建设。首都水环境治理产业联盟各成员单位积极发挥平台作用和专业优势，促进了污水处理设施建设和产业发展，提升首都水环境治理成效。近年来，区域补偿结合河长制工作的实施，强化各级河（湖）长履职和责任落实，社会协同治水。2018年首次实施总河长令，将全年治水管水目标任务分解到各级河长和部门，将工作中突出问题纳入区委书记月度点评会，各市级河长多次现场协调解决治水难点问题，各区级河长、各相关部门主动推动重点任务落实，形成了工作合力，坚决落实首都水生态文明建设要求，层层推进首都水环境治理和水生态修复。

3）进一步促进了水环境治理多部门协作机制。2015年区域补偿实施以来，形成了“水务生态部门协作治理、财政部门结算支持”的工作机制。基于该项工作的实施经验，北京市后续发布出台了《北京市生态涵养区综合性生态保护补偿政策》，推动生态涵养区生态环境保护和绿色发展。同时，推动形成了“水务部门、生态环境部门监管执法、各区政府属地负责”的体制机制，市、区两级环保、水务执法部门进一步加大对违法排污行为的执法力度，有效开展水环境保护联合执法。

除部门之间协作之外，京津冀区域间亦形成联动。京冀携手建成张承地区生态清洁小流域600km^2，密云水库上游水源涵养区横向生态保护补偿机制有效实施。持续实施《京冀密云水库水源保护共同行动方案》，开展密云水库上游潮白河流域横向生态保护补偿协议实施情况绩效评估，起草新一轮补偿协议；研究构建官厅水库上游永定河全流域横向生态保护补偿机制等，共同做好流域水环境保护并解决交界地区环境问题。

（3）经济带动效益明显。据调查统计，2015—2021年全市水环境区域补偿金投入水环境治理相关项目246691万元，带动的资金总额为387959万元。

补偿金用于各区开展水环境治理相关项目231项，其中污水设施建设维护项目67项，资金总额181294万元、资金占比47%；收集管网建设维护项目23项，资金总额106643万元、资金占27%比；水源及水质保护项目95项，资金总额73872万元、资金占比19%；污泥设施建设维护项目12项，资金总额7339万元、资金占比2%；监测设施建设维护项目31项，资金总额10545万元、资金占比3%；再生水配置利用项目3项，资金总额8266万元、资金占比2%。

补偿金主要用于污水收集管网建设维护、污水设施建设维护（含污泥）等污水收集及处理项目，占项目资金总额的76%。有力推动了三期北京市污水治理三年行动方案的实施，带动了污水治理设施建设，资金拉动效应超过1.57倍。据统计北京市大中型污水处理厂从2014年年底的50座增加到74座；污水管线长度由2014年年底的6536km建至15488km，长度增加了1.4倍；再生水管线由1361km建至2123km，增加了56.0%。全市污水处理能力由425万m^3/d增加到704.9万m^3/d，增长65.9%，全市污水处理量由13.9亿m^3突破至21亿m^3，污水处理率由2014年的86.1%提高到95.8%，基本实现城镇污水全收集、全处理，污泥无害化处置。水环境区域补偿有效地利用经济手段推动污水处理设施建设，为全市的污水处理奠定了坚实的设施保障基础。

(4) 生态环境效益显著。《补偿办法》实施以来，全市水环境质量明显改善。跨界断面补偿金缴纳金额是水环境质量状况的标志。将跨界断面补偿金缴纳金额与水环境质量监测做关联分析，结果表明：

2015年是《补偿办法》实施的第一年，跨界断面补偿金缴纳金额达到97427万元，水环境监测评价数据表明，2014年全市有水河道水质近一半为Ⅴ类或劣Ⅴ类，水功能区限制纳污考核达标率不到30%，距离国家要求存在巨大差距。到《补偿办法》实施的第五年（即2019年），跨界断面补偿金缴纳金额下降到13067万元，下降了87.0%，全市提前1年达到了国家要求的水质优良断面比例不低于24%、劣Ⅴ类水体断面比例不高于28%的目标，重要江河湖泊水功能区水质达标率于2019年提高到87%，提前实现"十三五"国家考核目标。

2020年，全市跨界断面补偿金缴纳金额下降到2212万元；同时，全市重要水功能区水质达标率达87.5%，超过国家确定的77%的目标，2021年全市100个考核断面（其中国考断面37个）中，Ⅰ～Ⅲ类断面69个（其中国考断面28个），无劣Ⅴ类断面，首次实现市级考核断面消除劣Ⅴ类。

《补偿办法》实施影响最大的区是朝阳区，2015年朝阳区跨界断面补偿金缴纳金额达到34488万元，占当年总额的35%，其次是顺义区、通州区、丰台区等平原区的下游河段。《补偿办法》实施6年后的2020年，朝阳区跨界断面补偿金缴纳金额下降到720万元，基本消除了跨界断面水质不达标情况，水环境质量有了根本的改善。

（5）社会效益显著。为民是治水工作的出发点和落脚点。进入新时期，北京市积极践行习近平生态文明思想，立足于为人民群众提供更多更好的水生态服务，打造造福人民的幸福河。水环境区域补偿的实施，在水环境质量提升的基础上，全市水生态也逐步得到恢复，市民获得感进一步提升，社会效益显著。

2020年清河、坝河、通惠河、凉水河、萧太后河等人口密集区域的主要河道实现水清岸绿。68个河湖被市民评定为优美河湖，凉水河亦庄经济开发区段入选国家首批示范河湖，全市清水亲水河段大幅增加。随着河湖水域环境不断好转，河湖周边也逐步成为市民游玩休闲、健身娱乐的好去处。首批市级河道300余处正规、舒适的便民亲水垂钓场地开放，凉水河慢行步道全部贯通，12个区的25处水域开放了冰场，水环境区域补偿经济手段倒逼水环境治理攻坚，打造了一批亲水特色示范工程，真正做到还水于绿、还水于民。向着“安全、洁净、生态、优美、为民”的水务发展目标不断迈进。

2.4　生态保护补偿制度发展趋势

水是生存之本、文明之源。新阶段高质量发展需要水资源的有力支撑。努力建设人与自然和谐共生的现代化，既要创造更多物质财富和精神财富以满足人民日益增长的美好生活需要，也要提供更多优质生态产品以满足人民日益增长的优美生态环境需要，对进一步健全水生态补偿制度创新提出了更高的要求。

2.4.1　继续完善多尺度多元利益关系的多元补偿模式

根据多尺度的生态系统服务关系构建多元的生态补偿体系。生态系统的功能与服务是生态资产价值的基础，但生态系统服务之间具有复杂关系，可能并存、冲突或部分重叠；生态系统服务的供给和需求具有空间分布的不均衡性和不对称性，与经济社会发展水平的不均衡性相叠加，导致生态系统服务的供给者和受益者之间的关系更为复杂，形成空间之间和主体之间的多元受益关系。必须在厘定生态系统服务多尺度利益相关者的供给-受益关系基础上，进一步识别生态系统产品与服务的多尺度特征。这一特征对应不同类型的公共物品供给问题，包括全球公共物品、区域公共物品、地方性公共物品、社区性公共物品等，应该由不同层级和不同类型的主体（包括政府、企业或社区组织）提供，由此作为确定补偿关系的基础。

2.4.2　健全多种方式互济的补偿体系

针对生态系统服务的尺度特征，有些生态服务可以比较清晰地通过服务传输关系区分补偿责任。对于具有较强私人外部性特征的情况，可通过区域之间的协商、谈判或交易，建立区域之间的相互补偿关系，例如实践中的流域上下游之间的横向补偿机制。在空间上无法分割的生态服务功能，属于整个区域系统，甚至属于全球，具有公共物品属性的外部性，因此需要全球行动或者建立中央政府的垂直补偿机制。其中，对于供给区面积相对较小的特定区域（如自然保护区、森林等），一般采取中央财政专项补贴的补偿方式；对于供给区面积较大、供给区内主体活动较复杂的区域（如重点生态功能区），可采取中央财政转移支付的补偿方式。从而形成包括财政直接投资（如国家公园建设）、财政专项补贴（如退耕还林）、财政一般转移支付（如重点生态功能区、红线区）、地区间的生态补偿（如流域）等在内的多元的国家生态补偿体系，打破既有的政府为单一主体、完全依赖财政资金的、标准单一的生态补偿模式。

2.4.3　进一步发挥政府主导下市场机制的作用

我国的生态补偿存在过度依赖政府体制的问题。在中国已往的生态补偿中，政府基本都是唯一的主体，即由政府确定补偿对象和范围，通过财政的手段，进行生态服务的购买，缺乏对生态服务功能供给和需求的科学界定，也缺乏利益相关人的参与，因此难以避免政府主导的生态补偿机制具有突出的低效率特征。

市场机制的引入，不外乎来自三方面的原因：①生态补偿效率低下；②财政补偿资金量不能满足生态保护与建设的资金需求，需要开辟多元的融资渠道；③市场化可能促进生态资产的价值实现，从而实现减贫，并践行绿水青山变成金山银山。

中国当前的生态补偿中，中央政府作为唯一主体的补偿效率和资金能力都是有限的，而且单纯的补贴只是输血而不是造血，市场机制缺位限制了激励的有效性，也阻碍自然资源资产的价值实现。此外，伴随着生态补偿规模的不断扩大，单纯依靠政府财政补偿资金量已不能满足生态保护与建设的资金需求，亟须开辟多元的融资渠道。在各地开展生态保护及开发利用过程中，都面临着社会资本有参与意愿但积极性不高的问题，迫切需要创新机制吸引多方融资，扩大资金池。

生态保护领域没有自动的市场机制，因此生态补偿必须在政府主导下体现社会的总体意志和目标，由政府全面主导逐渐向以政府为主导的市场化的生态补偿机制过渡，通过引入市场机制，建立或调整生态产品与服务的价格，形成有效的激励机制，提高补偿效率，促进补偿公平，吸引更多的社会资本参与生态建设，促进生态资产价值的实现。

2.4.4　提高纵向水生态补偿资金使用的效率

公共财政资源终究是稀缺的，政府不断增加的补偿资金必然面对补偿资金效率的问题。针对重点生态功能区的一般性转移支付仍将主要目标放在平衡地区间财政能力的差异上，体现的是公平分配的职能，对效率和优化资源配置等目标很少顾及。考虑到已经投入和预计需要继续投入的庞大财政资金，提高生态补偿资金使用效率对于优化生态补偿机制、改善生态补偿效果而言迫在眉睫。未来应从“精准补偿”的政策设计思路出发，从科学选择补偿对象和发挥市场机制入手，增强补偿标准科学性和补偿对象参与的积极性，提高补偿资金的使用效率。

2.4.5　强化纵向生态补偿绩效的评估与考核

考虑到不同地区、不同类型的生态补偿中补偿主体、补偿收益、资源禀赋等的不同，各项生态系统服务之间以及区域公平与效率之间的权衡，需要根据补偿的目标建立基于绩效的多目标、差异化的评价指标体系，确定不同责任主体的考核目标和差异化的生态补偿考核评价体系，最终应用于多种不同类型的生态补偿中。因此特别需要加强对补偿带来的生态系统服务增加量的科学核算，这不仅关系到生态补偿政策中补偿标准的设定，对补偿绩效考核中例如干部离任审核制等配套政策的设计也有直接影响。

基于绩效的评价和考核体系离不开资金配套措施，补偿保护成效需要融入政府和当地社会的福利函数中，与资金分配相挂钩，才能够切实发挥激励约束机制的效用。比如根据空间规划，强化生态环境质量综合考核，细化完善重点生态功能区转移支付资金管理办法，建立资金分配与考核结果挂钩机制。对生态环境质量明显改善的地区，加大转移支付力度；对生态环境质量恶化的地区，扣减转移支付资金等。

2.5　深化生态补偿的保障措施

按照国家要求加快相关领域制度建设和体制机制改革，为深化生态保护补偿制度改革提供更加可靠的法治保障、政策支持和技术支撑。

2.5.1　国家加快推进法治建设

落实环境保护法、长江保护法以及水、森林、草原、海洋、渔业等方面法律法规。加快研究制定生态保护补偿条例，明确生态受益者和生态保护者权利义务关系。开展生态保护补偿、重要流域及其他生态功能区相关法律法规立法研究，鼓励和指导地方结合本地实际出台生态保护补偿相关法规规章或规范性文件。加强执法检查，营造依法履行生态保护义务的法治氛围。

2.5.2　完善生态环境监测体系

加快构建统一的自然资源调查监测体系，开展自然资源分等定级和全民所有自然资源资产清查。健全统一的生态环境监测网络，优化全国重要水体、重点区域、重点生态功能区和生态保护红线等国家生态环境监测点位布局，提升自动监测预警能力，加快完善生态保护补偿监测支撑体系，推动开展全国生态质量监测评估。建立生态保护补偿统计指标体系和信息发布制度。

2.5.3　发挥财税政策调节功能

发挥资源税、环境保护税等生态环境保护相关税费以及土地、矿产、海洋等自然资源资产收益管理制度的调节作用。继续推进水资源税改革。落实节能环保、新能源、生态建设等相关领域的税收优惠政策。在生态环保领域逐步探索对预算支出开展评估。实施政府绿色采购政策，建立绿色采购引导机制，加大绿色产品采购力度，支持绿色技术创新和绿色建材、绿色建筑发展。

2.5.4　完善相关配套政策措施

建立占用补偿、损害赔偿与保护补偿协同推进的生态环境保护机制。建立健全依法建设占用各类自然生态空间的占用补偿制度。逐步建立统一的绿色产品评价标准、绿色产品认证及标识体系，健全地理标志保护制度。建立和完善绿色电力生产、消费证书制度。大力实施生物多样性保护重大工程。有效防控野生动物造成的危害，依法对因法律规定保护的野生动物造成的人员伤亡、农作物或其他财产损失开展野生动物致害补偿。积极推进生态保护、环境治理和气候变化等领域的国际交流与合作，开展生态保护补偿有关技术方法等联合研究。

2.5.5　落实主体责任

落实领导干部生态文明建设责任制，压实生态环境保护责任，严格实行党政同责、一岗双责，加强政策宣传，积极探索实践，推动改革任务落细落实。有关部门要加强制度建设，充分发挥生态保护补偿工作部际联席会议制度作用，及时研究解决改革过程中的重要问题。财政部、生态环境部要协调推进改革任务落实。生态保护地区所在地政府要统筹各渠道生态保护补偿资源，加大生态环境保护力度，杜绝边享受补偿政策、边破坏生态环境。生态受益地区要自觉强化补偿意识，积极主动履行补偿责任。

2.5.6　健全考评机制

在健全生态环境质量监测与评价体系的基础上，对生态保护补偿责任落实情况、生态保护工作成效进行综合评价，完善评价结果与转移支付资金分配挂钩的激励约束机制。按规定开展有关创建评比，应将生态保护补偿责任落实情况、生态保护工作成效作为重要内容。推进生态保护补偿资金全面预算绩效管理。加大生态环境质量监测与评价结果公开力度。将生态环境和基本公共服务改善情况等纳入政绩考核体系。鼓励地方探索建立绿色绩效考核评价机制。

2.5.7 强化监督问责

加强生态保护补偿工作进展跟踪，开展生态保护补偿实施效果评估，将生态保护补偿工作开展不力、存在突出问题的地区和部门纳入督察范围。加强自然资源资产离任审计，对不顾生态环境盲目决策、造成严重后果的，依规依纪依法严格问责、终身追责。

第3章　北京市水生态补偿制度构建的创新需求

北京市水资源自然禀赋先天不足，叠加超大城市剧烈的人类活动，使得北京市水生态系统几乎演变为人工生态系统。北京市水生态系统修复不是让生态系统简单恢复到自然状态，而是采用拟自然方式，通过人工调控驱动水生态系统演变，使其特征值优于自然状态。北京市水生态补偿制度应建立在促进人与自然和谐共生的基础上，以拟生态目标调控技术设计更为精细化的多目标、多指标、涵盖更多参与方的水生态补偿架构，以适应强人工调控的水生态修复工作。

3.1　北京市水资源禀赋分析

北京市气候地理特征决定了北京市水系演变形成，也决定了其水资源禀赋和水生态系统特性。

3.1.1　气候特点

北京的气候为典型的北温带半湿润大陆性季风气候。多年平均年降水量约600mm，为华北地区降雨最多的地区之一。降水季节分配很不均匀，全年降水的80%集中在夏季6—8月，7—8月有大雨。夏季高温多雨，冬季寒冷干燥，春、秋短促。全年无霜期180～200天，西部山区较短。

3.1.2　地形地貌

北京位于华北平原西北隅，西部和北部为太行山与燕山山脉环抱，更为具体地说西部是太行山余脉的西山，北部是燕山山脉的军都山，两山在南口关沟相交，东南是一马平川，整个地势西北高东南低，依山面海。

图3.1　北京湾示意图
（来源北京规划馆）

北京就像安躺在太行山与燕山山脉交汇形成的臂弯里，“三面围合，一面敞开”，从空中俯视是一个典型的向东南展开的半圆形、形如海湾的半封闭大山湾，这就是“北京湾”，北京正处于“北京湾”的中心位置，如图 3.1 所示。

3.1.3 水资源禀赋

“北京湾”特殊的地形地势，使西北部徜徉流转于群山中的大小河流向东南平原汇流，到北京平原上形成了五大水系——永定河水系、潮白河水系、北运河水系、蓟运河水系、大清河水系。在自然条件下，北京市水资源量来源于河流上游入境量和本地降水量。北京市多年平均年降水量约 600mm。据统计，2020 年北京市全年降水量 560mm，与多年平均接近。形成本地水资源总量 25.76 亿 m^3，其中形成地表水 8.25 亿 m^3、地下水 17.51 亿 m^3。入境水量 6.61 亿 m^3、出境水量 15.66 亿 m^3。北京市水资源禀赋为本地形成水资源与入境水资源之和每年为 32.37 亿 m^3。

3.2 北京市水生态空间分析

北京市水生态空间以河流水系为骨架，由河道（水域）及岸线组成。河流通常分为常年无水、季节性及常年有水 3 种类型。

3.2.1 北京市河流水系及湖泊

北京市河流隶属海河流域，境内有五大水系。自西向东分布有拒马河、永定河、北运河、潮白河、泃河，分别属于海河流域的大清河、永定河、北运河、潮白河、蓟运河水系。除北运河发源于境内外，其他四大水系均由境外流入，各水系下游均由天津入海。

3.2.1.1 五大水系总体情况

流经北京市的五大水系河流干流总长 2009km，流域总面积 124958km^2，其中北京市境内流域总面积 16410km^2，包括山区 10010km^2、平原 6400km^2。北京市五大水系流域面积见表 3.1。

表 3.1　　北京市五大水系流域面积表　　单位：km^2

水　系	流域总面积	境内流域面积		
		总面积	山　区	平　原
永定河水系	46232	3210	2490	720
北运河水系	6051	4250	910	3340
潮白河水系	19327	5510	4560	950
蓟运河水系	10288	1300	640	660
大清河水系	43060	2140	1410	730
合　计	124958	16410	10010	6400

五大水系基本情况如下：

(1) 永定河水系。永定河发源于山西省左云县马道头乡，流经山西、河北、北京及天津 4 省（直辖市），河流总长 806km，流域总面积 46232km²。上游河流在河北省怀来县朱官屯以上称桑干河，在朱官屯与洋河汇合后称永定河，经官厅山峡至三家店出山流入平原，下游自大兴区崔指挥营出北京市入永定河泛区，经永定新河入海。北京市内河流流经门头沟、石景山、丰台、房山和大兴 5 个区，河长约 172.2km，其中平原段三家店至崔指挥营段河流长 78.2km。北京市内流域面积 3210km²。

(2) 北运河水系。北运河发源于北京市昌平区流村镇禾子涧村，流经北京、河北及天津 3 省（直辖市），河流总长 238km，流域总面积 6051km²。上游河流在沙河闸以上称北沙河，河长 49.4km；沙河闸至北关拦河闸河流称温榆河，河长 48.1km；北关拦河闸以下称北运河，自通州区牛牧屯出北京市，北京市内河长 40.5km；下游经青龙湾减河、潮白新河、永定新河入海。北京市内河流分为北沙河、温榆河、北运河三段，河流流经昌平、海淀、顺义、朝阳、通州 5 个区，河流长度 138km，流域面积 4250km²。

(3) 潮白河水系。潮白河发源河北省沽源县小河子乡，流经河北、北京及天津 3 省（直辖市），河流总长 467km，流域总面积 19327km²。上游河流在密云区河槽村以上称白河，与潮河汇合后称潮白河，自通州大沙务村东出北京市，下游经潮白新河、永定新河入海。北京市内河流流经延庆、密云、怀柔、顺义、通州 5 个区，河长 259.5km，流域面积 5510km²。

(4) 蓟运河水系。泃河发源于河北省兴隆县，是蓟运河流域主要支流之一，流经河北、天津、北京 3 省（直辖市），在北京市平谷区金海湖镇罗汉石村入北京市，至东高村镇南宅村出北京市，下游主流经引泃入潮工程入潮白新河，河流总长 176km，流域总面积 1767km²。北京市内平谷区河长 54.1km，流域面积 1300km²。

(5) 大清河水系。拒马河发源于河北省涞源县北石佛乡，是大清河北支的主要支流之一，流经河北、北京 2 省（直辖市），在房山区十渡镇平峪村入北京市，至张坊镇出山后，于落宝滩分为南北两支。南支进入河北省称南拒马河，北支流经北京市称北拒马河。北拒马河在镇江营处又分为南、中、北三个分支，其中，南支位于河北省，下游经白沟河流入白洋淀。河流总长 322km，流域总面积 10154km²，张坊以上流域面积 4810km²。北京市内河长 57.3km，流域面积 2410km²。

3.2.1.2　支流情况

北京市第一次水务普查资料显示，全市流域面积 10km² 以上河流总长 6414km，河流 425 条，其中山区河流 221 条，平原河流 117 条，既有山区又有平原的河流 87 条。流域面积不小于 $50km^2$ 的河流 108 条。河流分布在蓟运河水系 42 条，潮白河水系 138 条，北运河水系 110 条，永定河水系 75 条，大清河水系 60 条。按流域面积分级统计的河流条数详见表 3.2。

表 3.2　五大水系河流条数统计表（按流域面积划分）

水　系	不同流域面积的河流数量/条							
	$<50km^2$	50～$100km^2$	100～$200km^2$	200～$500km^2$	500～$1000km^2$	1000～$3000km^2$	$\geqslant 3000km^2$	合计
永定河水系	53	13	3	3	1	1	1	75
北运河水系	77	14	10	6	1	2	0	110
潮白河水系	111	10	8	5	1	2	1	138
蓟运河水系	31	5	4	0	1	1	0	42
大清河水系	45	7	5	2	0	1	0	60
合　计	317	49	30	16	4	7	2	425

3.2.1.3　有水河流长度统计分析

河流分为常年无水、季节性与常年有水等类型。有水河流划分根据北京市水务普查成果分析，北京市 425 条河流，总长度为 6414km，常年有水河长仅为 1830km，接近于总河长的 30%。

五大水系中，北运河水系流域日常基流主要是生产生活退水，因而常年有水河长占的比例较高，约为 53.15%；而其余四大水系流经山区面积较多，受天然水资源锐减、地下水长期超采等因素影响，常年有水河长占的比例较低，为 13.45%～22.36%。北京市各水系常年有水河流比例统计如图 3.2 所示。

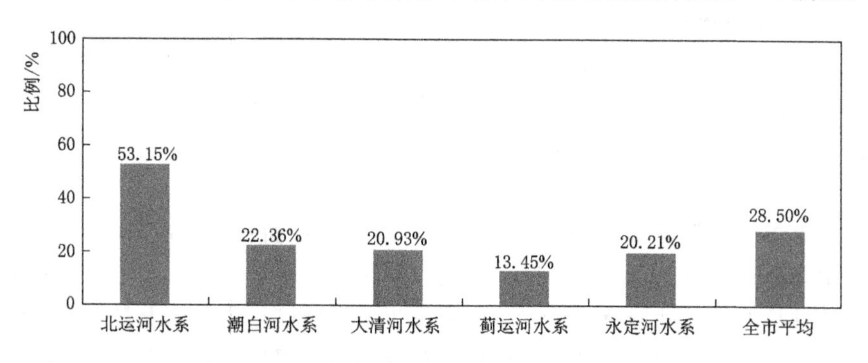

图 3.2　北京市各水系常年有水河流比例统计图

从行政划分的角度来看，城六区内河流长度约 570km，其中常年有水河长约 360km，约占城六区河流长度的 63%；郊区河流长度约 5844km，其中常年有水河流长度约 1468km，约占郊区河流长度的 25%。北京市各区域常年有

水河流比例统计如图 3.3 所示。

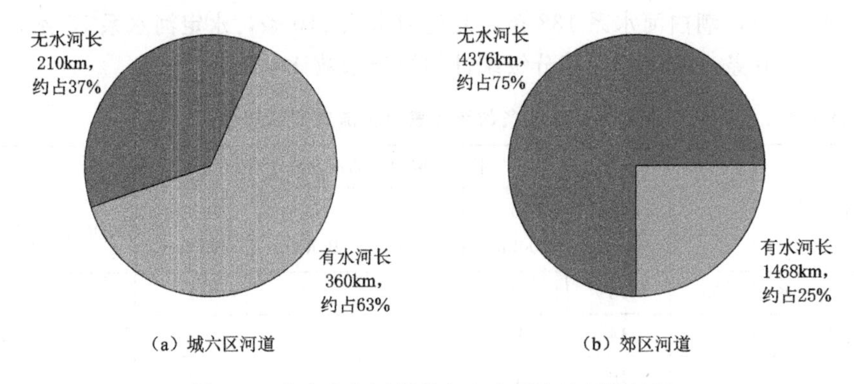

图 3.3　北京市各区域常年有水河流比例统计图

2021 年监测数据表明，年末有水河流 166 条，比 2020 年的 119 条有水河流增加 47 条；有水河长 3469.74km，比 2020 年的 2616.75km 增加 852.99km，有水河长占比从 40.8%提高到 54.1%。

北京市 425 条河流有水水面面积为 136.50km^2。同 2020 年相比，河流水面面积增长了 52.6%。

3.2.1.4　湖泊（水库）

北京市共有 41 个湖泊、85 个水库。湖泊有水水面面积 6.76km^2，水库有水水面面积 305.08km^2（含官厅水库有水水面面积 99.98km^2）。同 2020 年相比，湖泊、水库水面面积分别增长了 4.2%和 11.1%。

3.2.2　北京市生态保护红线及水生态空间划定

3.2.2.1　生态保护红线

生态保护红线是指在生态空间范围内具有特殊重要生态功能、必须强制性严格保护的区域，是保障和维护国家生态安全的底线和生命线。根据原环境保护部、发展改革委出台的技术规定，北京市政府组织相关部门划定了北京市生态保护红线。

北京市生态保护红线面积 4290km^2，占市域总面积的 26.1%。生态保护红线主要分布在西部、北部山区，包括以下区域：水源涵养、水土保持和生物多样性维护的生态功能重要区、水土流失生态敏感区；市级以上禁止开发区域和有必要严格保护的其他各类保护地，包括：自然保护区（核心区和缓冲区）、风景名胜区（一级区）、市级饮用水水源地（一级保护区）、森林公园（核心景区）、国家级重点生态公益林（水源涵养重点地区）、重要湿地（永定河、潮白河、北运河、大清河、蓟运河等五条重要河流）、其他生物多样性重点区域。保护范围呈现“两屏两带”格局。“两屏”指北部燕山生态屏障和西部太行山生态屏障；“两带”指永定河沿线生态防护带、潮白河-古运河沿线生态保护带。

按照主导生态功能，全市生态保护红线分为4种类型：

（1）水源涵养类型，主要分布在北部军都山一带，即密云水库、怀柔水库和官厅水库的上游地区。

（2）水土保持类型，主要分布在西部西山一带。

（3）生物多样性维护类型，主要为西部的百花山、东灵山，西北部的松山、玉渡山、海坨山，北部的喇叭沟门等区域。

（4）重要河流湿地，即五条一级河道及“三库一渠”（三库指官厅水库、密云水库、怀柔水库，一渠指京密引水渠）等重要河湖湿地。

北京市生态保护红线严禁不符合主体功能定位的各类开发活动，严禁任意改变用途，确保生态功能不降低、面积不减少、性质不改变。生态保护红线划定后，只能增加，不能减少。下一步，北京市将组织开展生态保护红线勘界定标，推进生态保护红线地方立法，建立健全责任体系、监测评估、监督考核、政策激励等制度，保障生态保护红线落地实施、严格执行。

3.2.2.2 水生态空间

水生态空间是指河流、湖泊、水库、湿地、蓄滞洪涝区的管理和保护范围，或淹没范围内的空间区域。水生态空间是国土空间的重要组成，是完整生态系统的基础支撑，是最普惠的民生福祉和公共资源，承担着防洪排涝、调蓄雨洪资源、涵养水源、维护生物多样性等多重功能，在保障城乡防洪排涝安全、水源安全和生态安全、建设国际一流的和谐宜居之都等方面，都发挥着不可替代的作用。2020年，北京市开始对流域面积10km^{2}及以上的425条河道进行水生态空间划定和勘界钉桩。

3.3 水生态调控设施

3.3.1 水库塘坝

北京市共有85座水库，其中大中型水库21座，小型水库64座，主要分布在郊区。塘坝水体清单依据水利普查资料、卫星遥感数据和征求相关单位意见确定。初步确定塘坝水体679处。

3.3.2 水源地

水源地是城市水资源供给的地区，是水的来源和存在形式的地域总称。北京市重要饮用水水源地165处，其中地表水10处，地下水155处。市级常规水源地12处，市级应急水源地4处，郊区水源地138处。

3.3.3 供水设施

北京市城镇公共供水厂共有64座，其中市区市政管网水厂14座，城六区区属水厂12座，郊区水厂38座；总供水量13.7亿m^3，其中市区市政管网供水10.1亿m^3，城六区区域管网供水5.9亿m^3。

3.3.4 污水处理与再生水利用设施

3.3.4.1 中心城区

中心城区日处理规模达到万吨以上的污水处理厂和再生水厂25座，其中市管17座、区管8座。

北京城市排水集团有限责任公司（以下简称“北京排水集团”）运营管理高碑店、定福庄、小红门、槐房、吴家村、卢沟桥、清河、清河第二、酒仙桥、北小河和高安屯11家再生水厂，规划处理能力为423万m^3/d，现状处理能力为368万m^3/d。清河与北小河再生水厂、酒仙桥与高安屯再生水厂供水管线连通，同时北小河与酒仙桥、高碑店与小红门、小红门与槐房和卢沟桥再生水厂、卢沟桥与吴家村再生水厂供水管线均连通。

北京市自来水集团有限责任公司（以下简称“北京市自来水集团”）运营管理的华新源再生水厂进水为高碑店再生水厂二级出水，现状处理能力为17万m^3/d。肖家河、北苑、东坝、垡头、卢沟桥、五里坨6座污水处理厂以BOT方式运营，日处理能力分别为8万m^3、4万m^3、2万m^3、10万m^3、10万m^3、6万m^3。

海淀区翠湖、温泉、永丰3座再生水厂日处理能力均为2万m^3，稻香湖再生水厂日处理能力为8万m^3。

丰台区河西、青龙湖和云岗3座再生水厂日处理能力分别为5万m^3、1万m^3和1.2万m^3。

3.3.4.2 郊区

门头沟区有门头沟区再生水厂和门头沟区第二再生水厂2座日处理规模达到万吨的再生水厂，其中门头沟区再生水厂2018年已停运；门头沟区第二再生水厂日处理能力为8万m^3。

房山区有良乡一期和二期、城关、牛口峪、长阳等7座日处理规模达到万吨的污水处理厂，日处理能力为25.6万m^3。

通州区有碧水、张家湾、马驹桥、永乐店中心区等9座日处理规模达到万吨的污水处理厂，规划日处理能力为37.8万m^3。

顺义区有顺义区、马坡、赵全营镇等7座规模污水处理厂，规划日处理能力为56万m^3。

昌平区有马池口镇、百善镇、小汤山镇等10座日处理规模达到万吨的污水处理厂，规划日处理能力为 40 万 m^3。

大兴区有黄村、天堂河、西红门、庞各庄等 10 座日处理规模达到万吨的污水处理厂，规划日处理能力为 49 万 m^3。

怀柔区有 1 家日处理规模达到万吨的污水处理厂，现状处理能力为 9.5 万 m^3/d。平谷区有洳河、马坊镇 2 座日处理规模达到万吨的污水处理厂，日处理能力为 9.1 万 m^3；密云区有檀州、密云 2 座再生水厂，日处理能力为 9 万 m^3；延庆区有夏都缙阳、城西 2 座再生水厂，日处理能力为 10 万 m^3。

3.3.5 再生水输配现状

截至 2021 年，北京市共有再生水泵站 42 座，中心城区再生水泵站 23 座，其中北京自来水集团运营管理 1 座，北京排水集团运营管理 22 座。北京排水集团运营管理的再生水泵站中北小河泵房、高碑店 17 万 t 泵房、方庄泵房、西二旗泵房为应急泵房，槐房泵房、清河第二泵房未正式运行。郊区再生水泵站 19 座，门头沟区有 1 个加水泵站和 9 个加压泵站，加水泵站由门头沟区再生水厂管理，加压泵站由门头沟区河湖景观管护中心管理，其中冯村沟和西峰寺沟的 4 个泵站正在建设中，尚未交接；房山区长阳污水处理厂内有 1 个二次加压泵房，由长阳污水处理有限责任公司管理；通州区有 2 个再生水泵站，河东水厂再生水泵站由河东再生水厂管理，尚未运行，三河电厂再生水泵站由大运河（北京）再生水有限公司管理；顺义区有 2 个加压泵站，由北京顺政绿港排水有限责任公司管理；大兴区有 2 个加压泵站，埝坛公园环境用水泵站由埝坛水务所管理，新凤河环境用水泵站由南红门水务所管理；平谷区有 1 个加水泵站，由北京洳河污水处理有限公司管理；密云区有 1 个加压泵站，由潮白河道管理所管理。

3.3.6 河道堤防设施

北京市河道堤防设施 198 处，堤防长度 1587.73km，达标长度 1472.92km，穿堤建筑物 1837 处，详见表 3.3。

表 3.3　北京市某年河道堤防工程汇总表

区域	总数量/处	各级堤防数量/处					堤防长度/km	达标长度/km	穿堤建筑物数量/处
		1 级	2 级	3 级	4 级	5 级			
全市合计	**198**	**6**	**28**	**32**	**104**	**28**	**1587.73**	**1472.92**	**1837**
城六区	**31**	**3**	**3**	**13**	**7**	**5**	**182.15**	**182.15**	**307**
东城区	0	0	0	0	0	0	0	0	0
西城区	2	0	0	2	0	0	5.34	5.34	0
朝阳区	12	0	3	7	2	0	55.53	55.53	127
丰台区	5	2	0	2	1	0	45.39	45.39	5

续表

区　域	总数量/处	各级堤防数量/处					堤防长度/km	达标长度/km	穿堤建筑物数量/处
		1级	2级	3级	4级	5级			
石景山区	3	1	0	0	2	0	10.63	10.63	12
海淀区	9	0	0	2	2	5	65.26	65.26	163
郊区	**167**	**3**	**25**	**19**	**97**	**23**	**1405.58**	**1290.77**	**1530**
门头沟区	1	1	0	0	0	0	10.15	10.15	1
房山区	49	1	1	2	35	10	266.07	266.07	361
通州区	21	0	9	2	10	0	369.85	306.55	390
顺义区	16	0	4	0	12	0	241.73	241.73	155
昌平区	36	0	2	5	22	7	167.36	157.1	315
大兴区	3	1	0	2	0	0	78.08	75.55	3
怀柔区	10	0	2	0	8	0	86.45	47.73	70
平谷区	8	0	0	8	0	0	22.87	22.87	101
密云区	23	0	7	0	10	6	163.02	163.02	134
延庆区	0	0	0	0	0	0	0	0	0

3.3.7　水闸

北京市规模以上水闸 1086 座，其中大型水闸 14 座，中型水闸 64 座，小型水闸 1008 座，详见表 3.4。

表 3.4　　**某年度北京市水闸汇总表**　　单位：座

区　域	总数量	大（1）型	大（2）型	中型	小（1）型	小（2）型
全市合计	**1086**	**4**	**10**	**64**	**220**	**788**
城六区	**197**	**2**	**2**	**27**	**83**	**83**
东城区	5	0	0	1	1	3
西城区	12	0	0	2	3	7
朝阳区	94	0	2	13	36	43
丰台区	8	2	0	5	0	1
石景山区	9	0	0	0	6	3
海淀区	69	0	0	6	37	26
郊区	**889**	**2**	**8**	**37**	**137**	**705**
门头沟区	5	1	0	1	1	2
房山区	60	0	0	1	2	57
通州区	454	0	5	13	66	370

续表

区 域	总数量	大（1）型	大（2）型	中型	小（1）型	小（2）型
顺义区	93	1	1	8	13	70
昌平区	41	0	1	1	9	30
大兴区	79	0	0	10	27	42
怀柔区	15	0	0	2	7	6
平谷区	92	0	0	0	0	92
密云区	49	0	1	0	12	36
延庆区	1	0	0	1	0	0

3.3.8 海绵城市设施

落实国家关于海绵城市建设的部署，北京市各区均编制了海绵城市建设规划，按照“滞蓄渗排用”完善了雨水排放设施。2014 年以来共推进海绵城市建设项目 5520 项，其中 2022 年度新增海绵城市建设项目共计 909 个。截至 2022 年年底，北京市建成区 1427.57km^2 范围内共划分排水单元 1624 个，海绵城市建设达标面积为 444.39km^2，占建成区比例为 31.13%。总体上看，全市海绵城市建设基本实现了预期目标，整体效果良好。全市已形成“大、小海绵体”相互融合的整体格局。建成区范围内水域、绿地、其他透水性面积分别为 32.90km^2、478.38km^2 和 76.75km^2；源头海绵设施以透水铺装、下凹式绿地、雨水调蓄设施为主，建设规模分别达 3044.53 万 m^2、5804.02 万 m^2 和 629.54 万 m^3。北京市建成区范围内可渗透地面面积占比约 43.42%。

与此同时，北京市系统推进积水内涝治理，持续开展“清管行动”工作。开工治理积水点 54 处、完工 33 处，完成低洼院落改造 37 处，实施核心区 5.9 万处雨箅子平立结合改造。2022 年汛期，市民反映道路及低洼院落积水问题的来电量从 19470 件降低至 11350 件，下降 41.7%。全年累计清掏雨水管道淤泥量 7.5 万 m^3。基于全市范围内重点区域布设的监测设施结果显示，2022 年度全市控制径流总量 5185.9 万 m^3，COD、TN、TP 等污染物削减总量分别达 1047.2t、131.84t 和 1.88t。

3.4 人类活动对北京市水生态循环的干扰强度分析

3.4.1 对水生态循环驱动条件和边界条件的干扰

3.4.1.1 对水流驱动力的干扰度

北京市 2020 年降水量与多年平均年降水量接近，故把 2020 年作为典型年。2020年，北京市形成本地水资源总量25.76亿m^3，加上入境水量6.61亿m^3、北京市水资源禀赋为32.37亿m^3。然而，由于北京市人口总量多，导致用水需求大，造成2020年北京市水资源配置量达到33.47亿m^3，开发利用率超过100%。为此，北京市在河道上修建了大量的水库、塘坝、水闸等调蓄设施在上游拦蓄河道水资源，在中下游调节河道流量，将水资源纳入水的社会循环，为人类生产生活服务。也就是说，北京市水循环水量全部由人工控制，是一个人工水循环系统，干扰度到达100%。

为了解决用水矛盾，北京市还采用外调水，以及非常规水源利用等人工手段改变水循环状态。2020年南水北调调入水量8.82亿m^3、引黄调入水量0.52亿m^3。河湖再生水补水量由2004年的0.13亿m^3，增加到2021年的10.48亿m^3，增加了10.35亿m^3，占河湖用水增加量的91%以上。

3.4.1.2　对流域下垫面的干扰度

北京市的国土面积基本为农用地和城市建设用地等人工生态系统空间占据。据统计，北京市国土总面积为164.06万hm^2，2020年农用地面积126.91万hm^2、建设用地面积32.79万hm^2，未利用地面积4.36万hm^2。农用地和城市等人工生态系统空间面积共159.7万hm^2，占国土总面积的97.34%，未利用自然生态系统面积仅占2.66%。因此，人类活动再造的下垫面对生态水循环过程起到了决定性作用，干扰度超过97%。

3.4.1.3　对水生态空间的干扰度

水生态空间是指河湖管理保护范围的水域和岸线空间。北京市基于防洪达标的要求，对河道进行了多轮大规模的治理，除极少数山区沟道外，基本不存在纯自然的河道，干扰度接近100%。此外，由于人水矛盾紧张，侵占河湖生态空间的现象比较严重，严重影响河道行洪，易发生洪涝灾害。

3.4.2　水生态系统对人工干扰的不良响应

由于上述不当的人类活动干扰，导致水生态系统的响应呈现出不良的状况，表现为河道断流、水环境恶化、水生态退化。

3.4.2.1　河道断流与地下水超采

（1）河道断流情况。王晨等（2016）利用高分辨率遥感影像以北京市为试点，对河流干涸断流现状进行了遥感信息提取和空间分析，获取了北京市2015年丰水期河流干涸断流分布情况。监测结果表明：北京市河流干涸断流情况严重，纳入监测的46条河流中15条存在干涸现象，干涸河道长度为227.23km，占河道总长度的12.98%；3条河流超过50%的河段干涸，永定河干涸河道长达72.24km。干涸河道主要分布于房山区、大兴区和平谷区，房山区和大兴区干涸河道长度均超过50km，平谷区干涸比达44.24%，河段上游及沿线均有大量水库闸坝等水利工程，导致河道中水量逐级衰减乃至断流。

河流分为常年无水、季节性与常年有水等类型。根据北京市水务普查成果分析，北京市 425 条河流，总长度为 6414km，常年无水河长为 4584km，超过总河长的 70%。

五大水系中，北运河水系流域日常基流主要是生产生活退水，因而常年无水河长占的比例较高，约为 47%；而其余四大水系流经山区面积较多，受天然水资源锐减、地下水长期超采等因素影响，常年无水河长占的比例为 77.6%～86.5%。从行政划分的角度来看，城六区内常年无水河长约占其总河长的 37%；郊区约占其总河长的 75%。

(2) 地下水超采情况。由于长期地下水超采，叠加气候等因素，北京地下水位从 2000 年的平均埋深 15.36m 一路下降到 2015 年的 25.75m，导致含水层疏干、水源枯竭，影响生产生活用水，并引发地面沉降、地裂缝、河湖干涸萎缩、生态退化等一系列地质灾害和生态环境问题。

3.4.2.2 水环境质量差

由于社会循环生产生活用水污水排放量大，加上处理率和处理标准偏低，入河污染物超过水体自净能力，导致水环境质量较低。北京市环境保护局发布的 2011 年监测结果表明，全市达标河段长度占实测河段长的 51%，其中Ⅱ类、Ⅲ类水质河长占监测总长度的 55.1%，Ⅳ类、Ⅴ类占 1.3%，劣Ⅴ类占 43.6%。其中，北运河水系水质最差，劣Ⅴ类水质河长占了 80%以上，大清河水系次之，潮白河水系水质最好。北京市五大水系水质类别长度比例如图 3.4 所示。

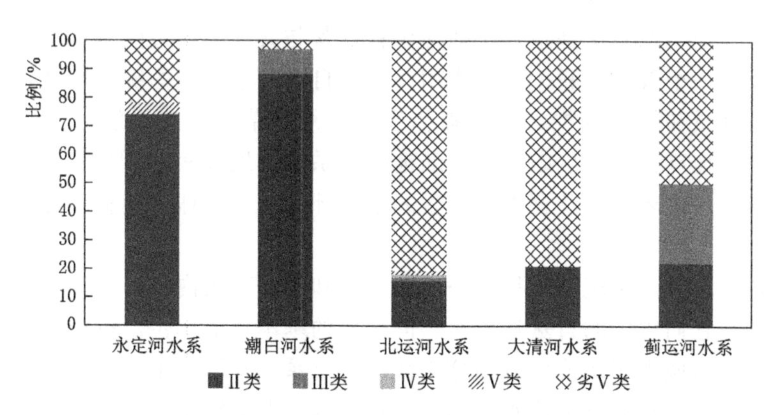

图 3.4 北京市五大水系水质类别长度比例

3.4.2.3 水生态系统退化

由于生态用水不足造成河道经常性断流，导致水生态系统演变不连续，水环境污染危害水生生物生存，影响生物群落稳定性，最终导致水生态系统质量退化，稳定性、多样性不足。

第4章　水生态补偿理论与方法研究

4.1　水生态系统概念及内涵探讨

4.1.1　生态系统及其分类

4.1.1.1　生态系统

生态系统是指在自然界的一定的空间内，生物与环境构成的统一整体。在这个统一整体中，生物与环境之间相互影响、相互制约，并在一定时期内处于相对稳定的动态平衡状态。

从空间看，生态系统的范围可大可小，相互交错，太阳系就是一个生态系统，太阳就像一台发动机，源源不断地给太阳系提供能量。地球最大的生态系统是生物圈。从内部属性看，生态系统类型众多。一般可分为自然生态系统和人工生态系统。自然生态系统还可进一步分为陆地生态系统和水域生态系统。人工生态系统则可以分为农田、城市等生态系统。

4.1.1.2　自然生态系统

（1）陆地生态系统是指特定陆地生物群落与其环境通过能量流动和物质循环所形成的一个彼此关联、相互作用并具有自动调节机制的统一整体，根据植物群落的性质和结构分类，分为森林生态系统、草原生态系统、荒漠生态系统、冻原极地（苔原）生态系统。陆地生态系统占地球表面积的1/3，它是为人类提供了居住环境以及食物和衣着的主体部分，是地球上最重要的生态系统类型。

（2）水域生态系统，是指在一定的空间和时间范围内，水域环境中栖息的各种生物和它们周围的自然环境所共同构成的基本功能单位。按照水域环境的具体特征，水域生态系统可以划分为淡水生态系统和海洋生态系统。淡水生态系统又可以进一步划分为流水生态系统和静水生态系统，前者包括江河、溪流和水渠等，后者包括湖泊、池塘和水库等。海洋生态系统又可以进一步划分为潮间带生态系统、浅海生态系统、深海大洋生态系统。

水域生态系统的主要特点之一为水这一环境因子。此外，在江河与湖泊、河川与海洋之间的水的运动，使不同的水体相互联系，构成水域生态系统与陆地生态系统明显不同的特点。

4.1.1.3 人工生态系统

人工生态系统是指经过人类干预和改造后形成的生态系统。人类对于自然生态系统的作用主要表现在人类对自然的开发、改造上，例如农业生产就不仅改变了动植物的品种和习性，也引起气候、地貌等的变化。自然生态系统对人类的影响是多方面的，衣、食、住、行无所不及，不同的社会制度、生产关系和生产力水平，制约着人的活动能力和对自然资源的利用方式，从而也深刻影响着人类活动与自然条件。人工生态系统质量取决于人类活动、自然生态和社会经济条件的良性循环。人工生态系统包括城市生态系统、农田生态系统、人工林生态系统、果园生态系统等。人工生态系统的特点如下：

（1）社会性：受人类社会的强烈干预和影响。

（2）易变性：或称不稳定性。易受各种环境因素的影响，并随人类活动而发生变化，自我调节能力差。

（3）开放性：系统本身不能自给自足，依赖外系统并受其调控。

（4）目的性：系统运行的目的不是为维持自身的平衡，而是为满足人类的需要，所以人工生态系统是由自然环境（包括生物和非生物因素）、社会环境（包括政治、经济、法律等）和人类（包括生活和生产活动）三部分组成的网络结构。人类在系统中既是消费者又是主宰者，人类的生产、生活活动必须遵循生态规律和经济规律，才能维持系统的稳定和发展。

4.1.2 水生态系统及其构成

4.1.2.1 水生态系统的概念

参考生态系统的概念，水生态系统是由水生生物群落与其所在的非生物环境共同构成的具有特定结构和功能的动态平衡系统。

水生生物群落是指水生态系统中各种生物的聚合。一个群落中的各种生物之间，生物与环境之间都存在着复杂的相互关系，由这些相互关系决定的各种生物在时间上和空间上的配置状况，称为群落结构。生物群落依其生态功能分为：生产者（浮游植物、水生高等植物）、消费者（浮游动物、底栖动物、鱼类）和分解者（细菌、真菌）。依其环境和生活方式，可分为以下 5 个生态类群：

（1）浮游生物。借助水的浮力浮游生活，包括浮游植物和浮游动物两大类，前者有硅藻、绿藻和蓝藻等。后者有原生动物、轮虫、枝角类、桡足类等。

（2）游泳生物。能够自由活动的生物，如鱼类、两栖类、游泳昆虫等。

（3）底栖生物。生长或生活在水底沉积物中，包括底生植物和底栖动物，前者有水生高等植物和着生藻类，后者有环节动物、节肢动物、软体动物等。

(4) 周丛生物。生长在水中各种基质（石头、木桩、沉水植物等）表面的生物群，如着生藻类、原生动物和轮虫。

(5) 漂浮生物。生活在水体表面的生物，如浮萍、凤眼莲和水生昆虫。

水中的微生物包括细菌、真菌、病毒和放线菌等，分属于上列不同的类群。这类生物数量多、分布广、繁殖快，在水生态系统的物质循环中起着很重要的作用。各种生物在水中分布是长期适应和自然选择的结果。

非生物环境为水域空间及流域陆地生态系统。水域包括正常水位水面及消落带，通常又称为水生态空间。非生物环境包括阳光、大气、无机物（碳、氮、磷、水等）和有机物（蛋白质、碳水化合物、脂类、腐殖质等）等要素，为生物提供能量、营养物质和生活空间。

北京市水生态系统为淡水生态系统，水域为其境内的河流、湖泊（水库）。

4.1.2.2　基于不同尺度的水生态系统划分

水生态系统具有整体性，是一个以水循环为纽带，上下游、左右岸、流域水域、陆域相互影响和相互作用的生命共同体。基于不同尺度，水生态系统可分为流域尺度、河流廊道尺度、河段尺度三类。

流域尺度水生态系统是以河流廊道（湖）为核心，边界清晰、结构功能完整的生态系统。一般由核心区及影响区构成。核心区一般为河流廊道（或水生态空间）范围内的水域、陆域生态系统；影响区为通过水循环对核心区产生影响区域，范围一般为流域边界。

河流廊道尺度水生态系统是指水域生态系统，以及对水域生态系统有直接影响的水陆过渡带岸线生态系统，通常为水生态空间范围内的水生态系统，由各河段的水生态系统组成。

河段尺度水生态系统通常是指按照某种要求（例如河流特征、行政区划、责任边界等），将河流廊道尺度水生态系统沿纵向人为分段形成。

水生态系统的空间尺度划分在水生态修复实践中有重要作用。“问题在河里，根子在岸上”，水生态修复通常从流域尺度的水生态系统着手，以流域为单元进行系统治理。水生态修复的效果通常以河流廊道尺度水生态系统为评价对象。水生态修复的效果考核通常以河段尺度水生态系统为对象。

4.1.2.3　基于空间的水生态系统结构

水生态系统的结构特征可从纵向、横向、垂向进行分析。

(1) 纵向主要表现为河流气象、水文、地貌、地质条件具有明显的上游、中游、下游区域差异性和河流纵向形态的蜿蜒性。

(2) 横向主要表现为水—陆两相性，从河流向岸边依次为河道、洪泛区、高地边缘过渡带、陆域。此外，河流横断面表现为交替出现的浅滩和深潭的形态多样性。

(3) 垂向主要表现为水体表面的水-气两相性和底部的水-泥两相性，河流基底对于水生生物起着支持（如底栖生物）、屏蔽（如穴居生物）、提供固着点和营养来源等作用。

4.1.2.4 水生态系统的特性

生态系统是一个整体上不可分割的生命共同体。因此，水生态系统实质是以水域为视角，以水为主线所呈现的生态系统。水生态系统具有以下特性：

(1) 流域性。即以流域为整体，河湖为主体，边界清晰、结构功能完整的生态系统，各子系统以河流水系相联系，具有地表、地下完整的水文循环过程。

(2) 连续性。水生态系统具有从河流源头到河口的空间连续性和生物过程的连续性。

(3) 多样性。河流与湖泊及河流上游、中游、下游的生境异质性、河流形态的蜿蜒性、河流横断面形的状多样性，流速、流量、水深、水温、水质、河床构成等多种生态因子的异质性是生境多样性和生物群落多样性的基础。

(4) 复合性。由水域生态系统、河岸生态系统、流域陆地生态系统等组成的复合系统。

4.1.3 水生态系统的功能及利用

4.1.3.1 水生态系统的功能

水生态系统在维系自然界物质循环、能量流动、净化环境、缓解温室效应等方面功能显著，对维护生物多样性、保持生态平衡有着重要作用。

水生态系统功能可分为生境支持、生物多样性维持、服务三个层次。

生境支持功能是水生态系统为生物提供生存环境的基础功能，体现在水文循环、气候调节、土壤形成、水源涵养等方面。

生物多样性维持功能是水生态系统生境多样性对生物多样性的基础支持。

服务功能是水生态系统为人类提供的生产生活条件和效用，具体体现在供水、发电、航运、水产养殖、污染降解、景观、文化等多方面。

4.1.3.2 水生态系统的安全利用

水生态安全是指水生态系统能够良性循环并持续不断的自我更新，其各项功能没有受到损害，进而能持续地满足人类需要的状态。水生态安全包括生态系统功能和人类需求两个方面，二者缺一不可，即水生态安全既与水生态系统的承载力和可再生能力有关，又与人类开发活动密切关联。水生态安全的实质是以水生态系统的可持续维持来保障其服务功能的可持续提供。

4.2　水生态补偿的概念探讨

4.2.1　生态补偿的概念探讨

4.2.1.1　生态补偿的几种定义

生态补偿是当前生态经济学界的热点问题之一。国内外对生态补偿有不少定义，但由于侧重点不同及生态补偿本身的复杂性，到目前为止还没有一个统一的定义。对于生态补偿概念，国内学者和政策制定者从不同视角给出了一些不同的定义和理解。

1. 基于生态补偿属性的定义

一些学者认为，生态补偿是一个具有自然和社会双重属性的概念。一是从自然属性角度看，生态补偿也可称为自然生态补偿，其内涵被界定为生物有机体、种群、群落或生态系统受到干扰时所表现出来的缓和干扰、调节自身状态使生存得以维持的能力，或者可以看作生态负荷的还原能力。自然生态补偿的概念具有“调节、还原和维持系统平衡”的意思，是一种自然生态系统内在的“压力—状态—响应”机制。于是生态补偿被认为是对生态环境本身或生态环境价值或生态服务功能的补偿。二是社会属性的生态补偿概念，主要是将生态保护的外部性内部化，是一种对行为或利益主体（自然人/法人或利益集团）的补偿。

Cuperus 等（1996）将生态补偿定义为：对在发展中造成生态功能和质量损害的一种补助，这些补助的目的是提高受损地区的环境质量或者用于创建新的具有相似生态功能和环境质量的区域。毛显强等（2002）将生态补偿定义为：通过对损害（或保护）资源环境的行为进行收费（或补偿）提高该行为的成本（或收益），从而激励损害（或保护）行为的主体减少（或增加）因其行为带来的外部不经济性（或外部经济性），达到保护资源的目的。王钦敏（2004）将生态补偿定义为：生态环境产生破坏或不良影响的生产者、开发者、经营者应对环境污染、生态破坏进行补偿，对环境资源由于现在的使用而放弃的未来价值进行补偿。

2. 基于生态保护和利用的定义

从生态保护和利用的角度看，生态补偿是以生态系统保护和可持续利用为目的，以经济手段为主调节相关者利益关系，将生态保护外部成本内部化，以调动保护生态积极性的活动。补偿内容既包括对生态系统保护和提供生态服务所获得的奖励和效益，也包括破坏生态系统所造成损失的赔偿或收费。让“使用者付费、保护者受益、损害者补偿”，具体类别如下：

（1）对生态系统本身保护（恢复）的成本进行补偿。

（2）通过经济手段将经济效益的外部性内部化。

（3）对个人或区域保护生态系统和环境的投入或放弃发展机会的损失的经济补偿。

（4）对具有重大生态价值的区域或对象进行保护性投入。

3. 基于生态补偿过程的定义

从生态补偿的过程看，生态补偿是指国家或社会主体之间约定对损害生态系统的行为向生态系统开发利用主体进行收费或向保护生态系统的主体提供利益补偿性措施，并将所征收的费用或补偿性措施的惠益通过约定的某种形式，转移到因资源环境开发利用或保护生态系统而自身利益受到损害的主体的过程。生态补偿可理解为生态系统保护的经济手段，是外部成本内部化的机制，包括利益驱动、激励和协调机制等含义。

4. 基于经济学地租理论的定义

从经济学地租理论角度看，生态补偿本质上是生态系统服务的使用者向供给者交纳地租以获取部分土地使用权，从而保障生态系统服务供给。基于地租理论的生态补偿定义如下：一种通过获取生态系统服务供给者的部分土地使用权，从而保持甚至增加特定水生态系统服务消费者所需要的特定重要生态系统服务的可持续供给的特殊地租，即生态地租。

4.2.1.2　对上述生态补偿概念的归纳总结

1. 生态补偿主体

上述生态补偿概念中从人与自然的角度提到的补偿关系包括以下两个方面：

（1）人对自然的补偿。其实是生态补偿的一个目标，即对已经遭受破坏了的生态环境进行恢复与重建，对面临破坏威胁的生态环境进行保护。

（2）人对人的补偿。即对生态环境建设的相关行为主体进行经济或政策上的奖励与优惠（或惩罚与禁止）。

2. 生态补偿与赔偿的关系

生态补偿作为一项社会经济政策，其最终目的应是改善和维护生态系统的生态服务功能。“补偿”的词义是指在某方面有所亏失，而在其他方面有所获得；与此相关的“赔偿”是指因自己的行动使他人或集体受到损失而给予补偿。从本质上看两者是一致的，都是对损失的一种弥补，最终达到一种平衡。补偿侧重于强调受益者的支付行动，而赔偿侧重于强调破坏者的支付行动。

3. 生态补偿的方式

生态补偿从狭义的角度理解就是对由人类的社会经济活动给生态系统和自然资源造成的破坏及对环境造成的污染的补偿、恢复、综合治理等一系列活动的总称；广义的生态补偿还应包括对因环境保护而丧失发展机会的区域内的居民资金、技术、实物上的补偿、政策上的优惠以及为增进环境保护意识，提高环境水平而进行的教育科研费用的支出。上述生态补偿概念提到了生态补偿的 4 种方式：

（1）对遭受破坏的生态环境进行恢复与治理。

（2）对破坏生态环境的行为采取的惩罚性措施。

（3）对因保护环境而丧失发展机会的社会群体进行经济补偿。

（4）其他补偿方式，包括技术、实物、政策优惠，以及教育科研费用的支出等。

4.2.2　水生态补偿的定义方法

上述生态补偿的定义，为水生态补偿的定义提供了有益借鉴。结合当前水生态补偿的实践经验，需要从以下几方面研究水生态补偿的定义。

4.2.2.1　明确水生态补偿主体

水生态补偿是生态系统各相关方之间的利益协调机制，是人对人的补偿。纯自然状态的水生态系统不需要水生态补偿；当人类活动对水生态系统的干扰程度较轻，对水生态系统演变的影响不大时，也不需要补偿。只有当人工干扰强度大，对水生态系统造成了不良影响背离人们对水生态系统的需求时，才需要通过水生态补偿手段对人工干预水生态系统的行为进行干预调控。人们对水生态系统的干预越强，需要的水生态补偿政策体系就越精细。

4.2.2.2　明确水生态补偿的总目标

水生态补偿的总目标是促进人与自然和谐共生。早期，面对生态系统出现的问题，许多人主张人大幅度退让，让生态系统恢复自然状态，甚至建议人们回归原始生活状态。无论是人向自然的随意侵害和粗暴索取，还是主张人对自然的大幅退让，其本质都是把人与自然置于二元对立状态，没有从人与自然和谐共生的角度处理人与自然的关系。人与自然和谐共生的达成需要人们从两方面进行干预调控：一方面是通过科学规划和空间布局优化，从空间上实现人与自然的和谐共生，让人的发展与自然价值同步提升；另一方面是通过资源高效利用和节制向自然索取，通过人工干预实现资源在生产、生活、生态三者之间的优化配置，从而构建良性水生态循环，在资源优化配置方面实现人与自然的和谐共生，让人的发展与自然价值同步提升。水生态补偿则通过对人工干预发挥引导作用促进人与自然和谐共生。

4.2.2.3　明确水生态补偿的是一种经济活动

通过补偿、受偿与赔偿（付费）等方式引导人们通过空间和资源优化配置促进人与自然和谐共生。

4.2.2.4　明确政府在水生态补偿中的主导作用

由于水生态系统具有公共属性（部分生产产品具有准公共属性），市场手段难以自发地调节，往往需要政府有形之手发挥主导作用。因此，水生态补偿的实质是政府以有形之手，采用经济手段调节人们对水生态系统的干预，使水生态系统朝着人们期望的目标演化的活动。

4.2.3 水生态补偿的定义及内涵

4.2.3.1 水生态补偿的定义

基于以上生态补偿概念几方面改进的讨论，本书以水生态系统为对象，提出了水生态补偿的定义：水生态补偿是指以特定的水生态系统为交易载体，以政府为主导，协调水生态系统各相关方利益关系，通过激励约束机制调控水生态系统促进人与自然和谐共生的经济活动。

4.2.3.2 水生态补偿的内涵

根据水生态补偿定义，水生态补偿要素包括水生态系统、交易、利益相关者、利益关系协调、人水和谐、经济活动。

1. 水生态系统可分解为指标集

水生态系统是开展水生态补偿的载体。水生态系统的划分可从以下三个维度进行：

(1) 基于水生态尺度的分解。可以划分为不同的尺度，在实际操作中，可根据水生态保护修复工作的需要，补偿方式的不同选择不同尺度的水生态系统作为载体。例如生态用水收费机制的补偿，如果实行跨省级别的补偿，则需要选择跨省尺度的水生态系统作为补偿载体；如果是省级行政区域以内地级行政区之间的补偿机制，则应选择跨地级行政区域的水生态系统作为补偿载体。

(2) 基于水生态系统演变关键要素的分解。根据水生态系统修复目标，构建基于不同关键要素的指标体系和分目标体系，设计水生态补偿制度。

(3) 基于相关方利益的分解。根据各相关方的利益及调控指标的可达性，对水生态系统进行区段、指标分解，以此构建水生态补偿制度。

2. 水生态补偿目标可分解为目标集

人与自然和谐共生是水生态保护修复的战略目标。从精细化治理的要求出发，以问题为导向，基于水生态系统的指标集，将战略目标集分解为每个指标的生态补偿目标值。

3. 水生态补偿相关方权益可分解为权益集

水生态补偿相关方是指对水生态系统演变起到影响作用的政府、企事业单位、社会组织和个人。产权决定了水生态补偿的相关方的权益。产权是一个产权束，包括所有权、使用权、收益权、处置权等。确定产权是实施水生态补偿交易的前提。

在现代经济体系中，水生态系统属于自然资产。具有可交易性是实施水生态补偿的前提，交易不仅包括自然资产本身，也包括利用自然资产产出的生态产品和服务。

（1）水生态系统的所有权。从水生态系统要素之一的水流资产来看，《中华人民共和国宪法》第九条规定，“矿藏、水流、森林、山岭、草原、荒地、滩涂等自然资源，都属于国家所有”，根据我国宪法通释，水流是指江河等的统称。根据《中华人民共和国宪法》和相关法律规定，我国自然资源属于国家和集体所有，国家所有权由国务院代理，各级政府和有关资源管理部门具体行使自然资源资产管理和行政监督职责。

（2）水生态系统的其他产权。其他产权包括水生态系统作为自然资产的使用权、收益权、处置权等。使用权，指在不毁损水生态系统或改变其性质的前提下，依照其性能和用途加以利用的权利。收益权，指收取水生态系统所生利益的权利。处置权，指对水生态系统依法予以处置的权利。

（3）水生态系统产权的公共属性。产权属性具有经济实体性、可分离性，产权流动具有独立性。产权的功能包括：激励功能、约束功能、资源配置功能、协调功能。以法权形式体现所有制关系的科学合理的产权制度，是用来巩固和规范自然资源产权关系，约束人的经济行为，维护水生态价值的法权工具。水生态系统作为一种产出的生态产品和服务，其使用权、收益权、处置权具有明显的公共产品的特点。

4. 水生态系统各相关方集

水生态系统利益相关方从产权的角度看，包括所有者、使用者、受益者、处置者。从交易的角度看，包括水生态产品和服务的提供者和使用者，交易服务的提供和管理者。

（1）水生态资产的所有者或管理者，包括作为委托代理者的各级政府。

（2）水生态运营者。即运营水生态资产，生产水生态产品和服务的提供者，包括社会单位、个人，以及作为公众委托代理人的各级政府。

（3）水生态产品和服务的使用者，包括社会单位、个人，以及作为公众委托代理人的各级政府。

（4）水生态资产保护者或损害者，包括社会单位、个人，以及作为公众委托代理人的各级政府。水生态保护者使得资产价值升值，损害者使得资产价值减值。

5. 基于目标集和相关方集的经济利益协调交易集

水生态补偿是采用经济手段协调相关主体的经济利益，达成生态保护修复目标。即由各级政府发挥主导作用，主要针对水生态系统的公共属性建立补偿机制，消除保护修复水生态系统及消费水生态产品服务活动过程中的外部性，提升水生态系统的质量和稳定性，促进人与自然和谐共生。

4.3 水生态补偿的理论基础

水生态系统作为一种自然资源，其产出的生态产品和服务的使用权、收益权、处置权具有明显的公共产品的特点。水生态补偿是指以特定的水生态系统为交易载体，以政府为主导，协调各相关者利益关系，促进人水和谐共生的经济活动。相关理论主要包括公共产品理论、委托代理理论、产权交易理论、外部性理论、博弈理论、生态系统服务价值理论、公共性生态产品补偿价值核算理论、水系统理论等。

4.3.1 公共产品理论

4.3.1.1 基础理论

公共产品理论指的是新政治经济学的一项基本理论，也是正确处理政府与市场关系、政府职能转变、构建公共财政收支、公共服务市场化的基础理论。公共产品可划分为完全公共产品、准公共产品两类。

完全公共产品或劳务为当每个人消费这种物品或劳务不会导致别人对该种产品或劳务消费的减少，其与私人产品或劳务显著不同的三个特征为：效用的不可分割性、消费的非竞争性和受益的非排他性。

(1) 效用的不可分割性。公共产品是不可分割的，如国防、外交、治安等最为典型。私人产品可以被分割成许多可以买卖的单位，谁付款谁受益。

(2) 消费的非竞争性。表现为：①边际生产成本为零，即在现有的公共产品供给水平上，新增消费者不需增加供给成本（如灯塔等）；②边际拥挤成本为零，即任何人对公共产品的消费不会影响其他人同时享用该公共产品的数量和质量，个人无法调节其消费数量和质量。边际拥挤成本是否为零是区分纯公共产品、准公共产品或混合产品的重要标准。

(3) 受益的非排他性。私人产品只能是占有人才可消费，谁付款谁受益。然而，任何人消费公共产品不排除他人消费（从技术加以排除几乎不可能或排除成本很高）。因而不可避免地会出现“白搭车”现象。

准公共产品是由于存在较大的外部性影响所引起的“公共性质”。

根据西方经济理论，由于存在“市场失灵”，从而使市场机制难以在一切领域达到“帕累托最优”，特别是在公共产品方面。如果由私人部分通过市场提供就不可避免地出现“免费搭车者”，从而导致休谟所指出的“公共的悲剧”，难以实现全体社会成员的公共利益最大化，这是市场机制本身难以解决的难题，这时就需要政府来出面提供公共产品或劳务。此外，由于外部效应的存在，不能有效的提供也会造成其供给不足，这也需政府出面弥补这种“市场缺陷”，提供相关的公共产品或劳务。

4.3.1.2　水生态系统的公共产品属性

由于水生态系统整体作为公共物品存在非排他性，理性经济人都有“搭便车”的倾向来回避支付，提供者难以获得相应的收益，导致公共物品提供者的动力不足。水生态系统所产生的供水产品、污水处理服务、取水权、排水权等具有准公共产品性质。水生态补偿政策要为解决水生态产品和服务的有效供给问题提供激励。因此，在公共物品供给视角下，补偿政策要发挥政府的主导作用，同时还要关注公共物品供给的效率，要考虑以最小成本实现特定的生态产品供给目标。

4.3.2　委托代理理论

4.3.2.1　基础理论

20 世纪 30 年代，美国经济学家伯利和米恩斯因为洞悉企业所有者兼具经营者的做法存在着极大的弊端，于是提出委托代理理论，倡导所有权和经营权分离，企业所有者保留剩余索取权，而将经营权利让渡。委托代理关系是随着生产力大发展和规模化大生产的出现而产生的，无论是经济领域还是社会领域都普遍存在委托代理关系。

国家一切权力属于人民，人民是国家一切财富的所有者，但现代社会是一种间接民主，公共权力所有权与行使权是相分离的。全体公民享有剩余索取权并保留对公共权力行使者的选择与监督，这是公共部门委托代理关系形成的前提。从法学的角度看，当 A 授权 B 代表 A 从事某种活动时，A 即为委托人，B 即为代理人。从组织学的角度看，一切组织内部总会存在纵向、横向或两者兼而有之的委托代理关系。公共领域的委托代理模型如下：

（1）社会公众与国家（政府）之间的一级委托代理关系。由于共同利用的需要，导致社会中的每个人总会将各自享有的私有权利的一部分置于公共领域中，并委托给一个人或组织来实施并保证获利，这个人就因而获得了所有广大民众委托的公共权力，这个人首先就是政府。在隐含的契约条件下，社会公众以委托代理的运行方式将公共权力委托给政府实施和执行，这样，社会公众与国家政府之间的一级委托代理关系就形成了。

（2）社会公众与政府官员之间的公共权力多层委托代理。接受广大公众公共权力委托代理运行的国家或政府的真正职能需要通过相关部门以及具体的官员来负责执行，因此官员就获得了广大民众的公共权力的终极代理。国家的不同层级部门之间，通过权力下放，由执行部门最终实施，并且各级政府机关与行政事业单位也都把公共受托落实应用到日常的工作中。

4.3.2.2　自然资产产权委托代理关系

根据《中华人民共和国民法典》水资源属于国家所有，即全民所有，水资源资产所有权主体是国家。根据《全民所有自然资源资产所有权委托代理机制试点方案》，国务院代表国家行使水资源所有权，授权自然资源部统一履行水资源资产所有者职责。其中，部分职责由自然资源部直接履行，部分职责由自然资源部委托北京市政府代理行使，法律另有规定的依照其规定。根据《北京市全民所有自然资源资产所有权委托代理机制试点实施总体方案》，将中央清单外其他水资源资产由市、区两级政府分别代理履行所有者职责，北京市规划自然资源委和北京市水务局主要承担相应管理事项。

按照委托代理理论，在生态保护修复与补偿机制建立的过程中，由于生态资源资产属于公共资源，是全民所有的公共事物，政府作为全民的代理人承担着管理者的角色，通过制定政策、完善资金配置、增加环境保护投入以及加强生态自然资源的利用管理活动来履行职责。一方面，各级政府作为社会公众的委托代理人，在生态保护修复实际工作中发挥主导作用，在构建生态补偿制度时，往往代理社会公众作为其中的利益相关方。另一方面，各级政府接受人民监督，在制定生态保护修复考核目标和指标体系时，必须坚持人民利益至上，把促进人与自然和谐共生，为人民提供更多更好的生态产品和服务，不断满足人民日益增长的生态需求作为补偿制度构建的目标要求。

4.3.3 产权交易理论

赋予现代含义的“产权”概念，出现于20世纪30年代，后来逐步拓展成产权经济学。美国经济学家科斯是这一理论的开创者，他1937年发表《企业的性质》，1946年撰成《边际成本的争执》，1958年写下《联邦通讯权利》，1960年推出《社会成本问题》，初步建立了产权经济学的基本框架。20世纪60年代以后，阿曼·阿尔钦、道格拉斯·诺思、哈罗德·德姆塞茨、乔治·斯蒂格勒、奥利弗·威廉姆森、小艾尔弗雷德·钱德勒、西奥多·舒尔茨、詹姆斯·布坎南、约拉姆·巴泽尔等经济学家，对产权经济学发生兴趣，给予较大关注，并先后发表了一些相关论著。这样，在众多学者的共同推动下，产权经济学形成比较完整的理论体系，并由此产生了一个相对稳定的产权制度学派。

产权经济学研究的是资源稀缺对人们利益的影响，以及由此带来的人与人之间的利益冲突；而人总是在特定的环境中生存，不可能免费获得全部所需信息。只要存在交易费用，产权制度就会对生产发生影响，需要通过明确产权关系来解决利益冲突，并降低交易费用，提高资源的配置效率。现代产权理论是从研究交易费用入手，试图通过界定、变更和安排产权的结构，降低或消除市场机制运行的社会费用，提高运行效率，优化资源配置，促进经济增长。

产权指的是一种通过社会强制手段对某种经济物品的多种用途进行选择的权力。产权是一个产权束，包括所有权、使用权、收益权、处置权等。可交易性是实施水生态补偿的前提，交易不仅包括自然资产本身，也包括利用自然资产产出的生态产品和服务。交易的前提是确定产权。产权决定了谁是水生态补偿的受偿者，谁是付费者。

在水生态补偿实践中，水生态系统作为一种自然资源产权是清晰的。其产权属于国家所有，而使用权、收益权、处置权分别由各级政府按其职责代行。由于水生态系统总体具有公共产品的性质，导致交易成本极高，市场机制基本失灵，因此通常采用政府主导的补偿机制消除外部性，形成交易。在产权明晰的前提下，水生态补偿通常分以下 3 种情况：

（1）纵向补偿。上级政府管辖范围内的生态系统按下设行政区政府管辖范围分成不同河段尺度的水生态系统，上级政府对下级政府管辖范围内的水生态系统保护修复进行补偿。

（2）横向补偿。流域上游行政区负责的水生态系统区段对下游行政区负责的区段水生态造成影响，由上下游区政府协议进行补偿。

（3）区域受益付费与损害赔偿方式的生态补偿。当某利益相关方以资源、资金等方式开展水生态系统保护修复，提升了水生态系统价值，辖区政府应通过付费消除外部性。当辖区政府未完成水生态修复任务或未达到指标要求，辖区政府应缴纳补偿金或采取其他方式，作为损害赔偿专项用于本辖区水生态保护工作的投入，或补偿对其他行政区水生态系统的不利影响。

4.3.4　外部性理论

4.3.4.1　基本原理

外部性理论由庇古于 1920 年提出。外部性是指在没有市场交换的情况下，一个生产单位的生产行为（或消费者的消费行为）影响了其他生产单位（或消费者）的生产过程（或生活标准）。

外部性又称为溢出效应、外部影响、外差效应或外部效应、外部经济，指一个人或一群人的行动和决策使另一个人或一群人受损或受益的情况。经济外部性是经济主体（包括厂商或个人）的经济活动对他人和社会造成的非市场化的影响。即社会成员（包括组织和个人）从事经济活动时其成本与后果不完全由该行为人承担。

外部性分为正外部性和负外部性。正外部性是某个经济行为个体的活动使他人或社会受益，而受益者无须花费成本，正外部性是将外部边际效益加计到私人边际效益之上，从而物品或服务的价格得以反映社会边际效益；负外部性是某个经济行为个体的活动使他人或社会受损，而造成负外部性的人却没有为此承担代价，负外部性则是对产生负外部性的生产者征收相应税费，从而将资源的消耗和环境污染外部边际成本计入生产者边际成本中。

4.3.4.2　应用方法

外部性治理是生态补偿政策的传统视角。经济学已经指出，外部性导致私人成本（收益）和社会成本（收益）之间产生偏离，进而导致资源配置效率的低下。外部性理论的研究问题主要集中在如何消除外部性，使外部性内部化，从而获得效率改进。生态补偿本质是提供外部性的解决方案，通过补偿政策激励，实现外部性的内部化。生态补偿标准的确定就是对外部性的边际价值定价。

随着我国社会经济的快速发展，人们对美好生活和高品质生态环境表现出越来越强烈的需求，然而随着国家进行更大范围的生态公共产品供给，由于生态保护的需要，限制部分地区的开发活动，造成部分地区发展不充分、地区之间发展不平衡，也带来很多新的问题。在国家和地方政府提供生态环境公共物品的背景下，政府干预产生了大量的区域外部性和利益冲突，面临更广泛的对公平的关注，需要补偿政策来协调利益关系。例如，政府将公共财政资金投资于上游生态建设，使下游受益；政府划定重点生态功能区等重点区域，限制或禁止了部分地区的开发。政府大规模提供生态产品和服务的活动正在干扰、改变，甚至加剧原来的外部性关系，迫切需要补偿政策进行调节。

正外部性导致利用相关方缺乏保护修复水生态系统、提升其价值的积极性。负外部性导致利用相关方损害水生态系统价值而不必付出成本和代价。外部性理论指导下的生态补偿可以分为基于科斯和庇古概念下的生态补偿，二者结合起来共同解决两种外部性。即科斯概念下的生态补偿解决生态系统服务的买者从生态系统服务提供者那里购买产权定义清晰的生态系统服务（准公共产品）方面的外部性。庇古概念则强调政府通过经济激励，如向损害生态系统价值的负外部性征税（赔偿）或补贴（补偿）提升水生态系统（公共产品）价值的正外部性来解决公共物品视角下的外部性问题。

4.3.5 博弈理论

博弈理论主要用来研究生态补偿决策过程中不同决策主体之间的利益平衡问题，如地方政府-中央政府、地方政府-当地企业（农民）、上游政府-下游政府、上游产排污企业-下游居民等。每个行为主体都从自身得失角度出发，最后多方利益相关者作出综合权衡，作出利益最大化决定，不同行为主体间的博弈主要体现在利益趋同的行为主体间的相互联合以及利益相悖主体间的相互抵抗。

在流域水生态补偿的框架中，流域上下游间的关系既密不可分又相互影响，故须重点考虑协调上下游的利益冲突及矛盾，由此上下游间形成的博弈关系是跨界水生态保护的重点及难点。鉴于水生态产品的公共属性，流域生态补偿主要是上下游地方政府作为主要谈判者及承担者，中央政府或上级政府作为监督者，故目前对流域生态补偿的成本分摊问题多是相关地方政府间的博弈。

4.3.6　生态系统服务价值理论

生态系统因具有提供生态系统服务的功能而产生可以量化的生态系统服务价值。流域水生态系统为上下游居民提供优质的水源，进而形成水源供给的生态系统服务价值。在水被污染的情况下，居民为了获得安全放心的饮用水，会购买净水设备或者购买桶装水，或者采取跨区域调入清洁水源解决饮水问题，这带来了巨大的额外成本。

生态资产价值实现是生态经济的最终目标。理论上，如果生态资产的真实价值得以实现，就不再需要进行生态补偿。在实践中，由于生态价值无法全部实现，才通过补偿手段进行政策干预。由于生态产品和服务存在产权界定上的困难、广泛的外部性、过高的交易成本或者市场中的主体对某一物品或服务的价值认同可能存在无法弥合的分歧等，生态补偿在现实中无法自发实现，绿水青山也不会在市场中自动实现向金山银山的转变。

生态资产的价值可以部分通过政府的财政补贴得以实现。政府对生态服务功能的购买性支付，一方面为社会提供生态公共物品，另一方面也成为部分实现生态价值的途径。其生态补偿额度应与生态服务提供者所付出的机会成本与服务使用者的收益相协调。即使补偿标准高于提供生态产品的机会成本，形成了有效的行为激励，也并不意味着生态资产的价值完全得以实现。

生态资产的价值也可以通过市场部分实现。生态产品或服务的受益者对提供者的支付本身就是自然生态资产价值实现的途径，例如生物勘探、碳汇、农业利用、生态旅游等都被认为是可以从投资生物多样性保护中获得回报的项目，从而部分实现自然保护的商业价值。生态补偿政策应该发挥政府主导作用，引导生态产品或服务的市场形成或交易过程发生的作用，包括通过政府直接补偿（如政府对生态服务的直接购买、投资与生态建设工程等）、政策性补偿等，将补偿资金作为启动市场和社会资本参与的种子资金，发挥财政资金的杠杆作用，促进交易和市场化补偿的发生，建立生态产品和服务的价格机制，形成新型的生态保护的融资渠道，最终培育生态产品和服务的市场和产业，促进实现生态保护与发展的双重政策目标。

4.3.7　公共性生态产品补偿价值核算理论

公共性生态产品的生产依赖于水体、大气、土壤、森林等生态要素，由于各类生态要素的属性千差万别，其价值衡量尺度和标准差别较大，目前按照生态要素类别对生态产品价值贡献进行单独计算的研究，尚缺乏科学规范的评价体系，且实践操作复杂，需要花费大量的成本。对公共性生态环境服务价值的核算，采用生态比差法来衡量其效用价值。生态比差法，是在对特定区域生态系统的生态产品进行调查统计的基础上，按照同等面积生态空间比照本区域或本流域非限制空间内经营性生态产品所产生的收益差值，来间接体现该面积的生态环境服务价值。比照的空间尺度一般应为一个行政区域或一个流域的整体情况。公共性生态服务价值的核算方法如下。

4.3.7.1 分地区计量

以自然资源资产统一调查、监测评价、确权登记等工作为基础，明确自然资源分类标准和统计规范，全面系统调查和统计地域范围内生态系统的种类、面积、分布、结构和功能属性，摸清不同区位、不同规模、不同等级生态产品数量、质量等底数，建立生态产品实物量计量清单，为生态服务价值核算提供基础支撑。

4.3.7.2 核算方法

为避开对各类生态要素的生态服务价值贡献进行单独计算的复杂性以及计算价值数额较大、在实际中难以操作的现实性，采用比差平衡法来衡量其效用价值。比差平衡法，是在对特定区域生态系统的生态产品进行调查统计的基础上，按照同等面积生态空间比照本区域或本流域非限制空间内其他利用方式开发所产生的收益差值，来间接体现该面积的生态服务价值。比照的空间尺度一般应为一个行政区域或一个流域的整体情况（最高值或均值）。此方法是类似于机会成本的价值核算方式，因公共性生态产品具有稀缺性，大多受禁止生产开发或严格管控等政策限制，必然会丧失或放弃了用作他途的收益，通过合理性的比差，以生态空间替代用途所产生的收入，作为衡量该区域生态产品的当量价值。

4.3.7.3 价值评估

在操作过程中，运用比差平衡法，一般可通过以下两种比差方式进行核算和估值。

1. 生态比差法

即与相同地块产生的经营性生态产品的价值进行比较。一般可按照本区域或本流域非限制生产的最高（或均值）经营性生态产品的价值进行核算。核算前，应首先进行生态功能区划，建立不同生态功能区内生态产品适宜种类目录和质量标准体系，即按照特定功能区域、不同种类对应的质量标准等级确定生态产品的不同价值，以实现生态产品实物量与比差价值量的对应转化。在年度核算时，根据核定产品的区域、种类、数量、质量、生态空间等的变化情况，通过对应的质量标准等级，可计算年度价值的增加或减少情况。比如，在密云水库的水位变化区、水陆交替带，适宜种植芦苇等植物，通过该区域芦苇的长势、品质等，确定标准等级，比照密云区或密云水库流域非限制区域的单位面积经营性生态产品的价值均值，按照比差价值量的对应转化关系，核定其生态服务价值。

2. 经济效益比较法

即与相同面积土地利用获得的价值进行比较。一般可按照受益区单位面积产出效益的平均值（或区域单位面积经济效益均值）进行核算。用受益区土地产出效益价值减去生态产品所在区域的价值，其差值作为该地块的公共性生态服务价值。在具体核算时，可通过计算生态产品区和受益区的经济密度差（经济密度是指区域生产总值与区域面积之比，体现单位面积土地上经济效益的水平），根据面积大小，直接计算出其价值量。

在具体实践中，对于选取生态比差法还是经济效益比较法，应充分考虑区域的生态资源状况和经济社会发展水平，根据当地财政状况作出选择。可制定特定区域生态产品价值核算和评估技术规范，定期发布生态产品价值核算结果，推动公共性生态产品生产上规模、质量上档次、管理上水平，为生态产品价值转化提供依据和基础支撑。

4.3.8　水系统理论

4.3.8.1　基本概念

水系统理论是描述水生态系统运行机理及规律的理论。水文学与生态学、社会科学等其他学科的交叉形成了水生态理论。生态水文学创立了生态系统水循环及水与生态系统互馈作用研究的新方向，社会水文学的提出进一步扩展了水与社会经济相互作用的研究领域。水系统是由以水循环为纽带的三大过程（物理过程、生物与生物地球化学过程和人文过程）构成的一个整体，而且内在地包含了这三大过程的联系及其之间的相互作用。

物理过程即传统的全球水循环的物理过程，包括降水、蒸散发、下渗、径流、地貌、泥沙过程、水汽输送等。它不仅包括地球陆地表面的水文过程，而且还包括在海洋和大气中的水文过程。

生物与生物地球化学过程则包括水生生物及其相关的生态系统及其生物多样性。这些生物也是全球水系统的地球化学作用中不可或缺的环节，而不仅仅是简单地受物理-化学系统的变化的影响，这当中也包括全球水系统和水质中的生物地球化学循环。

人文过程包括与水相关的组织机构、工程、用水部门等，人类社会不仅是水系统中的一环，其本身也是水系统内变化的重要媒介。人类社会在遭受到水资源可利用量的变化所带来威胁的同时，也会采取不同的行动以减轻或适应这样的变化。

以水循环为纽带联系的陆面水文物理、生物地球化学和人类活动三大过程所构成的整体在国际学科前沿称为水系统科学，水系统科学三大过程的耦合是当前国际水文科学研究的前沿，是破解变化环境下复杂水问题的关键与核心。

4.3.8.2 水系统运行的机理

人类活动对水循环的干扰使水循环由单一的自然主导转变成自然和人工共同作用的新系统。由于高强度人类活动和气候变化的双重影响，流域水循环已不是纯自然的水循环过程，而是一个与水循环伴随的，与土地利用改变、水资源调度及其配置等人类活动紧密联系的生物地球化学（陆地生态系统、水生态等）过程。

（1）流域是水系统的基本单元，为水系统科学三大过程的紧密耦合提供了一个自然空间域。在流域水系统的基本单元里，水循环过程作为各种物质、能量循环的主要驱动力和载体，在特定时空尺度上为生物地球化学过程的物质平衡提供了基础，尽管地下水、气候系统的边界与流域边界不一定重合，但是通过地表径流过程可以得到闭合的物质和能量平衡，从而为地表-大气系统和地表-地下系统的耦合提供独立约束，因此可以在流域尺度上通过物质和能量流的转换耦合大气、植物、土壤、地下水以及河流、人类活动影响等各过程，即流域水系统过程。

（2）流域水系统各过程的耦合及反馈。流域水系统是以流域水循环为纽带的耦合陆面水文物理、生物地球化学及人类活动三大过程所构成的相互作用及反馈的统一整体。

1）陆面水文物理过程包括以大气水、植物水、地表水、土壤水、地下水“五水”转化的垂直交换及水平传输的流域汇流过程。

2）生物地球化学过程包括：发生在植被-大气垂直界面上以气孔行为控制的光合作用碳同化过程，植物生长、土壤碳氮循环、土壤侵蚀等陆面生态系统过程，以及河流中水质水生态发生的各种生物、物理、化学的河流生态系统过程。

3）人类活动如水资源配置下的各种生产生活对水资源开发利用需求的取、用、耗、排过程，包括土地利用变化、水库调度、作物种植管理等。

三大过程相互影响，耦合及反馈形成流域水系统统一的整体。如生物地球化学过程通过对陆地下垫面土壤、植被覆盖的作用而对陆面水文过程反馈大气的水汽、潜热、感热和 CO_2、正散发、降雨截留、径流等产生影响，同时陆面水文过程的辐射传输、动量、质量和能量的交换又影响生物地球化学循环包括光合作用、自养呼吸作用、土壤呼吸等碳循环过程。人类活动对水循环的影响主要包括人类活动取用水、土地利用/植被覆盖变化影响、调水工程、水库闸坝的调控等过程。其中，土地利用/植被覆盖的变化则直接体现和反映了人类活动的影响水平，研究土地利用/植被覆盖变化对水文过程的影响已成为国际的前沿领域问题。同时，土地利用/植被覆盖变化影响着陆地生态系统碳循环，引起区域碳收支变化，是造成大气 CO_2 浓度增加的主要人类活动之一。

通过研究流域水系统三大过程的耦合能够更加深刻具体地揭示水循环、生态系统与人类活动及气候系统的复杂的相互作用，同时为维系流域水生态健康及社会经济可持续发展提供科学支撑。

4.3.8.3　水系统的模拟

流域水系统模型是对流域水系统各个过程进行抽象概化的物理描述的数学模型，它是研究流域水系统各过程相互作用及反馈的有力工具。流域水系统模型依托分布式流域水文模型，如SWAT模型、VIC模型、分布式新安江模型、DTVGM模型、LL模型、人工-自然二元水循环模型、HIMS模型系统等，都从过去的单一结构发展为考虑多过程多要素的耦合模拟系统，表现出了水系统模拟的固有特点，但是这些模型较少耦合生物地球化学过程或只是考虑生物地球化学的某些过程。一些陆面水文模型在与生物地球化学的耦合方面取得了较好的进展，该类模式研究围绕生物化学和水文过程展开，对陆气间的生物、物理、化学过程的描述更加详细。代表性的模型有BATS2、SiB2、CoLM等。但是该类模型在水循环过程描述方面往往考虑最少，对径流的描述主要只考虑垂直方向的水分交换，对于计算网格单元内及网格间的坡面和河网汇流过程很少考虑，也没有考虑产流的不均匀性，且对流域内人工侧支水循环的描述较少。生物地球化学模型是采用数学语言来研究各种元素从环境到生物再回到环境的往复循环过程，它对于生物地球化学过程研究深入，能考虑碳、氮、磷、硫等各类元素的循环过程，而对作为载体的水循环过程描述较为简单。在人类活动对水资源开发利用方面，水资源配置模型是集中反映人类生活生产对水资源的取、用、耗、排的各过程。在水资源系统模拟的框架下，国内外开发了一系列具有代表性的模型软件，如MIKE BASIN、WEAP、WROOM、DTVGM-WEAR等，总体来讲国内还比较缺乏相对成熟且通用的水资源配置模型软件。

水系统的概念决定了流域水系统模型的性质：①流域水系统模型具有较强的物理基础，能够反映水系统三大过程的物理变化过程的机制；②流域水系统模型必须是分布式的，能够反映三大过程时空分布的动态变化；③流域水系统模型必须与地理信息系统GIS/RS相结合，为模型的构建和模型的应用提供基础。

为了更好地理解流域水系统各过程的耦合及反馈特征，研究变化环境下流域水系统的响应，夏军等（2018）在现有研究基础上提出流域水系统模型总体框架，如图4.1所示，并基于DTVGM模型构建了一个典型的流域水系统模型。

4.3.8.4　水系统理论的应用

流域水系统即为流域尺度的水生态系统。水系统理论可作为开展水生态系

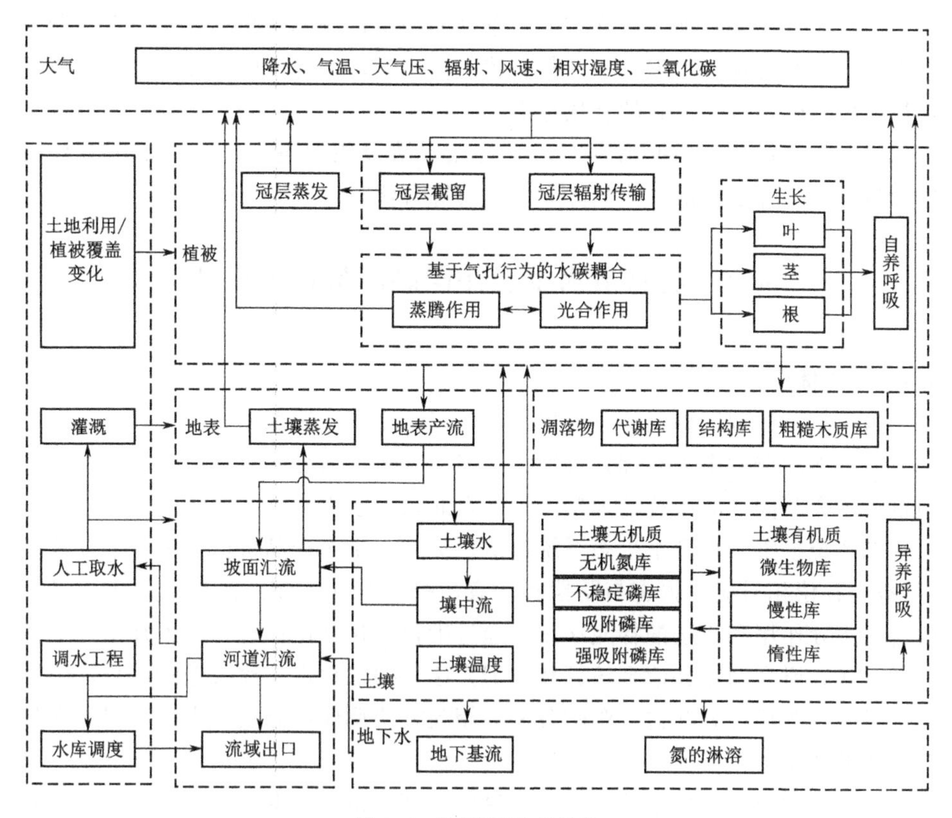

图 4.1 DTVGM 的结构

统保护修复和水生态补偿工作的科学指导。

水生态系统调控模型的核心是水系统模型，模型和参数、初始条件、边界条件构成了流域水生态系统的数字孪生系统。将水生态修复造成的条件变化作为模型的输入，考核指标模拟数据作为模型的输出，调控过程如下：

（1）优化修复方案。根据考核指标所对应的目标值确定的情况下，以目标值为约束，预先设置多种生态修复方案，形成输入数据代入模型计算，得出的考核指标模拟数据与目标值比较，选择其中与目标值接近的修复方案。

（2）优化考核指标目标值。以现有能力条件为约束，预先设置多种生态修复方案，形成输入数据代入模型计算，得出的考核指标模拟数据与目标值比较，选择其中最优的目标值。

（3）优化考核指标体系。将水生态考核指标重要程度进行排序，选择多个指标体系预案，以现有能力条件为约束，按考核指标体系预案设置多种生态修复方案，形成输入数据代入模型计算，得出的考核指标模拟数据与目标值比较，选择其中与目标值接近的修复方案。

（4）优化补偿标准。以现有能力条件为约束，按考核指标体系设置多种生态修复方案补偿标准，形成输入数据代入模型计算，得出的考核指标模拟数据与目标值比较，选择适宜的补偿标准。

（5）综合优化，根据水生态系统特点，结合能力条件，对水生态考核指标、目标值、补偿标准、修复方案等进行综合优化。

4.4　北京市水生态补偿制度架构的设计

4.4.1　总体思路

水生态补偿制度构建的总体思路是：以水生态系统保护修复为核心，以促进人与自然和谐共生为目标，遵循水生态系统运行演变的规律，坚持山水林田湖草沙生命共同体的系统治理理念，结合北京市水生态系统的特点，从消除对水生态系统损害、提升水生态系统价值、促进水生态产品价值实现着手，按照“受益与补偿相对应、损害与赔偿相适宜、受偿与保护相匹配”的原则，发挥政府的主导作用和市场的补充作用，通过细化实化补偿目标，完善补偿标准和补偿方式，研究确定补偿金核算和分配方法，构建技术支撑及保障体系，以经济手段协调各相关方利益，激励各利益相关方协调保护修复水生态，促进人与自然和谐共生。

补偿制度设计采用系统方法，从目标维度、指标维度、责权维度、持续完善的时间维度耦合形成 4D 型水生态补偿成果集。

（1）补偿目标维度。研究构建从总目标到具体指标分解的多层次多目标集。

（2）补偿指标维度。研究构建基于目标集和人工驱动因子互济的多层次指标集，既设置水生态系统表征性指标，又设置水生态修复任务型指标，二者一体两面构成北京市水生态系统补偿的多层次指标集。

（3）补偿权责维度。研究构建基于目标集和指标集的各相关方权现集。根据权责范围划分不同尺度的水生态系统空间，将目标和指标集权责落实到各相关方，使其可考核，可操作。

（4）持续完善的时间维度。锚定水生态补偿总目标分阶段持续完善，将目标集和指标集分解到年度，构建适应不同阶段的动态调整机制。

4.4.2　总体架构及内涵

水生态补偿制度涉及补偿载体、补偿目标、补偿主客体、补偿方式、补偿标准和支撑保障体系 6 大方面。

按照水生态补偿制度构建的总体思路，结合北京市水生态保护工作要求，从流域尺度提出了北京市区域范围的水生态保护补偿制度总体框架，如图 4.2 所示。

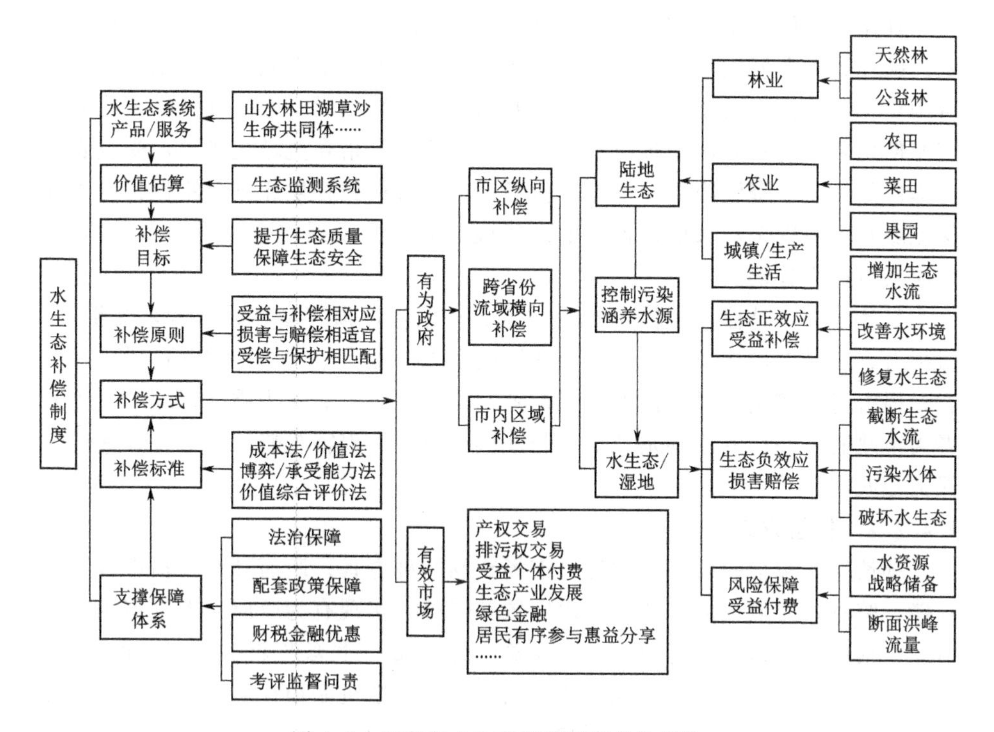

图 4.2　北京市水生态补偿制度总体架构

4.4.2.1　补偿载体

补偿载体为水生态系统，遵循水生态系统运行演变的规律，按照山水林田湖草沙生命共同体的系统治理理念，结合北京市生态系统的特点，陆域生态系统通过水循环过程以坡面汇流、面源和面源污染对水生态系统产生影响。因此，水生态补偿应将陆域生态系统影响考虑进来。

北京市陆域生态系统主要包括受人类活动强力干扰的林业生态系统（天然林和公益林）、农业生态系统（农田、菜田和果园），以及城镇生态系统。

水生态系统补偿因子应考虑生态正效应受益补偿，主要包括增加生态水流、改善水环境、修复水生态等；生态负效应损害赔偿，主要包括污染水体、截断生态水流、破坏水生态等；风险保障的受益付费，主要包括水资源战略储备、洪水期断面洪峰流量削减等。

4.4.2.2　补偿目标

补偿目标是在人与自然和谐共生的高度提升生态质量、保障生态安全。可以通过生态系统提供的产品和服务估算其生态价值，作为补偿的参考依据。

4.4.2.3　补偿主客体

在流域生态补偿中，依据破坏者付费、使用者付费、受益者付费、保护者得到补偿等原则，来确定流域生态补偿的主客体。以流域上下游水质补偿为例，破坏者付费原则是指流域上游排放污染物影响下游水质安全，故应对排污行为负责并为污染买单；使用者付费原则是指流域内无论上游和下游，优质水资源使用者应为水质保护买单；受益者付费原则是指在流域范围内，受益者应对提供的优质水资源服务价值进行付费；保护者得到补偿原则是指保护者为确保流域水环境安全，采取保护与治理措施，并放弃发展机会而受到一定损失，理应获得适当补偿。

具体来说，补偿主客体包括受益者、补偿者，损害者、赔偿者，受偿者、保护者，主导者，涉及政府、企业和居民个人。北京市实践中“受益者、补偿者，损害者、赔偿者，受偿者、保护者”均以区级政府作为委托代理人，主导者为市政府。补偿的原则是“受益与补偿相对应、损害与赔偿相适宜、受偿与保护相匹配”。

4.4.2.4　补偿方式

补偿方式包括政府补偿和促进市场交易两种方式。政府补偿包括市区纵向补偿、跨省份流域横向补偿、市内区域补偿等，实现有为政府。促进市场交易措施包括产权交易、排污权交易、受益个体付费、生态产业发展、绿色金融、居民有序参与惠益分享等实现有效市场。生态补偿机制根据实施主体及承担者的差异，可以分为政府补偿机制和市场补偿机制两类。

(1) 政府补偿机制。政府补偿机制主要是以国家或上级政府为实施和补偿主体，以区域、下级政府或农牧民为补偿对象，以国家生态安全、社会稳定、区域协调发展等为目标，以财政补贴、政策倾斜、项目实施、税费改革和人才技术投入等为手段的补偿方式。在我国，财政转移支付是主要的政府补偿机制，包括生态纵向财政转移支付以及生态横向财政转移支付。

(2) 市场补偿机制。依托市场规则，规范市场行为，将生态服务功能或环境保护效益打包推入市场，通过市场交易的方式，降低生态保护的成本，实现生态保护的价值。与政府补偿机制相比，市场补偿机制具有补偿方式灵活、管理和运行成本较低、适用范围广泛等特点。但信息不对称、交易成本过高将影响市场补偿机制的运行。同时，市场机制本身难以克服其交易的盲目性、局部性和短期行为。在流域生态补偿中，当利益相关者以及买卖双方关系明确、存在现实的购买关系时，就是一种市场补偿机制。

补偿兑现可以有以下几种模式：

(1) 资金补偿。资金补偿是指补偿方向受偿方提供资金来进行补偿，因其方便和直接等诸多优势，目前我国流域生态补偿主要以政府主导的资金补偿为主，但这种方式是一种典型的“输血型”生态补偿方式，一旦资金补偿“断粮”，则上游地区可能会失去保护的动力。资金补偿主要表现形式为政府设立专项资金以及政府的财政转移支付。对于同一省份内跨市级行政区流域以及同一市内跨县级行政区的流域，可分别由省级财政或市级财政设立针对该流域水质改善的专项资金，或可根据上游经济损失成本及整体生态效益核算确定补偿标准及补偿总金额，由上游、下游政府确定分摊比例，通过财政共同转移支付资金交付上游政府，省级政府作为监督者、上下游政府作为参与者共同承担流域水质保护工作。

（2）项目补偿。为解决资金补偿造成的后续保护动力不可持续问题，项目补偿作为一种新的补偿方式得以运用，它可以有效转变上游生产方式并为上游带来持续有力的造血能力，接纳上游地区为保护水生态环境、牺牲发展机会而出现的闲置劳动力，其适用于下游经济实力较好的情形，一般由下游地区在上游地区进行项目投资建设实现补偿。

（3）赎买上游产排污权。上级政府作为监督者，上下游政府作为谈判者，共同评估上游流域范围内可允许的污染物最大排放量，并将其分为若干份额作为产排污权，下游政府可参考污染物吨水治理成本价或排污份额市场价对上游流域产排污权进行分批次购买，购买资金作为补偿金额可用于上游的污染治理及生产方式转变。

（4）免息/贴息贷款。下游政府可通过向上游政府提供免息或者贴息贷款，还款周期可以长达10～30年，支持上游地区清洁产业的发展，既适用于下游经济发达、上游地区欠发达的情形，又适用于上下游地区经济都发达的情形，还适用于跨省份流域生态补偿。此方式由于其资金输入方式不再是一次性直接给予的“输血式”，而是有限制的贷款形式，可有效约束上游在贷款周期内完成既定水质目标。

（5）水权交易。水权交易是指由于流域上游地区采用一系列的节水措施使其出境水量超出了目标值，即初始水权未完全使用，则使用这部分水量的下游地区需要向上游缴纳一定的使用费，购买这部分水资源使用权。

（6）异地开发。为避免流域上游地区因发展工业造成的污染以及弥补发展权被限制所造成的损失，可在下游地区建立工业园区，所得税收属于上游地区。

4.4.2.5　补偿标准

构建补偿标准核算方法，包括成本法/价值法、博弈法/承受能力法、价值综合评价法等。

4.4.2.6　支撑保障体系

支撑保障体系包括技术支撑体系和保障体系。技术支撑体系包括水生态补偿实施技术平台、水生态指标监测评价体系等；保障体系包括法治保障、配套政策保障、财税金融优惠、考评监督问责等。

4.5 水生态补偿模型研究构建

根据水生态补偿的定义和内涵、北京市水生态补偿总体架构及指标体系，构建北京市水生态补偿模型。

4.5.1 水生态补偿模型构成

水生态补偿含3类利益相关者：①补偿金的缴纳者，因使用水生态系统的产品和服务，或损害了水生态系统价值，需要缴纳补偿金；②补偿金的获得者，因提供水生态系统的产品和服务，或提升了水生态系统价值，或因水生态权益被损害而获得补偿金；③缴纳或受偿方的利益协调者，需要将补偿金在缴纳者和受偿者之间进行分配。3类利益相关者均需要核算模型来支撑其工作。因此，将3个核算模型耦合起来，形成了完整的水生态补偿模型。

4.5.2 单因素补偿模型

4.5.2.1 模型方法

假设水生态补偿利益相关方只有1个补偿者、1个受偿者、1个协调者和1个考核指标，则由4个公式构成了单因素补偿模型组，公式如下：

$$CP_{JN}=W_{JN}S_{JN} \tag{4.1}$$

$$CP_{HD}=W_{HD}S_{HD} \tag{4.2}$$

$$CP_{HD}=CP_{JN}+\Delta CP \tag{4.3}$$

$$CP_{JN}=CP_{IN}+CP_{HD} \tag{4.4}$$

（1）式（4.1）称为补偿金缴纳模型，其中CP_{JN}为付费者支付的（意愿或能力）补偿金，W_{JN}为补偿量，S_{JN}为补偿标准。

（2）式（4.2）称为补偿金受偿模型，其中CP_{HD}为受偿者获得补偿金的期望值，W_{HD}为相应补偿量，S_{HD}为补偿标准。

（3）式（4.3）称为补偿金交易撮合模型，其中ΔCP称为交易撮合量，为CP_{HD}与CP_{JN}的差值。ΔCP为0，补偿活动才能完成。

（4）式（4.4）称为补偿金二次分配模型。为增加水生态保护修复的投入，将CP_{JN}分为水生态保护修复的投入CP_{IN}和CP_{HD}两部分。CP_{IN}分配给项目的实施者，CP_{HD}分配给受偿者弥补其付出的代价。

4.5.2.2 变量及参数

（1）式（4.1）中 W_{JN} 可以为付费者享受到的水生态产品价值量，如用水量，也可以是对水生态价值损害的价值量，通常与目标值对比，如因排污导致河道断面水质比目标值降低一个类别量。

补偿标准 S_{JN} 通常为获得水生态产品价格，或损害水生态价值的单位成本（或价格）。

（2）式（4.2）中，W_{HD} 为提供水生态产品价值量，或者与目标值对比对其水生态价值损害的价值量。

补偿标准 S_{HD} 通常为获得水生态产品价格，或损害水生态的单位水生态服务价值。

（3）式（4.3）中，交易撮合者（通常为上级政府）协调受偿者降低获得补偿金的期望值 CP_{HD}，或者协调付费者提高支付补偿金 CP_{JN}，使得 ΔCP 为 0，从而完成交易撮合。

（4）式（4.4）中水生态保护修复的投入 CP_{IN} 计算方法为

$$CP_{IN} = r \times CP_{JN} \tag{4.5}$$

式中：r 为投入系数。

相应受偿者得到的补偿金 CP_{HDF} 计算方法为

$$CP_{HDF} = (1 - r) \times CP_{JN} \tag{4.6}$$

4.5.3 多因素补偿模型

4.5.3.1 模型方法

水生态补偿实践中，补偿制度往往是基于多目标、多指标和多个水生态补偿利益相关方的补偿体系，单因素补偿模型演变成矩阵模型组，公式如下：

$$\boldsymbol{CPjn}_{mn} = \boldsymbol{Wjn}_{mn} \times \boldsymbol{Sjn}_{n} \tag{4.7}$$

$$\boldsymbol{CPhd}_{mn} = \boldsymbol{Whd}_{mn} \times \boldsymbol{Shd}_{n} \tag{4.8}$$

$$\boldsymbol{CPhd}_{mn} = \boldsymbol{CPjn}_{mn} + \boldsymbol{\Delta CP}_{mn} \tag{4.9}$$

$$\boldsymbol{CPjn}_{mn} = \boldsymbol{CPin}_{mn} + \boldsymbol{CPhd}_{mn} \tag{4.10}$$

$$CPjn = \sum\sum CPjn(m, n) \tag{4.11}$$

（1）式（4.7）中，$\boldsymbol{CPjn}_{mn}$ 为付费者支付的（意愿或能力）补偿金矩阵，$\boldsymbol{Wjn}_{mn}$ 为相应补偿量矩阵，$\boldsymbol{Sjn}_{n}$ 为补偿标准行矩阵。矩阵中 m 代表某一类利益相关者数量，n 代表考核指标数量。

（2）式（4.8）中，$\boldsymbol{CPhd}_{mn}$ 为受偿者获得补偿金的期望值矩阵，$\boldsymbol{Whd}_{mn}$ 为相应补偿量矩阵，$\boldsymbol{Shd}_{n}$ 为补偿标准行矩阵。

(3) 式 (4.9) 中，$\Delta \boldsymbol{CP}_{mn}$ 为交易撮合量矩阵。

(4) 式 (4.10) 中，$\boldsymbol{CPin}_{mn}$ 为补偿金投入量矩阵。

(5) 式 (4.11) 中，$CPjn$ 为缴纳补偿金总量。

4.5.3.2　变量及参数

多因素补偿金模型中的变量及参数确定方法与单因素方法一致。

4.6　水生态补偿分配及使用方法研究

水生态补偿分配及使用的不同方式会导致不同的激励效果，以及各利益相关者相互关系及水生态保护修复行为模式的改变。

4.6.1　生态补偿分配及使用方法研究现状

国内对于生态补偿研究主要集中在生态补偿的概念和内涵、补偿方式和内容、补偿对象以及补偿模式的研究，而对于生态补偿金评估分配的研究还较少。对于生态补偿金的分配主要集中在纵向补偿金分配，如退耕还林补偿金分配，以及少量关于纵向补偿金在流域单元内政府间的分配。

4.6.1.1　退耕还林补偿金分配方法

郭慧敏等 (2015) 基于退耕还林区农户的利益，以各区县农户的机会成本和生态服务价值作权重，提出区域空间生态补偿额分配方法，为解决生态补偿“一刀切”的难题提供了比较合理可行的补偿方法。主要做法如下：

根据不同指标进行分配的定性和定量分析。在分配的定性分析过程中，充分考虑经济和操作可行性，以一系列定性因素作为约束条件。在定量分析过程中，对影响生态补偿的重要因素——各县的机会成本和生态服务价值进行归一化处理，以此为权重，通过 GIS 技术构建的分配模型，对生态补偿资金分配结果进行区域运算和空间表达，并以聚类分析法把研究区域分为 5 个层次。以张家口市各县区退耕补偿额总量 3.212 亿元为目标，以张家口市各县区为分配主体进行分配。结果表明：退耕补偿总量最高的是涿鹿县，补偿总量最低的是张家口市。单位面积退耕补偿量最高的是下花园区，最低的是沽源县。

4.6.1.2　水源地生态补偿金分配方法

王国逵 (2022) 从社会经济、生态环境条件及贡献度层面建立生态补偿金分配指标集，采用熵权-层次分析模型，构建了生态补偿金分配模型，以白石水库为研究对象，结合层次分析模型对其水源地生态补偿金进行评估。研究成果可为水源地上游不同区域单元生态补偿金合理、科学分配提供技术支撑。

(1) 生态补偿金分配指标集。按照生态补偿金的用途建立生态补偿金的分配指标集，分为准则层和指标层，见表4.1。

表4.1 生态补偿金分配指标集

准则层	指标层	单位	含义
生态环境资源禀赋	人均水资源量	m^3/人	水资源量/总人口
	森林覆盖率	%	林地面积/区域面积
	集水区内面积	km^2	地区内集水面积
	水源地一级保护区内面积	km^2	水源地一级保护区内面积
	水源地二级保护区内面积	km^2	水源地二级保护区内面积
	水源地准保护区内面积	km^2	地区准保护区内面积
社会经济状况	人均GDP	万元	地区GDP/总人口
	人均农民纯收入	万元	区域农民生活平均水平
	规模以上工业增加值	亿元	反映地区工业水平
生态环境贡献度	环保治理总投入	万元	反映地区环保重视程度
	生态环境建设保护成本	万元	生态环境建设成本之和
	氨氮年削减量	t	用氨氮削减情况 反映水源区水质治理程度
	污水处理厂集中处理率	%	反映污水治理程度
	环保教育普及程度	—	对宣传教育的重视程度， 为5个等级4分最高，无宣传为0

1）准则层生态环境资源禀赋，主要是考虑区域水源地生态环境保护功能、水源地生态保护资源存量以及面积等因素。该准则层细化的指标分别为人均水资源量、森林覆盖率、集水区内面积、水源地一级及二级保护区内面积、准保护区内面积等6个指标。

2）准则层的社会经济状况指标，细化为人均GDP、人均农民纯收入、规模以上工业增加值等3个指标，是生态补偿金分配的逆向指标，即社会经济状况越好的地区其生态补偿金分配额度越小。

3）生态环境保护投入、水源地修复属于生态环境贡献度层级，其准则层中各细化指标对于生态补偿金分配而言，均为正向指标。

（2）分配案例。以辽宁省白石水库为例，水源地生态补偿总额为7910.2万元，按照建立的生态补偿金分配指标体系及补偿分配金计算方法，对各市生态补偿金分配金额进行了计算，结果为：朝阳市分配金额最高，分配比例为39.51%，补偿金额为3125.6万元；葫芦岛市生态补偿金为2625.3万元，分配占比为33.19%；锦州市生态补偿金为2159.3万元，分配占比为27.30%。

从生态补偿金分配指标体系可看出，朝阳地区水源地保护面积最高，而锦州所占水源地保护面积最低，且锦州地区社会经济状况要好于朝阳市和葫芦岛市，因此其生态补偿金分配相对较低。朝阳市作为白石水库重要的水源地，其生态补偿资金比例也最高，朝阳市对于白石水库水源地水量和水质影响显著，其生态保护投入成本也相对较高，因此构建的生态补偿金分配模型计算比例和区域实际情况吻合度较高，客观性强。

4.6.2 北京市生态补偿分配及使用创新方法研究

国内对于生态补偿金的分配主要集中在纵向补偿金分配。对于水生态横向补偿，一般认为只要撮合完成了补偿双方的交易，补偿金的分配和使用就已经自动完成，因此横向补偿金的分配研究属于空白领域。

4.6.2.1 创新水生态补偿金分配机制的必要性

在水生态补偿实践中，补偿金的受偿者和付费者如果是基于水生态补偿相关者角色和利益格局不变的情况下，补偿金的分配是自动完成的，即付费者将补偿金支付给受偿者，一方面，受偿者为保护生态而付出的成本，以及因水生态被破坏遭受的损害得到了赔偿，付费者也为自己享受水生态产品或损害水生态付出了相应的代价。另一方面，在现有分配机制下，受偿者继续享受保护水生态或提供水生态产品服务的受益，或忍受水生态破坏的恶果，付费者继续为自己享受水生态产品付费，或为损害水生态而赔偿。这种分配方式导致的格局并非最优。

实际上，受偿者有时并不愿意提供水生态产品，如跨区污水处理服务，更不愿意忍受水生态破坏的恶果，如水污染，希望反过来将补偿金分配给赔偿者治理水污染，从而享受更优更美的水环境。接受水生态产品服务的付费者也可能希望自给自足，如跨区处理污水，比如有些区就希望本区处理污水，而不是排入区外缴纳补偿金。作为利益协调者的上级政府，更希望将补偿金用于治理对水生态的损害，从而整体提高区域的水生态健康水平，从而让所有的区都享受到更多更好的水生态服务，增进人民福祉。因此，建立基于提高水生态整体健康水平的水生态补偿机制是十分必要的。

4.6.2.2 基于生态价值提升偏好的北京市水生态补偿金分配方法

（1）水生态产品类补偿金分配。水生态产品类补偿金分配，如水资源战略储备、生产生活用水、生态补水、污水跨区处理等补偿指标缴纳的补偿金，本着水生态产品价值实现的原则，由使用者付费，支付给水生态产品和服务的提供者。

（2）水生态损害赔偿类补偿金分配。水生态损害赔偿类补偿金分配，如洪峰流量控制、生产生活用水总量控制、地下水位控制、有水河长、阻断设施拆除任务、阻断流动性、密云水库上游入库总氮总量、污水治理项目建设、溢流污染调蓄、再生水配置利用、生境和生物考核缴纳的补偿金，本着治理损害、提高水生态整体健康水平的原则，将大部分补偿金分配给补偿金缴纳者，其余部分分配给原受偿者。

（3）上下游对赌类指标补偿金分配。上下游对赌类指标补偿金分配，如跨界断面水质、水量、泥沙等，可按照协议要求，上下游实行双向补偿。

（4）补偿金内部分配。水源涵养区内涉及多个行政单元，如密云水库水源涵养及战略储备补偿，涉及延庆、怀柔和密云三个区，需要将总体获得的补偿金在行政单元内进行分配。主要方法如下：

1）为提高补偿金使用效益，按系统治理、精准保护的要求由专门机构根据流域保护规划，将补偿金集中统筹使用，按项目分解到各区。

2）设定分配指标体系，构建分配模型，按模型进行评价分析，核算分配结果。方法可参考4.6.1.2小节“水源地生态补偿金分配方法”。

4.6.2.3 北京市水生态补偿金使用方法

补偿金按照“专款专用”的原则进行使用。

（1）洪峰流量补偿金使用范围包括海绵城市建设与设施运行，蓄滞洪区建设与运行、洪涝治理等。

（2）生产生活用水及战略储备类补偿金主要用于支持密云水库等水源地一级水源保护区人口有序疏解，以及保水贡献区域内以下几方面事项：

1）水库一级水源保护区土地流转。

2）水环境治理、水生态保护修复、水土保持、污水处理及再生水利用设施运行维护。

3）统筹开展流域水生态保护调查评价、规划设计、监测、体检评估等相关基础性工作。

4）北京市委、市政府批准的其他事项。

（3）用水总量控制及地下水管控补偿金主要用于节水、地下水源置换等相关工作。

（4）水流类补偿金使用。生态补水、有水河长、未完成年度阻断设施拆除任务、阻断流动性考核缴纳的补偿金应用于水源（含再生水）购买、水流阻断设施拆除、水资源输配（含再生水输配）以及水生态保护修复等工作。

（5）水环境类补偿金使用。跨区断面污染物浓度考核缴纳的补偿金应用于饮用水水源地生态环境保护、劣Ⅴ类水体治理、入河排污口清理整治、水生态保护修复以及相关监测设施的建设与运行维护等工作。

密云水库上游入库总氮总量考核缴纳的补偿金，全部用于密云水库上游流域总氮治理工作。

污水治理项目建设、污水跨区处理、溢流污染调蓄、再生水配置利用考核缴纳的补偿金应用于水源（含再生水）购买、水资源输配（含再生水输配）、污水收集处理和污泥处置、溢流污染调蓄等设施的建设与运行维护以及水生态保护修复等工作。

（6）水生态类补偿金使用。生境和生物考核缴纳的补偿金应用于水源（含再生水）购买、水资源输配（含再生水输配）以及水生态保护修复等工作。

（7）补偿金市级统筹部分由市政府综合考虑水源保护、水源（含再生水）购买、水资源输配（含再生水输配）、水环境治理以及水生态保护修复年度重点区域、重点工作等情况在全市确定支持方向。

4.6.2.4　北京市水生态补偿金使用监管

北京市规定：各类补偿金既是对水生态环境损害的补偿，也是水环境治理和水生态保护修复的专项资金，不得以任何理由和方式截留、挤占、挪用。补偿金使用单位应建立专项档案，记录项目实施及补偿金使用情况。各区财政部门会同区水务、生态环境部门应将本区补偿金年度使用情况报送市财政、水务、生态环境部门。市有关部门要定期对各区补偿金管理使用和项目实施情况进行监督检查；对违反规定的，在下年度分配补偿金时扣除。对情节严重的，由有关部门依规依纪依法追究相关单位和人员责任。

第5章　水生态保护补偿目标与指标研究

目标和行为方式是人的选择，自然只给出答案。人的选择则表现为基于目标的水生态系统调整。

确定水生态保护补偿目标与指标是构建水生态补偿制度的重要环节。目标与指标都是分层分级的。首先是确定水生态系统保护的总目标，然后根据水生态系统内在规律找出影响生态系统的关键因子，构建水生态系统质量评价指标体系，再将总目标分解落实到各项指标，形成分指标的考核目标值，并作为核算补偿金的依据。实践中，由于达成目标的时间成本、经济成本、技术成本、制度成本不断变化，总目标和分指标目标的达成是一个随时间变化的过程，需要与经济社会发展的需求过程协调一致。因此，目标值与指标的决策模型矩阵在理论上可以通过水系统模型进行优化。实际操作过程中，也可以凭经验找到现阶段的近似最优解。

5.1　水生态系统调控机理探讨

正确认识水生态系统演变的内在规律，是科学制定水生态补偿考核指标体系和考核目标值的前提。水生态系统演变的机理包括：①内在机理，即以水循环为纽带，基于物理、化学和生化科学规律的水生态系统运动机理；②外在驱动力，即水生态系统演变的驱动力，包括气候、地理等自然条件，以及人类活动干扰的人文过程，其中人类活动在水生态系统的演变过程中甚至发挥了主导作用。

水生态系统以水循环为纽带，遵循物理过程、生物与生物地球化学过程的科学规律，以气候、地理及人文过程等要素为演变驱动力，由物理过程、生物与生物地球化学过程和人文过程三大过程相互作用，共同促进水生态系统的演变形成。由于高强度人类活动和气候变化的双重影响，北京市流域水循环已不是纯自然的水循环过程，而是一个与水循环伴随的，与土地利用改变、水资源调度及其配置等人类活动紧密联系的生物地球化学过程，北京市水生态系统已相应演变成强人工干预的水生态系统。

5.1.1　水循环机理

流域水循环过程包括以大气水-植物水-地表水-土壤水-地下水“五水”转

化的垂直交换及水平传输的流域汇流过程，是水生态系统演变中各种物质、能量循环的主要驱动力和载体，在特定时空尺度上为生物生境过程的物质平衡提供了基础。

5.1.1.1　水循环及成因

地球表面各种形式的水体是不断地相互转化的，水以气态、液态和固态的形式在陆地、海洋和大气间不断循环的过程就是水循环。地球表面的水通过形态转化和在地表及其邻近空间（对流层和地下浅层）迁移。水循环还可以分为海陆间循环、陆上内循环和海上内循环 3 种形式。

形成水循环的外因是太阳辐射和重力作用，其为水循环提供了水的物理状态变化和运动能量；形成水循环的内因是水在通常环境条件下气态、液态、固态三种形态相互转化的特性。

5.1.1.2　水循环过程

降水、蒸发和径流是水循环过程的 3 个最重要环节，这 3 个环节构成的水循环决定着全球的水量平衡，也决定着一个地区的水资源总量。

5.1.1.3　水循环的作用

水循环的主要作用表现在以下 3 个方面：

（1）水作为水生态系统中所有营养物质的介质，将营养物质的循环和水循环不可分割地联系在一起。

（2）水对物质是一种很好的溶剂，在生态系统中起着能量传递和利用的作用。

（3）水是地质变化的动因之一，一个地方矿质元素的流失和另一个地方矿质元素的沉积往往要通过水循环来完成。

5.1.2　基于水循环的水生态系统循环

在流域空间内和一定的水循环条件下，水生态系统在物理、化学和生化自然规律的作用下，会依赖气候、土壤、地形地貌、植被等条件自发地演变形成某种特定的生态系统。

（1）生物系统的循环演变。植物的主要成分是碳水化合物，在一定的水循环条件下，生物系统包括陆生和水生生物通过碳循环机制维持其发展和稳定。

（2）生境系统的演变。包括植物生长、土壤碳氮循环、土壤侵蚀和河流造床等陆面和水域生态系统演变过程。

5.1.2.1　生物系统的循环演变

地球生命是碳基生命，碳循环机理是生物系统演变遵循的主要规律。

碳循环是指碳元素在地球上的生物圈、岩石圈、水圈及大气圈中交换，并随地球的运动循环不止的现象。地球上最大的两个碳库是岩石圈和化石燃料，含碳量约占地球上碳总量的 99.9%。这两个库中的碳活动缓慢，实际上起着贮存库的作用。地球上还有大气圈库、水圈库和生物库三个碳库，这三个库中的碳在生物和无机环境之间迅速交换，容量小而活跃，实际上起着交换库的作用。

碳的生物循环包括了碳在动、植物及环境之间的迁移，主要是在垂向上生物和大气之间的循环，如图5.1所示。绿色植物从空气中获得二氧化碳，经过光合作用转化为葡萄糖，再综合成为植物体的碳化合物，经过食物链的传递，成为动物体的碳化合物。植物和动物的呼吸作用把摄入体内的一部分碳转化为二氧化碳释放入大气，另一部分则构成生物的机体或在机体内贮存。动、植物死后，残体中的碳通过微生物的分解作用也成为二氧化碳，最终排入大气。

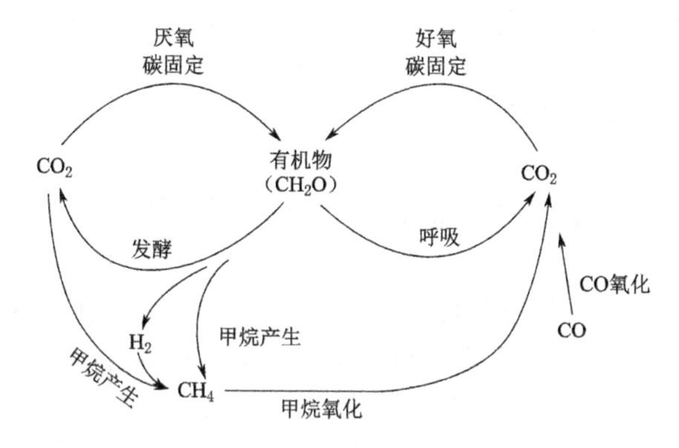

图5.1 碳的生物循环图

5.1.2.2 生境系统的演变

水在生境系统的演变中起主要作用。水是水生态系统的载体，同时也是塑造地形地貌最重要的动力，水在流动过程中，不仅能侵蚀地面，形成各种侵蚀地貌（如冲沟和河谷），而且把侵蚀的物质搬运后堆积起来，形成各种堆积地貌（如冲积平原）。另外，阳光、风以及生物、地质运动也对生境系统演变起到重要作用。

5.1.3 强人工干预水生态系统演变的驱动机制

水生态系统演变的驱动力包括自然因素和人类活动因素。

自然因素主要有气象条件（大气环流、风向、风速、温度、湿度等）和地理条件（地形、地质、土壤、植被等）。大气环流变化引起的降水时空分布、强度和总量的变化，雨带的迁移，气温、空气湿度、风速的变化，以及太阳辐射强度的变化直接影响土壤水的蒸发和径流的生成。受气候因素的制约，我国湿润气候区、半湿润气候区及干旱半干旱地区的陆地水循环有显著差异。

随着经济社会的发展，人类活动越来越强烈地影响着水循环和生化过程，从而对水生态系统的演变和调节过程产生重大影响。人类活动对水生态的影响反映在以下两个方面：

（1）人类的生产活动和社会经济发展使大气的化学成分发生变化。如 CO_2、CH_4、CFCs 等温室气体浓度的显著增加改变了地球大气系统辐射平衡，引起气温升高、全球性降水增加、蒸发加大、水循环加快及区域水循环变化，从而影响水生态系统。这种变化的时间尺度可达几十年到几百年。

（2）人类活动作用于流域的下垫面。如土地利用的变化、农田灌溉、农林垦殖、森林砍伐、城市化不透水层面积的扩大、水资源开发利用和生态环境变化等，引起陆地水循环变化，从而影响水生态系统。人类构筑水库，开凿运河、渠道、河网，以及大量开发利用地下水等，改变了水的原来径流路线，引起水的分布和水的运动状况的变化。农业的发展，森林的破坏，引起蒸发、径流、下渗等过程的变化。城市和工矿区的大气污染和热岛效应也可改变本地区的水循环和生态系统状况。

5.2　水生态补偿目标的研究制定

生态补偿的根本目标就是促进人与自然和谐共生。如果将人的行为概化为生产和生活活动，将自然状态概化为生态，“产业生态化、生态产业化”的相互融合促进，就是人与自然和谐共生的体现。一方面，产业生态化通过建立激励约束机制形成绿色的生产（生活）方式，减少对自然的扰动，为生态系统质量提高和价值提升创造前提条件；另一方面，生态产业化通过建立生态补偿机制，打通生态系统的生态价值实现的途径，以产业化方式提高生态系统质量和价值，促进生态产业的健康发展，让生态系统为人们提供更多更好的产品和服务。二者相互融合，相互促进，形成正反馈的良性循环，即为和谐共生。

5.2.1　人与自然和谐共生理念的内涵

5.2.1.1　人与自然和谐共生发展理念的提出

2013 年 5 月，习近平总书记在十八届中央政治局第六次集体学习时的讲话中提出：“生态文明是工业文明发展到一定阶段的产物，是实现人与自然和谐发展的新要求。”2015 年 10 月，党的十八届五中全会通过的《中共中央关于制定国民经济和社会发展第十三个五年规划的建议》中提出：“促进人与自然和谐共生。”

2020 年 10 月，党的第十九届五中全会提出，要推动绿色发展，促进人与自然和谐共生。坚持“绿水青山就是金山银山”理念，坚持尊重自然、顺应自然、保护自然，坚持节约优先、保护优先、自然恢复为主，守住自然生态安全边界。深入实施可持续发展战略，完善生态文明领域统筹协调机制，构建生态文明体系，促进经济社会发展全面绿色转型，建设人与自然和谐共生的现代化。要加快推动绿色低碳发展，持续改善环境质量，提升生态系统质量和稳定性，全面提高资源利用效率。

党的二十大报告强调，大自然是人类赖以生存发展的基本条件；尊重自然、顺应自然、保护自然，是全面建设社会主义现代化国家的内在要求；必须牢固树立和践行绿水青山就是金山银山的理念，站在人与自然和谐共生的高度谋划发展。

5.2.1.2 人与自然和谐共生发展理念的内涵

党的二十大提出了实现“人与自然和谐共生”五点要求，为我们开展水生态保护修复提供了根本遵循，为构建水生态补偿机制提供了指南。

（1）推动产业生态化。坚持不懈推动绿色低碳发展，建立健全绿色低碳循环发展经济体系，实现碳达峰、碳中和，需要实现减污降碳协同增效，重点调整建设低碳的产业结构，建立一套符合绿色低碳发展的生态化生产方式。

（2）推动生态产业化。从为人民提供更多更好生态服务产品和价值的角度，深入打好污染防治攻坚战，不断增进人民福祉。精准治污、科学治污、依法治污助力化解生态风险，不断满足人民群众对良好生态环境的向往。持续打好蓝天、碧水、净土保卫战、统筹水生态治理，推进土壤污染防治，增加人民的生态环境获得感、生态环境幸福感、生态环境安全感。

（3）和谐共生本质是系统性。提升生态系统质量和稳定性，就要坚持山水林田湖是生命共同体的系统方法论，生态是统一的自然系统，是各种自然要素相互依存而实现循环的统一链条。

（4）和谐共生事关全球。全球生态环境日趋恶化，环境治理面临严峻考验，成为制约人类文明发展的普遍难题。积极推动全球可持续发展，发挥引领作用，携手全人类共谋“人与自然和谐共生”。

（5）制度建设是沟通“人与自然”的桥梁，促进“人与自然和谐共生”的保障。提高生态环境领域国家治理体系和治理能力现代化水平，需要完善生态文明制度体系。最重要的是要把生态文明相关指标纳入经济社会发展评价体系，建立健全资源生态环境管理制度、责任追究制度等系统完备的生态文明制度体系。

5.2.1.3 人与自然和谐共生是中国式现代化的内在要求

党的二十大报告指出：“中国式现代化是人与自然和谐共生的现代化。”大自然是人类赖以生存发展的基本条件，尊重自然、顺应自然、保护自然，促进人与自然和谐共生是全面建设社会主义现代化国家的内在要求。迈上全面建设社会主义现代化国家新征程，必须站在人与自然和谐共生的高度推动生态文明发展。

1. 人与自然和谐共生是缓解全球生态危机的迫切需要

纵观人类文明发展史，在现代科技的加持下，生态系统被无限切割为工业化大生产所需的生产要素，人类对自然的攫取和破坏速度已经远超过生态系统的自净能力，生态系统整体性遭到破坏，人与自然矛盾激化，新陈代谢断裂显现并加剧，致使生态危机不断深化。

气候变化、环境污染与生物多样性丧失是当前人类面临的三大环境问题。联合国政府间气候变化专门委员会（IPCC）发布的评估报告已向人类发出红色警告，全球气温将会在 2030 年上升超过 1.5℃。全球温升一旦突破 1.5℃阈值，会触发多个气候风险临界点。《柳叶刀》的一份研究报告显示，全球每年约有 900 万人死于环境污染，相当于全球死亡人数的 1/6。联合国环境规划署的研究报告显示，世界上估计有 800 万种动植物，其中有 100 万种濒临灭绝。在过去 50 年里，野生脊椎动物的数量平均减少了 68%，许多野生昆虫物种的数量减少了一半以上。

大自然是人类赖以生存发展的基本条件，但在资本逻辑大行其道的认知框架下，生态系统对人类生存繁衍的重要价值易被忽视。自然被看作取之不竭的宝库，被无休止地攫取，人类美好的生活环境遭到破坏，甚至达到了不可修复的程度，间接或直接地制约社会整体福祉的提升。

生态环境没有替代品，对于社会发展而言，良好的生态环境是“1”，其他都是后面的“0”。生态危机并非无法扭转的自然规律，而是人与自然关系在认知与实践上异化的表现，人类是造成生态危机的罪魁祸首，也能够在应对生态危机方面掌握一定主动权。未来，必须在认识与实践层面处理好人与自然的关系，将生态环境保护转变为自觉行动，实现“人类与自然的和解”。

2. 人与自然和谐共生是中国式现代化的本质要求

进入新时代，我国社会主要矛盾已经转化为人民日益增长的美好生活需要和不平衡不充分的发展之间的矛盾。人民日益增长的美好生活需要也在呼唤更加美好的生态环境和更加和谐的生活方式。人与自然和谐共生是化解我国新时代社会主要矛盾的有效方略，是新时代发展要求的重要体现。

此外，这一理念也蕴含了生态文明建设的新认识和新实践。为实现人与自然和谐共生，我国生态文明建设迈入新的阶段，要围绕建设美丽中国这一目标，以制度建设为抓手，加快建立生态文明制度体系，形成绿色生产方式和生活方式，把人与自然和谐共生融入经济、社会、自然的方方面面，成为我们自觉的行为方式和思维方式。

3. 人与自然和谐共生是绿色发展的根本遵循

实现中华民族伟大复兴离不开发展。但是，我们必须要清醒地认识到，这种发展必须是可持续发展，必须是贯彻“创新、协调、绿色、开放、共享”理念的发展，我们所要建设的现代化也是人与自然和谐共生的现代化。

从理论上讲，生态环境具有自我修复和净化的能力，资源也在进行自我更新和再生，况且也可以通过技术手段用可再生资源逐步代替不可再生资源。所以，经济发展和环境保护之间并不存在根本性的、不可化解的矛盾。经济发展活动造成生态环境的破坏，是因为经济发展超出了生态自我修复能力的阈值，或者是人类在经济发展过程中忽略了环境因素。

由此可见，经济发展与环境保护的关系，溯其根源，就是人与自然的关系。处理好经济发展与环境保护的关系，关键就在于处理好人与自然的关系。

因此，处理经济发展与环境保护的关系要以人与自然和谐共生为根本遵循，在发展中谋保护，在保护中促发展。一方面，要杜绝破坏环境的行为、淘汰污染环境的企业；另一方面，要支持低碳技术、循环技术的研发，扶持绿色产业、节能产业的发展。树立保护生态环境就是保护生产力的意识、改善生态环境就是发展生产力的理念。“绿水青山就是金山银山”是新时代协调经济发展与保护环境关系、实现人与自然和谐共生的根本遵循。

4. 人与自然和谐共生是形成绿色生产方式和生活方式，实现美丽中国的根本引领

建设美丽中国必须坚持节约优先、保护优先、自然恢复为主的方针，形成节约资源和保护环境的空间格局、产业结构、生产方式、生活方式，还自然以宁静、和谐、美丽。绿色生产方式是一种科技含量高、环境污染少、资源利用率高的新型生产方式，可带动绿色产业的快速发展，形成一种新的经济社会增长点。

生产方式具有物质生产方式和社会生产方式的双重意义，绿色生产方式相对于以往的生产方式也将具有双重意义。

在物质生产方式方面，相对于传统的生产方式，绿色生产方式将循环、低碳的思想引入物质生产的全过程以及产品生命的全周期，使其在整个生命周期内做到对环境影响最小化、资源消耗最低化；在社会生产方式方面，绿色生产方式将生产关系由单纯的社会关系加入其与自然的关系，从单纯考量人类自身的生产发展到考量人与自然的全面发展。绿色生产方式是一种人与自然和谐共生的、可持续的生产方式，是一种积极的生产方式，是一种惠民的生产方式。

绿色生活方式指通过倡导使用绿色产品、参与绿色志愿服务，引导民众树立绿色、低碳、环保、共享的理念，进而使人们自觉养成绿色消费、绿色出行、绿色居住的健康生活方式，让人们在充分享受绿色发展所带来的便利和舒适的同时，履行好应尽的可持续发展责任，以期在全社会形成一种自然、健康的生活方式。

绿色生产方式和绿色生活方式是密切联系、相辅相成的。绿色生产方式是

绿色生活方式的前提和基础，只有生产出绿色的产品，人们才有可能实现绿色消费、绿色出行；绿色生活方式的需求又反作用于绿色生产方式，为绿色生产提供新的发展动力。二者相互促进，是建设美丽中国的重要方式。因此，形成绿色生产方式和绿色生活方式，实现美丽中国，必须以人与自然和谐共生作为根本引领。

人与自然和谐共生是生态文明及水生态保护修复的终极目标。

5.2.1.4 人与自然和谐共生是实施水生态补偿的根本遵循

人与自然和谐共生的内涵是指人与自然生态的相互依存、相互促进、共处共融，既追求人与生态的和谐，也追求人与人的和谐，而且人与人的和谐是人与自然和谐的前提。

人与自然和谐共生以增进人民福祉为前提，坚持人民至上、生命至上，把不断满足人民对美好生活的向往作为根本目标，通过水生态补偿的激励作用，引导人们优化生态系统空间布局，约束人的行为，形成绿色生产生活方式，通过人工正向干预给自然以空间和演变活力，提升水生态系统整体质量和稳定性，打造更美好的生态，创造更高的生态价值，实现和谐共生。

5.2.2 北京市水生态补偿目标选择

生态保护修复是在一定区域范围内，为提升生态系统自我恢复能力，增强生态系统多样性、稳定性、持续性，促进自然生态系统质量的整体改善和生态产品供给能力的全面增强，遵循自然生态系统演替规律和内在机理，对退化、受损、服务功能下降的生态系统进行恢复、重建和改善的工程建设和相关活动。水生态保护修复是促进生态文明建设的重要内容，目的是从水生态的角度促进人与自然和谐共生。

“安全、洁净、生态、优美、为民”五大目标，是“人与自然和谐共生”在北京水务领域的实化细化。水生态补偿的目标应坚持人与自然和谐共生的理念，围绕水务高质量发展的五大目标，结合“产业生态化、生态产业化”实施途径研究制定。

5.2.2.1 基于人与自然和谐共生的水务发展目标

按照新时期推进生态文明建设和水生态保护修复的要求，北京市将人与自然和谐共生理念落实到水务高质量发展的目标中，提出了“安全、洁净、生态、优美、为民”的治水五大目标，确立了北京市水生态补偿总目标，其具体涵义如下：

(1) 安全，就是要全力保障防洪排涝安全、水源安全、水环境安全、水生态安全，实现“安全发展”。

(2) 洁净、生态、优美，就是要实现水源（供水）、河湖水质洁净达标，着力打造健康的水生态，以及优美的水务工程、管理设施和水系景观，实现功能性与艺术性的统一。

(3) 为民，就是坚持把以人民为中心作为水务一切工作的出发点和落脚点，着力解决群众身边的水问题，不断满足人民群众对水务工作的新要求和新期盼，实现“水惠民生”。

五大目标是有机联系的统一整体。其中，安全是基础和前提，为民是根本宗旨和价值取向，洁净、生态、优美是重点主攻方向和追求目标。五大目标将为民作为根本宗旨，将人民对水生态系统安全、洁净、生态、优美的期盼作为工作的重点主攻方向，着力打造与北京市自然禀赋和社会绿色发展相适宜，安全、洁净、生态、优美的水生态系统，在处理人与自然关系时体现了以人为本、尊重自然、保护自然、人与自然和谐共生的理念，是人水和谐共生理念在水务领域的具体化。

5.2.2.2 北京市水生态补偿目标集

将水务发展五大目标分解为洪涝防御安全、水源安全、用水安全、水环境安全和水生态安全目标集，形成北京市水生态补偿的一级目标集。

(1) 促进实现洪涝防御安全目标。着眼应对极端降雨天气，牢牢守住水旱灾害防御安全底线，以流域为单元，提升流域整体防御能力，保障人民生命财产安全。全市构建“上蓄、中疏、下排、有效蓄滞”的防洪排涝体系，中心城建成“西蓄、东排、南北分洪”的防洪格局，城市副中心建成“通州堰”防洪工程体系，应对超标洪水、水库度汛、山洪灾害、城市内涝四大风险防御经，实现安全度汛。

(2) 促进实现水源安全目标。通过建立健全水源保障韧性体系，使得北京市水源地水质全部达到国家规定的饮用水水质标准，末端用水达到国家和北京市生活饮用水标准。建立水资源战略储备制度，形成多元互济的水源保障体系，保障水源安全。

(3) 促进实现用水安全目标。通过建立健全全市用水总量管控责任体系、指标体系和制度体系，各区用水总量得到有效控制，重点行业用水效率和效益显著提升，到 2025 年，北京市年用水总量严格控制在 30 亿 m^3 以内。

(4) 促进实现水环境安全目标。以持续提升首都水环境质量和水生态健康水平为目标，以城市溢流污染控制、面源污染防治和再生水扩大利用为重点，强化源头治理、系统治理，补强城市污水治理弱项，补齐农村污水治理短板。到 2025 年，实现城乡污水收集处理设施基本全覆盖，全市污水处理率达到 98%，城镇地区污水收集处理能力得到进一步加强，农村地区生活污水得到全面有效治理，溢流污染治理取得明显成效，劣Ⅴ类水体全面消除，再生水利用量大幅提高，污泥资源化利用水平显著提升（本地资源化利用率达到 20%以上），首都水环境问题得到根治，水生态健康水平稳步提升。

(5) 促进实现水生态安全目标。立足北京自然资源禀赋、山水格局和发展阶段，遵循水的自然循环和社会循环规律，从生态整体性和流域系统性出发，以水系为脉络，以流域为单元，加强规划引领、系统修复、空间管控和机制创新，科学系统推进水生态保护修复，不断提升水生态系统质量和稳定性，不断提升人民群众的获得感、幸福感、安全感。到 2035 年，良好的水生态公共服务能力基本满足人民群众需求，河湖水系生态系统生物多样性保护水平明显提高，河湖健康状况持续改善，水生态系统质量和稳定性大幅提升，水生态保护共建共治共享的社会治理格局全面建立。

5.3　基于水生态补偿目标的调控措施

水生态系统调控是一种通过人类干预以实现水生态系统健康、稳定和可持续发展的过程。水生态系统调控目标的确定，要以促进首都高质量发展为总体要求，以促进水环境改善转变为促进水生态系统健康为目标，聚焦影响水生态系统健康的关键因素和突出问题，涵盖实现水体流动、实现水环境洁净、实现水生态健康的目标。

(1) 实现水体流动的目标。主要通过满足生态流量、维持合理的水量分配等方式确保水体有充足的水源，使水体的流动尽可能保持自然状态，满足生态系统对水的需求，确保水生生物栖息地的稳定和生态系统的完整性；同时还需要保持水体的连通性，通过保护和恢复河道地形和结构、保持水体连通性和减少水利工程设施、取用水等人类活动，减轻其对水体流动和水生态健康的负面影响。重点考虑通过有水河长和阻断流动性考核，保障生态水流，增加河流连通性。

(2) 实现水环境洁净的目标。在水生态健康的背景下，水环境洁净有助于维护水生态系统的平衡，保护水生生物多样性，维护生态系统的稳定性和恢复力；有利于通过保护和改善水环境质量，支持水资源的可持续利用，为经济和社会发展提供良好的生态条件；有利于保证水环境洁净，减少水污染对人体健康的影响，降低疾病传播风险，提高人类生活质量。重点考虑对原有水环境区域补偿相关考核指标予以继承和完善，主要是加大对劣Ⅴ类水体考核力度，增加好水受偿、溢流污染和再生水配置利用考核，以进一步促进水体流动与洁净；在密云水库上游增加入库总氮考核指标，促进消除密云水库总氮污染风险。

(3) 实现水生态健康的目标。生物多样性和水生态健康评价作为水生态健康的重要目标之一，是维护和恢复水生生物多样性、保护各种水生生物种群的数量和种类、维护生态系统的平衡和稳定的必要条件。生物多样性丰富的生态系统往往更加稳定，能够更好地应对环境变化。多样性丰富的生态系统中，物种之间的互补作用和功能冗余能够提高生态系统对干扰的抵抗力。北京市地方标准《北京市水生态健康评价技术规范》是北京市专门针对水生态健康评价出台的水生态健康评价标准，具有重要的指导作用。该标准对生境指标、理化指标和生物指标进行评价，为评估水生态健康状况提供科学依据，评价结果可为开展水生态治理及修复工作提供更为全面、直观的参考依据。

5.3.1 洪涝灾害调控

5.3.1.1 北京市洪涝灾害防御体系现状与目标

北京市初步形成了由水库、河道堤防、蓄滞洪（涝）区等工程构建的“上蓄、中疏、下排、有效滞蓄利用雨洪”的防洪排涝工程体系。全市现有水库85座，总库容93.75亿m^3，水闸1086座；经过多年治理全市堤防基本达到设计标准，其中永定河、北运河、潮白河干流河道现状防洪标准达到20年一遇～100年一遇，泃河和拒马河治理标准为10年一遇～50年一遇；现有12处蓄滞洪（涝）区，主要分泄、蓄滞永定河及北运河流域洪涝水；已建成各类雨水利用工程2683处，有效提升了蓄积利用雨水的能力。

洪涝灾害调控的目标是逐步建立“源头削减、管网输送、蓄洪削峰、超标应急”的工程体系和高效能智慧管理体系，进一步完善城市排水防涝建设运行管理和应急处置体制机制，及时有效排除超标准降雨积水。洪涝灾害调控的主要任务包括提高雨水收集、输送和抽升能力，提高区域排水能力，提高雨水蓄滞和河道行洪能力，提高综合管控能力，提高运行管理能力，提高预警、调度和应急处置能力等，着力解决中心城区、城市副中心和其他新城的行洪和内涝积水问题。

5.3.1.2 洪涝灾害调控措施

（1）从河道着手，提高河道行洪能力和防洪标准。主要措施包括持续加强永定河、北运河、潮白河等重要行洪河道堤防达标、险工除险加固、清淤清障等综合治理，建设完善通州堰分洪工程体系，做好水库安全鉴定、除险加固、降等销号等安全管理。目前，北京市提高河道行洪能力和防洪标准潜力不大，且成本较高。

（2）从汇水面着手，通过规范蓄滞洪区建设与运用管理，开展海绵城市建设，提高防洪安全水平。在市集水面通过对流域、单元、管网、排水口等进行系统分析，采取“源头削减、管网输送、蓄洪削峰、超标应急”等调控措施防治内涝积水。到2025年，中心城区、城市副中心重点道路达到小时降雨65mm不发生积水，中心城区其他道路及新城重点道路达到小时降雨54mm不发生积水。

5.3.2　水资源战略储备调控

5.3.2.1　建立水资源战略储备的必要性

北京地区水资源自然禀赋不足，历史上曾多次出现水资源短缺局面，甚至因严重地质灾害（破坏性地震等）一度造成水资源危机。这些自然领域的影响是水资源风险的最大“灰犀牛”。

水是首都发展的命脉和基石，水资源安全是首都安全最重要的本底和支撑。强化水资源战略保障、中长期储备和风险应急功能，对北京而言具有特殊重要的意义。

2020 年 8 月 30 日习近平总书记在给建设和守护密云水库乡亲们的回信中指出，密云水库作为北京重要的地表饮用水水源地、水资源战略储备基地，已成为无价之宝。2021 年 12 月 1 日国务院颁布的《地下水管理条例》规定：国家建立地下水储备制度，除特殊干旱年份以及发生重大突发事件外，不得动用地下水储备。市委市政府认真落实习近平总书记重要指示及国家部署，在北京城市总体规划、北京市“十四五”规划中，都对强化水资源战略储备，建立完善多元供给、统筹平衡、储备充分的水资源保障体系提出具体要求。

5.3.2.2　水资源战略储备目标

据测算，全市近期储备能力可力争达到 50 亿 m^3 左右，其中市级水资源储备应达到 40 亿 m^3 左右。远期应力争达到 90 亿 m^3 左右，市级水资源储备达到 70 亿 m^3 左右。

5.3.2.3　主要调控措施

市级水资源储备以现有密云水库地表水储备区和密怀顺等 5 个地下水储备区规范化建设为重点，推动尽快恢复官厅水库饮用水战略储备功能，初步建立体系完整、功能完备，储备规范、管理严格，运行高效、安全可靠的水资源战略储备体系。

5.3.3　生产生活用水总量管控

5.3.3.1　必要性

落实《北京城市总体规划（2016—2035 年）》，深入落实“以水定城、以水定地、以水定人、以水定产”原则要求，持续强化水的服务保障和约束引导作用，坚持把节水作为首都水安全保障的根本出路，把最严格用水管控贯穿于经济社会发展和生态文明建设全过程，进一步压紧压实节水用水责任，管住存量、严控增量，推进完善“水随人走、水随功能走”的水量动态调控机制，促进水与经济社会协调发展。坚持用水总量和用水强度管控与转变经济发展方式相结合，以用水方式更加节约集约高效推动经济增长转型升级，引导促进内涵式高质量发展。

5.3.3.2 管控目标

北京市“十四五”时期年用水总量上限不超过30亿m^3。

5.3.3.3 主要调控措施

（1）节水优先、量水发展。严格管控、分类施策。针对区域发展功能定位和不同行业用水需求，统筹考虑区域产业布局、用水结构和水平，制定科学合理的用水总量用水年度计划管控措施，坚决抑制不合理用水需求，分类推进各区、各行业用水管控重点任务落实。

（2）进一步加强各区用水总量管控。北京市“十四五”时期年用水总量上限为30亿m^3。除预留一定水量作为中央及本市重大项目、重点功能区建设的保障水量外，根据城市发展规划确定各区“十四五”时期用水总量上限。各区结合本区用水实际情况，将用水总量进一步分解下达至街道（乡镇），并细化落实管控措施。用水总量确定后，原则上不得调整，因城乡发展战略、区域重大功能以及人口政策等出现较大变动，确需调整的，按照程序重新确定。

（3）进一步严格各区用水年度计划管理。核定各区生产生活用水年度计划，报市政府批准后下达各区。各区将用水年度计划分解下达至街道（乡镇）、村庄及非居民用水户，实行计划用水管理。

（4）建立各区用水总量预警监控制度。各区应将用水年度计划分解到季度，按季度实施预警管理。各区生产生活用水总量管控值见表5.1。

表5.1 北京市生产生活用水总量管控值 单位：万m^3

区域	各区用水总量上限值				
		2021年计划新水量	2025年再生水利用目标	机动水量	保障水量
合计	300000	265716	15000	13284	6000
预留水量	6000				6000
东城区	9600	8850	200	550	
西城区	12623	11489	300	834	
朝阳区	41754	35200	4493	2061	
丰台区	21900	18987	1900	1013	
石景山区	7633	6138	1200	295	
海淀区	33634	30618	1000	2016	
门头沟区	5032	4640	205	187	
房山区	23620	21500	1226	894	
通州区	24999	23600	466	933	

续表

区域	各区用水总量上限值				
		2021 年计划新水量	2025 年再生水利用目标	机动水量	保障水量
顺义区	21300	19900	503	897	
昌平区	24325	22415	839	1071	
大兴区	26454	25110	357	987	
怀柔区	7773	7400	87	286	
平谷区	11244	10835	83	326	
密云区	9309	8905	325	79	
延庆区	6289	5769	313	207	
开发区	6511	4360	1503	648	

5.3.4　地下水管控

5.3.4.1　地下水管控的思路和原则

（1）总体思路。强化水资源刚性约束，以地下水水位水量“双控”为抓手，以全社会全过程节水为基础，以地下水源置换和生态补水为核心，不欠新账、多还旧账，接续打好地下水超采治理攻坚战，提高地下水战略储备，探索修复标志性泉域，提升北京市水安全保障与生态文明建设水平。

（2）基本原则：

1）坚持问题导向、目标引领。聚焦地下水超采与历史欠账等问题，因地制宜，综合施策，实现地下水超采面积进一步缩减，平水年条件下地下水水位稳步回升，地下水储量逐年递增。

2）坚持节水优先、优化配置。持续推进水资源“取供用排”全社会、全过程节水，强化“外调水、本地地表水、地下水、再生水、雨洪水”五水联调、空间均衡。

3）坚持统筹兼顾、突出重点。以地下水超采区治理为重点，兼顾全市平原区地下水涵养修复与河湖生态环境复苏。

4）坚持依规治理、精细管控。严格落实《地下水管理条例》，完善取水户数据汇聚体系，健全机井管理台账，实施地下水分区、分层管理。

5）坚持常备不懈、生态发展。持续实施永定河、潮白河生态补水，推进地下水储备区建设，增强水安全保障能力。推进白浮泉、玉泉山等重点泉域地表水-地下水协同修复，助力生态文明提升。

5.3.4.2　管控目标

通过各项治理措施的实施，到 2025 年，在南水北调正常来水条件下，将地下水开采总量严格控制在17亿m^3以下，平水年压减地下水开采量0.2亿m^3，地下水超采区面积不增加，平原区地下水位上升1m，地下水储量增加5亿m^3。

5.3.4.3 主要调控措施

（1）实施地下水取水总量和水位控制。结合本市地下水可开采量、地表水水资源状况及国家下达的地下水开采总量控制指标，严格落实本区地下水取水总量和水位控制要求，严密监控地下水取水总量和水位变化，完善评价与考核机制，通过挖掘节水潜力减少取用地下水。

（2）推进地下水源置换。按照先外调水后本地水、先地表水后地下水的原则，加大对地下水源的置换力度。加快推进南水北调水、地表水、公共管网水等置换地下水严重超采区、禁止开采区范围内的地下水源，减少“三山五园”和白浮泉等重要区域地下水开采。地下水禁止开采区和严重超采区的农田实施雨养旱作，加快退出禁止开采区内机井。

（4）构建地表和地下联动、流域内和流域间调配的地下水储备区回补体系，规划13个回补区域，打造30条回补通道，加快恢复地下水资源战略储备。

5.3.5 生态水流管控

5.3.5.1 管控目标

通过水资源优化配置，加大再生水等非常规水源利用，提高有水河长比例，采取管控措施提高水体流动性。依据相关规划，北京市五大水系的干流及城市河湖生态恢复目标如下：

（1）泃河。以平谷新城段为重点，恢复水体连通和景观环境功能，全线水环境得到改善提升，东鹿角、英城大桥、东店3个水功能区考核断面的水质达标。

（2）潮白河。规划建成“水源安全、防洪安全、生态健康”三位一体绿色生态河流廊道，形成“自然修复、有机调节、健康成长”的河流生态系统，牛栏山橡胶坝以下全线形成水面加溪流景观，河道内及河岸带生境得到有效恢复，上下游河流生态通道基本贯通，河流生态功能进一步增强，水环境状况明显好转，向阳闸、苏庄、赶水坝3个水功能区考核断面的水质达标。

（3）北运河。以城市副中心为重点，构筑“水清景美、水绿相依、水陆互通、蕴含文化”的大运河文化带，率先实现北京段大运河旅游通航，河道水质明显好转，滨水空间实现景美岸绿，水生态环境得到显著提升，水质达到地表水水功能区划目标水质。

（4）永定河。规划恢复为“流动的河、绿色的河、清洁的河、安全的河”，山峡段以“重保护、低扰动、人与自然和谐共生的山区河流”为指导思想，形成一条以水源涵养、水源保护为主的山区百里画廊；平原南段生态治理以修复永定河生态廊道为重点，重塑林水相依的健康河道生态环境，构建河道湿地的空间布局，恢复河流的自然特性，提升河道的生态功能，为实现健康母亲河打下基础。

（5）拒马河。以“恢复拒马河湍急如初的水流，回归山清水秀、安详宁静的自然山水状态，还原大自然赐予的自然情趣”为目标，着力强化生态治水举措，实现拒马河流域“绿色、低碳、智能、健康”可持续发展。近期拒马河绿色空间增加到85%以上，基本形成水绿相间的绿色生态廊道；远期拒马河恢复河道自然水环境体系，保证河流中的珍贵鱼类能够健康生存，保证湿地系统生物多样性，绿色空间达到100%，形成天然、健康河流。

（6）城市河道。通过改善流域生态环境，恢复历史水系，提高滨水空间品质，将“蓝网”建设成为服务市民生活、展现城市历史与现代魅力的亮丽风景线，其中：中心城区消除丧失使用功能水体，水体水质达到水功能区划要求，形成中心城“三环水系”格局，主要河湖基本实现连通循环流动。城市副中心消除丧失使用功能水体，形成“三网、四带、多水面、多湿地”的水系格局，主要河道水质达到水功能区划要求。新城消除丧失使用功能水体，基本形成各具特色的各区区域水系连通格局，主要河道水质达到水功能区划要求。

5.3.5.2　主要调控措施

（1）持续开展重点区域生态补水。持续采用地表水、南水北调水、非常规水等水源，推进河湖生态补水常态化，扩大补水范围，逐步实现“有形态、有水量、有补给”目标。推动引黄工程向永定河生态补水常态化，根据官厅水库和永定河水情，适时争取进京水量指标，加大永定河生态补水量，力争官厅水库下泄补水2.8亿～3.2亿m^3，南水北调中线相机补水0.5亿～0.9亿m^3；在优先保障城市供水安全基础上，密云水库补水量视密云上游来水情况相机补水，南水北调中线相机补水0～0.5亿m^3。

（2）推进京密引水渠向沙河补水工程，实施密云向平谷引水连通工程、平谷区南北干渠修复及水系连通工程，增强补水水源配置能力。

5.3.6　水环境治理与保护管控

5.3.6.1　必要性

水环境质量提升与污染源管理，作为水生态系统调控关键要素之一，对水体健康维护、生物多样性保护、人类健康与福祉、资源可持续利用及生态系统服务维护具有重要意义。高质量的水环境有助于水生生物的生长繁衍和生态系统的稳定性及可持续发展，同时，改善水质对生物多样性保护具有重要作用。提升水环境质量和实施有效的污染源管理可以确保人们享有干净的饮用水和优美的水环境，促进人类健康和福祉。水环境质量的改善和污染源管理对维护生态系统健康，如洪水调节、净水和水生产业支持等方面都具有重要影响。在水生态系统调控策略中，水环境质量提升与污染源管理被视为关键要素。

5.3.6.2 主要调控措施

（1）加大污水处理力度。通过制定严格的污染物排放标准和限制排放量，加大污水处理力度，减少工业、农业和生活污水对水环境的影响。污染物排放控制是水环境质量提升的关键因素之一。首先，工业、农业和生活污水的排放可能导致水体中化学污染物的积累，如重金属、有机污染物和营养盐等。这些污染物对水生生物和生态系统造成不可逆的破坏，严重破坏生物多样性。其次，污水排放会引发水质恶化，导致水生态系统功能退化，如水体富营养化使得浮游植物、蓝藻等过度繁殖，不仅消耗过多的溶解氧，还可能产生有毒物质，进一步破坏水生生态平衡。此外，由于有毒物质在食物链中的生物放大作用，最终可能影响到人类的健康。

（2）加大再生水利用配置力度。再生水配置利用是水生态健康的关键因素之一，因为它有助于缓解水资源短缺，降低污染物排放，提高水资源利用效率，促进水生态系统自净能力的提升，推动科技创新与产业发展。通过将处理过的再生水应用于工业、农业和生活领域，可以减轻对水资源的需求，维护水生态系统的平衡与健康。同时，利用再生水可降低对自然水体的排放压力，改善水质，保护水生生物栖息地。再生水的合理配置与利用也有助于形成良性循环的水资源管理模式，提高水环境的自净能力。再生水利用和配置的主要措施如下：

1）完善再生水利用标准和法规，制定严格的再生水质量标准，规范再生水的生产、运输和使用过程。加强对再生水企业的监管，确保再生水产品质量稳定可靠。

2）扩大再生水利用领域，推广再生水在工业和生活用水等方面的应用，减轻地表和地下水资源的压力。开展公共绿地、城市景观水体、工程冷却、环保用水等领域的再生水利用试点，以积累经验和技术。

3）强化再生水基础设施建设，建设和完善再生水输配网络，确保再生水的高效供应，提高再生水的生产能力。鼓励小型、分布式再生水处理设施的建设和运营，提高再生水利用的灵活性和覆盖范围。

4）加强再生水利用的宣传和教育，加大对公众再生水利用知识的普及和宣传力度，提高社会各界对再生水利用的认可度和接受程度。组织专业培训和交流活动，提升再生水行业从业人员的技能水平。

（3）加强溢流污染治理。溢流污染是导致水生态系统恶化的重要原因之一。在雨季或降水较多时期，城市排水系统可能因为运行能力不足导致污水溢出，从而使大量未经处理的污水直接排放到水域中。这种现象会造成水质恶化，影响水生生物的生存环境，进而损害水生态系统的健康。溢流污染可能破坏水生态系统的生物多样性。溢流事件导致水体富营养化、有毒物质含量增加等，可能对水生生物的种群和分布产生不利影响，导致水生生物多样性下降，生物链结构受损，进而影响整个水生态系统的稳定和健康。为此，要改善雨水收集和处理系统，提高污水处理厂的抗洪能力，减少污水溢出现象，降低溢流污染对水环境的影响，具体措施如下：

1）建设和优化雨水管理设施，建立雨水收集和分流系统，通过设置雨水管网、调蓄池等设施，将雨水从污水系统分离出来，避免降雨过程中污水溢出。

2）改善城市排水系统，升级和扩展城市排水系统，增加排水管道的容量，确保雨水和污水在降雨过程中得到有效排放，降低溢流发生的风险。定期检查、维修和清洗排水管道，消除管道堵塞和破损，提高排水系统的运行效率。同时，利用现代化技术手段（如远程监测和智能调度）优化排水网络的运行和管理。

3）安装溢流监测设备，在易发生溢流的关键节点安装监测设备，实时监测溢流的发生，及时采取应急措施，减少溢流对水体的污染。结合物联网和大数据技术，建立实时溢流监测平台。将收集的溢流数据分析后与相关部门共享，确保迅速发现溢流问题并采取相应措施。定期对监测设备进行维护保养，确保数据的准确性和可靠性。

4）制定针对溢流污染的应急处理预案。发生溢流时迅速启动应急预案，采取紧急截流、吸附、清淤等措施，减轻污染影响。依据不同溢流污染情况，制定具体的应急处理预案。提前准备应急物资，如油封、吸油布、泵等，并组织专业应急队伍进行培训。与此同时，建立与邻近城市间的溢流污染治理协作机制，共同应对跨区域溢流污染事件。

5）通过湿地、生态河道、雨水花园等生态工程手段，提高对雨水的自然处理能力，减少溢流污染对水体的影响。开展湿地保护和恢复工程，提高湿地对雨水的净化和吸纳能力，从而减少溢流污染对水体的影响。在河道设计中，应充分考虑生态廊道、自然岸线等生态设计理念，实现人工河道与自然河道的有机结合，提高河道生态功能。

5.3.7 水生态优美管控

5.3.7.1 保障生态流量维护水体流动性

（1）保障最小生态流量。在水生态系统调控中，确保最小生态流量需求至关重要。应根据河流的实际状况、季节变化和流域需求来制定合理的生态流量方案，同时，通过水资源优化配置减少过度开发和人为干扰，增加生态补水，保障河流生态系统正常运行所需的基本流量和洪水过程。

（2）保持河流水体流动。连通性是指河流系统中各部分之间的相互联系和通道，包括纵向、横向和垂向的连接。保障河流网络结构的连通性有助于维持生态系统的健康与稳定，促进生物多样性，以及维护河流水文和水质功能。清除河道堵塞物是水生态系统调控方法的一个重要组成部分。

1）通过定期清除河道堵塞物，可以降低河流径流阻力，提高水体流动性，维护河道的连通性，从而确保河道的良好水文条件。

2）水利工程设施建设和运行要充分考虑对水流和生态的影响。对已经产生不良影响的阻断流动性设施，可采取拆除、生态改造等措施，如设置鱼道、降低堤防高度、保留滩涂等；优化水利工程布局和运行，以恢复河流生态功能和生物多样性，提升水生态系统的健康水平。

5.3.7.2 打造生态河道形态

（1）河湖岸线保护与修复。加强河湖岸线的规划和管理，维护河岸生态自然，避免过度开发。对受损的河湖岸线进行修复，增强其生态功能，如恢复原始植被，加强护岸结构等。推广绿色岸线建设（如生态护坡、渗透式铺装等），以降低水土流失和地表径流，提高水生态环境质量。

（2）打造有利于生态的河道形态：

1）拓宽河道可以增加河流的水体容量，提高水体的流动性和承载力，从而减轻洪水冲击，降低河流水位波动对水生生物栖息地的影响。

2）调整河流曲线，使其更接近自然状况，有助于减缓水流速度，减轻对河床和河岸的侵蚀作用。

3）恢复河床地貌，包括河床深浅变化、河道宽窄曲直的多样性，可以增加水生生物栖息地的丰富度，维护水生生物多样性。

5.3.7.3 维护生物多样性

生物多样性对水生态系统的稳定性具有关键作用。一个具有多样性的生物群落能够更好地应对环境变化和外来干扰，增强生态系统的抗扰动能力。生物多样性保证了生态系统在面对自然或人为干扰时，能够快速恢复其功能。对受损的河湖生态系统实施生态修复措施，如投放水生植物，增加水体中浮游生物、微生物等生物群落，加快河湖恢复能力。

5.3.7.4 维护水生态优美

强化河湖生态空间整治，编制重要河湖水生态空间管控规划，完善水生态空间管控边界划定成果。深入推进河湖“清四乱”（乱占、乱采、乱堆、乱建）常态化，依法拆除腾退河道主流区的现状违法违规建设，做到“动态清零”，保持河流生态补水通道清洁通畅。因地制宜地对具备条件的河湖硬质护岸进行改造，建设生态岸线，恢复自然岸线。

5.3.8　河湖开放共享管控

5.3.8.1　主要思路

不断深化推进河湖岸线空间开放共享，充分利用现有河湖资源，积极推动皮划艇等水上运动，开放天然河湖冰场；不断加强水务知识宣传，完善周边便民服务设施，以公益、为民为出发点，持续推进河湖开放，共享治水成果，切实增强群众的获得感、幸福感、安全感。

5.3.8.2　主要措施

(1) 积极回应市民诉求，结合河湖管理实际，逐步连通城市滨水游憩通道，探索在具备条件的河段划定垂钓、滑冰区，建立相应的河湖调度运行管理机制。加强水务设施标识标牌规范化管理，努力营造安全、优美、便民的亲水空间。

(2) 深入开展水利工程运行管理规范化建设，修订水利工程日常维修养护定额，制定完善河道分级管护管理制度。加强工程运行维护管理工作考核，促进养护管理水平提升。

(3) 强化生态治河理念，提高水工建筑物景观设计品位，提升河岸绿化品质，启动中心城西南二环水系休憩道路连通工程建设，促进河湖面貌和滨河人居环境持续改善。

5.3.9　水系统模拟调控方法

水生态系统调控模型的核心是水系统模型，模型和参数、初始条件、边界条件构成了流域水生态系统的数字孪生系统。将水生态修复造成的条件变化作为模型的输入，将考核指标模拟数据作为模型的输出，调控过程如下：

(1) 优化修复方案。在考核指标对应的目标值确定的情况下，以目标值为约束，预先设置多种生态修复方案，形成输入数据，代入模型计算，得出的考核指标模拟数据与目标值比较，选择其中与目标值接近的修复方案。

(2) 优化考核指标目标值。以现有能力条件为约束，预先设置多种生态修复方案，形成输入数据，代入模型计算，得出的考核指标模拟数据与目标值比较，选择其中最优的目标值。

(3) 优化考核指标体系。将水生态考核指标按重要程度进行排序，选择多个指标体系预案，以现有能力条件为约束，按考核指标体系预案设置多种生态修复方案，形成输入数据，代入模型计算，得出的考核指标模拟数据与目标值比较，选择其中与目标值接近的修复方案。

(4) 优化补偿标准。以现有能力条件为约束，按考核指标体系设置多种生态修复方案补偿标准，形成输入数据，代入模型计算，得出的考核指标模拟数据与目标值比较，选择适宜的补偿标准。

（5）综合优化。根据水生态系统特点，结合能力条件，对水生态考核指标、目标值、补偿标准、修复方案等进行综合优化。

5.4 北京市水生态补偿指标集构建

5.4.1 指标集确定的总体思路

5.4.1.1 以表征补偿目标集为导向

研究构建从总目标到具体指标分解的多层次多目标集，“既仰望星空，又脚踏实地”。总目标对标“人与自然和谐共生”的生态文明建设理念；一级目标将总目标分解，对标北京市水务“安全、洁净、生态、优美、为民”的高质量发展目标，并将其概化为水安全保障、水环境保护、水生态修复三大目标。二级目标是从实践层面将一级目标具体化，例如将水安全保障目标具体分解为洪涝灾害防御、水资源安全两个二级目标。三级目标又是二级目标的细化，如将二级目标河湖生态健康目标细化为生境健康和生物健康。一、二、三级目标共同构成可操作的水生态补偿目标集。

5.4.1.2 以促进水生态修复目标达成为导向

研究构建基于目标集和人工驱动因子互济的多层次多指标集。水生态补偿既设置水生态系统表征性指标，又设置水生态保护修复任务型指标，二者一体两面构成北京市水生态补偿的多层次多指标集，共同促进水生态保护修复目标实现。

一方面，对标水安全保障、水环境保护、水生态修复等目标集，设置表征各级目标状态的指标，如表征生态水流状态的有水河长指标，表征水环境质量的跨界断面污染物浓度指标，表征水生态健康状态的生境与生物指标。

另一方面，依据水生态系统演变机理，分析研究导致各级目标演变的主要驱动力（自然和人工），提炼出关键要素作为推动各级目标达成的任务型指标。例如有水河长、流动性是指示性指标，水源配置及设施建设、阻断流动性设施拆除和管控是促进该指标向好的任务型指标；跨界断面水质是指示性指标，污水治理年度建设是促进该指标向好的任务型指标；水生态健康是指示性指标，水生态健康提升项目建设是促进该指标向好的任务型指标。

5.4.1.3 以指标权责可落实为导向

研究构建基于目标集和指标集的补偿制度各相关方权责集。根据水生态补偿制度相关方的权责范围，划分不同尺度的水生态系统空间，将水生态补偿目标集和指标集的权责分解落实到各相关方，形成可考核、可操作的水生态补偿权责集。

5.4.2　指标体系的构成

根据指标集确定的总体思路，研究构建了北京市水生态补偿指标体系，如图 5.2 所示。

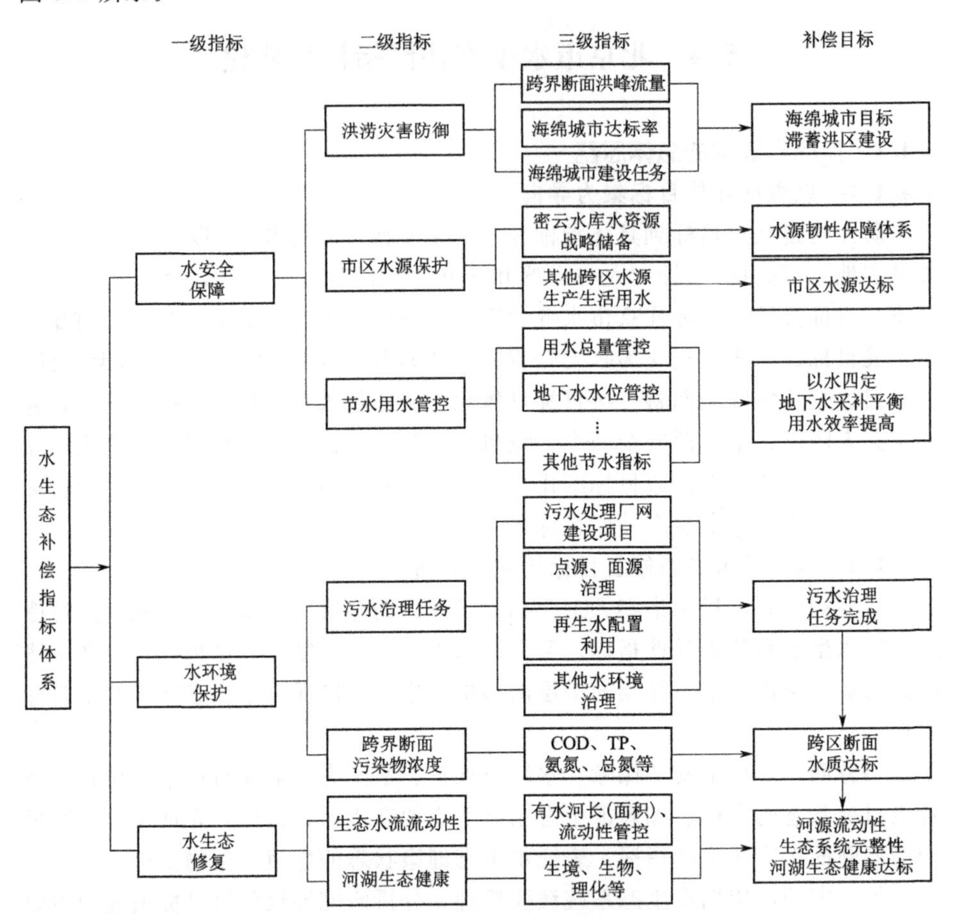

图 5.2　北京市水生态补偿指标体系架构

5.4.2.1　总指标

水生态补偿的总指标为北京市水生态系统，对应的总目标为人与自然和谐共生。北京市水生态系统根据各相关方的权责分工，可按照行政区域划分为区级和镇乡水生态子系统。

5.4.2.2　一级指标

一级指标可设置为水安全保障、水环境保护、水生态修复三个指标，对应北京市水务“安全、洁净、生态、优美、为民”的高质量发展目标。

5.4.2.3　二级指标

北京市水生态补偿二级指标可设置为 7 个，具体如下：

一级指标水安全保障下共设置洪涝灾害防御、市区水源保护、节水用水管控三个二级指标。

一级指标水环境保护下共设置污水治理任务、跨界断面污染物浓度两个二级指标，其中污水治理任务为任务型指标、跨界断面污染物浓度为表征性指标。

一级指标水生态修复下共设置生态水流流动性、河湖生态健康两个二级指标。

5.4.2.4 三级指标

北京市水生态补偿三级指标如下：

洪涝灾害防御下可设置跨界断面洪峰流量、海绵城市达标率、海绵城市建设任务等三级指标。

市区水源保护下可设置密云水库水资源战略储备、其他跨区水源生产生活用水等三级指标。

节水用水管控下可设置用水总量管控、地下水水位管控、节水型社会达标率等其他相关任务指标等三级指标。

污水治理任务下可设置污水处理厂网建设，点源、面源治理，再生水配置利用及其他水环境治理等四个三级指标。

跨界断面污染物浓度下可设置 COD、TP、氨氮、总氮等三级指标。

生态水流流动性可设置有水河长（面积）、流动性管控等三级指标。

河湖生态健康下可设置生境、生物、理化等三级指标。也可视情况设置治理任务型指标。

第6章　水生态补偿总量与补偿标准研究

6.1　水生态补偿总量与补偿标准的核算方法归纳

依据生态资本投入产出理论，水生态补偿总量核算方法主要分为两类，即投入法和产出法，以及二者综合的地租核算法。生态补偿标准上、下限则可分别对应于产出的生态系统服务价值和投入的成本。

6.1.1　基于投入的方法

6.1.1.1　成本法

生态补偿的投入可简单划分为直接成本与间接成本，是生态补偿的利益相关者交易的重要基础。

（1）直接成本是指为保护、修复生态环境而投入的人力、物力和财力，即生态建设与保护的成本。其核算以地区财务数据作为支撑，比较容易量化。

（2）间接成本又称机会成本，是指生态系统服务的供给者为保护生态环境而付出的经济发展的机会成本。机会成本主要有4种核算方法，即问卷调查、实证调查和间接计算，以及土地租金替代法。

以直接成本或间接成本，根据总量反推可确定补偿标准。

6.1.1.2　政策效果

直接成本并没有体现出生态补偿的激励性，对受补偿者的自愿性造成很大负面影响。机会成本法难以全面量化成本，且不同的方法得到的机会成本可能差异较大，一般都会导致生态补偿标准偏低。成本法虽然存在公平性与效率不足的问题，但具有较强的可行性与可操作性，目前依然是主要采用的方法。

6.1.2　基于产出的方法

6.1.2.1　水生态系统价值内涵

水生态系统由其服务功能的有用性而产生系统价值。水生态系统价值在于其满足人类生活幸福感和个人满足感过程中的服务性功能。随着水生态系统服务能力的不断提升，其产生的边际效应也在不断提高，水生态系统产生的价值量也在不断上升。水生态价值是人类从水生态系统中获得利益和效用的货币化表征，是由水生态系统的各种服务功能产生的使用价值构成的。根据水生态价值特征，可将水生态价值分为以下四类：

（1）水生态系统直接利用价值。主要指水生态系统产出产品所带来的价值，包括水产品、渔业产品、工农业生产要素和娱乐景观等。

（2）水生态系统间接利用价值。指水生态系统提供的无法商品量化的功能价值，例如调节空气质量和气候、净化水质、固碳释氧、预防地面沉降等调节和支持功能价值。

（3）水生态系统选择价值。即人类为保证水生态系统直接利用价值和间接利用价值功能所愿意支付的价值，例如水生态系统净化空气和水质、传承文化和涵养水源等未来使用所需支付的价值量等。

（4）水生态系统存在价值。即水生态系统的本身价值，或因保存水生态系统本身价值所需支付的价值量。

6.1.2.2 水生态服务价值核算方法

1. 基于价值总量的估算方法

通过估算生态系统服务价值总量反推生态补偿的标准，主要包括两种核算法，即价值量评价与功能量评估。

价值量评价主要是利用生态经济学方法将服务功能价值化的过程。通过水生态各项服务功能与价格（P 服务）的乘积加总，得到水生态系统服务的货币价值。通过水生态系统服务价值核算将水生态系统基础数据与经济社会系统中的价格参数结合在一起，反映了水生态系统物质循环和经济社会循环间的链接。直接核算方法采用价值量法，一般是基于土地面积与价值当量，包括条件价值法、直接市场法、替代市场法、假想市场法等。

功能量评价主要是从物质量的角度对水生态系统提供的各项服务进行定量评价，是站在人类经济社会的角度去考察、衡量人类从水生态系统中得到的惠益，是将水生态系统的物质转化成人类经济社会的效用的过程；将其归纳为物质产品供给服务、调节服务、文化服务，通过水量、水质、水面、库容等水生态系统基础数据指标的值来表征。间接核算的思路是利用功能量法等估算生态系统服务的供给量，进而采用影子价格法核算生态系统服务价值。

2. 基于特定需求的价值总量的修正方法

为提高生态补偿实践的可行性，基于生态系统服务的受益依赖，根据人们对受益的偏好范围核算其关注的生态系统服务价值总量。

3. 基于支付能力调整系数的估算方法

结合生态效益、经济发展水平及支付能力，采用调整系数对生态系统服务价值总量进行调整估算。调整系数法考虑补偿者的支付意愿及支付能力，有效地提高了生态补偿标准的实践可行性。

4. 基于生态系统服务价值增量的估算方法

生态系统服务实际上有存量和增量之分，可以用生态保护产生的生态系统服务价值增量反推生态补偿标准。

6.1.2.3　政策效果

生态系统服务价值是生态补偿的重要依据。基于产出法的生态补偿属于直接激励，能够有效提高人们对生态系统服务的正确认识。但由于生态系统服务价值估算结果往往远超现实的补偿能力，导致其只能作为生态补偿标准的理论上限，难以应用于实践操作。基于生态系统服务价值增量的生态补偿能反映其激励作用，生态补偿标准应在成本与生态系统服务价值增量之间进行权衡，以利于提高生态补偿的政策效果。

6.1.3　基于地租理论的生态补偿标准估算

6.1.3.1　核算方法

生态补偿的本质是一种地租，基于地租理论生态补偿标准核算也可以类似地划分为绝对地租、级差地租，是投入法和产出法的综合。

绝对地租可根据土地产权派生的机会成本进行估算，保证生态土地拥有者有动力保持土地利用方式现状。

级差地租可定义为由生态系统服务供给水平的差异性而形成的生态补偿，也可以类似地分为级差地租Ⅰ与级差地租Ⅱ，可以根据具有明显空间异质性的生态系统服务价值估算。级差地租Ⅰ可用基于生态系统服务价值总量与调整系数相结合的方法进行估算；级差地租Ⅱ可用基于生态系统服务价值增量的方法进行估算。

6.1.3.2　政策效果

绝对地租与级差地租都会对生态系统服务供给产生重要影响。实践中基于机会成本的生态补偿标准仅覆盖了级差地租Ⅰ，基于生态系统服务增量的生态补偿标准仅覆盖了级差地租Ⅱ，都会导致生态补偿标准偏低。因此，补偿标准应该覆盖绝对地租、级差地租Ⅰ和级差地租Ⅱ。

6.2　水生态系统服务价值总量核算

6.2.1　水生态价值评价指标集

基于水生态系统的结构、过程、属性和用途，以及水生态系统与经济系统的相互作用机理，水生态系统服务分为供给价值、调节价值、文化价值3大类价值功能16项指标，建立了水生态系统功能及价值指标体系，详见表6.1。

表 6.1　　　　北京市水生态系统功能及价值指标体系

<table>
<tr><th colspan="3">水生态系统价值功能指标</th><th colspan="3">水生态系统价值评价</th></tr>
<tr><th colspan="2">价值功能类别</th><th>价值功能指标</th><th>价值量</th><th>评价方法</th><th>价格参数选取</th></tr>
<tr><td rowspan="7">供给价值</td><td>种鱼苗</td><td>种鱼苗产量</td><td>种鱼苗价值</td><td rowspan="2">市场价值法</td><td rowspan="2">产品市场价格</td></tr>
<tr><td>淡水产品</td><td>淡水产品产量</td><td>淡水产品价值</td></tr>
<tr><td rowspan="4">供水</td><td>地表水供水量</td><td rowspan="4">供水价值</td><td rowspan="4">影子价格法</td><td rowspan="4">水资源影子价格</td></tr>
<tr><td>地下水供水量</td></tr>
<tr><td>南水北调供水量</td></tr>
<tr><td>再生水供水量</td></tr>
<tr><td>生态能源</td><td>水力发电量</td><td>水力发电价值</td><td>市场价值法</td><td>电度电价</td></tr>
<tr><td rowspan="15">调节价值</td><td rowspan="2">水资源存蓄</td><td>年末大中型水库蓄水量</td><td rowspan="2">水资源存蓄价值</td><td rowspan="14">替代工程法</td><td rowspan="2">水库单位库容的工程造价</td></tr>
<tr><td>地下水储量</td></tr>
<tr><td rowspan="2">水质净化</td><td>氨氮净化量</td><td rowspan="2">水质净化价值</td><td rowspan="2">排污费征收标准</td></tr>
<tr><td>COD 净化量</td></tr>
<tr><td rowspan="4">洪水调蓄</td><td>河道可调蓄量</td><td rowspan="4">洪水调蓄价值</td><td rowspan="4">水库单位库容的工程造价</td></tr>
<tr><td>湖泊可调蓄水量</td></tr>
<tr><td>水库防洪库容</td></tr>
<tr><td>蓄滞洪涝区设计蓄洪库容</td></tr>
<tr><td>气候调节</td><td>降温增湿</td><td>气候调节价值</td><td>空调等效降温所需要的耗电量与电价计算</td></tr>
<tr><td rowspan="2">固碳释氧</td><td>固定二氧化碳量</td><td rowspan="2">固碳释氧价值</td><td>碳汇交易固碳价格</td></tr>
<tr><td>氧气提供量</td><td>工业制氧成本</td></tr>
<tr><td rowspan="2">净化空气</td><td>负离子量</td><td rowspan="2">净化空气</td><td>市场上负离子发生器产生等量负离子所需的费用</td></tr>
<tr><td>降尘量</td><td>排污费征收标准</td></tr>
<tr><td>预防地面沉降</td><td>地下水储量</td><td>预防地面沉降价值</td><td>单位体积地下水亏损所造成的经济损失</td></tr>
<tr><td>生物多样性保育</td><td>珍稀濒危物种数</td><td>生物多样性保育价值</td><td rowspan="4">支付意愿法</td><td rowspan="4">通过调查、询问方式获取消费者的支付意愿和净支付意愿</td></tr>
<tr><td rowspan="3">文化价值</td><td>休闲旅游</td><td>河湖热点区域游客量</td><td>休闲旅游价值</td></tr>
<tr><td>水景观功能</td><td>受益土地面积或公众</td><td>水景观价值</td></tr>
<tr><td>水文化传承</td><td>受益土地面积或公众</td><td>水文化传承价值</td></tr>
</table>

（1）供给价值。指水生态系统服务提供的可以进行市场交换的产品，主要包括为居民生产和生活提供的水资源、水电、产业用水、生态环境用水，以及鱼、水生蔬菜和水生花卉等淡水产品。

（2）调节价值。指水生态系统通过其生态过程所形成的有利于生产与生活的环境条件与效用，主要包括水资源存蓄、水质净化、洪水调蓄、气候调节、固碳释氧、净化空气、预防地面沉降、生物多样性保育等功能。

（3）文化价值。是指水生态系统的美学、文化、教育功能，主要包括休闲旅游、水景观功能和水文化传承等。

6.2.2　北京水生态系统价值核算方法

6.2.2.1　核算方法分类

参考国际上通用的评价生态价值的方法，可将水生态系统价值评价方法大致分为以下三类。

（1）实际市场法。该方法应用于具有实际市场的生态系统产品和服务，以市场价格作为生态系统的经济价值。该评价方法主要包括市场价值法和费用支出法。

（2）替代市场法。该方法用于没有直接市场交易与市场价格但具有这些服务的替代品的市场与价格的生态服务，以“影子价格”和消费者剩余来表达生态系统功能的价格和经济价值，间接估算生态系统的价值。评估方法包括替代成本法、机会成本法、恢复和防护费用法、影子工程法、旅行费用法、享乐价格法和人力资本法等。

（3）模拟市场法。对没有市场交易和实际市场价格的生态系统产品和服务，只有人为地构造假想市场来衡量生态系统价值。其代表性方法为条件价值法，即通过假想市场情况下直接询问人们对某种生态系统服务的支付意愿，以人们的支付意愿来估计生态系统服务的经济价值。

6.2.2.2　水生态系统服务价值核算方法选择

北京水生态系统价值核算方法，包括市场价值法、影子价格法、替代工程法、支付意愿法、旅行费用法、分摊法等。针对不同类别功能指标选定适应的价值核算方法，并对核算方法进行改进完善以适应北京水生态系统价值核算需求。

（1）淡水产品、生态能源服务价值评估采用市场价值法，以市场价格作为其服务价值。

（2）地表水供水、地下水供水、南水北调供水、再生水供水、地下水资源存蓄、预防地面沉降服务价值采用影子价格法，以水资源影子价格作为其服务价值。

（3）洪水调蓄、地表水资源存蓄、固碳释氧、水质净化、气候调节、净化空气服务价值采用替代工程法，以相应替代品的价值间接估算其服务价值。

（4）休闲旅游服务价值采用旅行费用法，通过旅游消费与休闲旅游服务价值的相互关系间接估算其服务价值。

（5）水景观功能、水文化传承服务价值，采用问卷调查方式询问消费者的支付意愿。

各指标详细测算方法参见《北京市水生态价值服务评价指南》。具体价格参数及来源详见表6.2。

表6.2　　北京市水生态系统服务价值评价方法

功能类别	核算科目	评价方法	方法选取理由
供给服务	淡水产品	市场价值法	具有实际产品交易市场，可获取市场价格
	地表水供水	影子价格法	水利工程供水价格由供水生产成本、费用、利润和税金构成，同时水资源具有公共产品属性，由政府指导定价，现行水价不能衡量水的经济价值
	地下水供水		
	南水北调供水		
	再生水供水		
	生态能源	市场价值法	具有实际产品交易市场，可获取市场价格
调节功能	洪水调蓄	替代工程法	没有直接市场交易及相应市场价格但有相应的替代品，因此选用相应替代品的价值间接估算其服务价值
	地表水资源存蓄	替代工程法	
	地下水资源存蓄	影子价格法	
	固碳释氧	替代工程法	
	水质净化		
	气候调节		
	净化空气		
	预防地面沉降	影子价格法	
文化功能	休闲旅游	旅行费用法	
	水景观功能	支付意愿法	通过调查、询问方式获取消费者的支付意愿和净支付意愿
	水文化传承	支付意愿法	

核算北京水生态系统价值，评估模型参数、相关数据来源及依据，考虑到通货膨胀或通货紧缩的影响，同一时期的价格存在名义价格和实际价格之分。名义价格不考虑通货膨胀因素，即按照当年的价格计算的水生态系统产品和服务的价值总量。实际价格将以前某年的生态系统产品和服务的价格作为基准，扣除通胀因素后就是实际价格。在核算价值量时，应综合考虑价格的官方权威性、时效性、连续性和完整性，需要计算实际价格时，需核算出当年的名义价格后，再进行可比性处理，得到实际价格。

6.2.2.3　北京水生态系统分指标价值核算方法

1. 水供给服务价值

(1) 定价思路及模型。由于水生态系统提供的物质产品能够在市场上进行交易，存在相应的市场价格，对交易行为所产生的价值进行估算，从而得到该种物质产品的价值。运用市场价值法对生态系统的产品提供服务进行价值评估。

$$V_{\text{provisioning}} = \sum_{i=1}^{n} E_i P_i \tag{6.1}$$

式中：$V_{\text{provisioning}}$ 为生态系统物质产品提供价值，元；E_i 为第 i 类生态系统物质产品的产量，kg；P_i 为第 i 类生态系统物质产品的价格，元/kg。

(2) 定价参数与数据来源。水生态系统产品的产量可以从北京统计年鉴及相关统计资料中获得。各行业用水价格可采用影子价格，其中生活用水影子价格为 12.87 元/m^3，农业用水影子价格为 3.36 元/m^3，工业用水影子价格为 9.5 元/m^3，环境用水影子价格为 12.87 元/m^3。

2. 水资源存蓄、服务价值

(1) 定价思路及模型。水资源存蓄、服务价值主要表现在供水蓄水的经济价值。地表水资源存蓄价格采用替代工程价格法，通过建设水库的费用成本计算，计算地表水资源存蓄、服务价值时的水库库容以地表水资源量的体积表示。

水资源存蓄、服务价值计算公式为

$$V_r = V_{r1} + V_{r2} \tag{6.2}$$

$$V_{r1} = P_c Q_{r1} \tag{6.3}$$

$$V_{r2} = P_r Q_{r2} \tag{6.4}$$

以上式中：V_r 为水资源存蓄、服务价值，元；V_{r1} 为地表水资源存蓄、服务价值，元；V_{r2} 为地下水资源存蓄、服务价值，元；P_c 为水库单位库容的工程造价，元/m^3；Q_{r1} 为地表水资源总量，m^3；P_r 为地下水单位调蓄价格，元/m^3；Q_{r2} 为地下水资源总量，m^3。

(2) 定价参数与数据来源。水库单位库容的工程造价根据 1993—1999 年《中国水利年鉴》平均水库库容造价，根据价格指数折算得到所核算年份的单位库容造价。

3. 水质净化服务价值

(1) 定价思路及模型。采用替代成本法，通过工业治理水体污染物的成本来评估生态系统水质净化服务的价值。氨氮、总磷等水质污染物的治理价格采用发展改革委等四部委 2003 年第 31 号令《排污费征收标准及计算方法》收费标准。

$$Q_{\text{water purification}} = \sum_{i=1}^{n} Q_i c_i \tag{6.5}$$

式中：$V_{\text{water purification}}$ 为生态系统水质净化价值，元/a；Q_i 为第 i 类水质污染物的净化量，t/a；c_i 为第 i 类水质污染物的治理成本，元/t；n 为污染物类别。

（2）定价参数与数据来源。氮处理成本取 1750 元/t、磷处理成本取 2800 元/t。总氮、总磷的治理费用采用发展改革委等四部委 2003 年第 31 号令《排污费征收标准及计算方法》收费标准。

4. 洪水调蓄服务价值

（1）定价思路及模型。洪水调蓄价值主要体现在减轻洪水威胁的经济价值。生态系统的洪水调蓄服务与水库的作用非常相似，洪水调蓄价值运用替代工程法，即通过建设水库的费用成本来计算。水库单位库容的工程造价根据 1993—1999 年《中国水利年鉴》平均水库库容造价，根据价格指数折算得到所核算年份的单位库容造价。

$$V_{\text{flood mitigation}} = C_m c \tag{6.6}$$

式中：$V_{\text{flood mitigation}}$ 为减轻洪水威胁价值，万元/a；C_m 为生态系统（含陆地、河湖、水库）洪水调蓄能力，万 m^3/a；c 为水库单位库容的工程造价，元/m^3。

（2）定价参数与数据来源。水库建设单位库容工程造价取 8.9 元/m^3，水库单位库容的工程造价根据 1993—1999 年《中国水利年鉴》平均水库库容造价，根据价格指数折算得到所核算年份的单位库容造价。

5. 气候调节服务价值

（1）定价思路及模型。水生态系统气候调节价值是水面蒸发过程使大气温度降低、湿度增加产生的生态效应，包括水生植物蒸腾和水面蒸发两个方面。采用空调等效降温所需要的耗电量计算生态系统降温价值。

采用空调等效降温所需要的耗电量计算水生态系统降温价值，定价模型为

$$V_{\text{climate regulation}} = QP \tag{6.7}$$

式中：$V_{\text{climate regulation}}$ 为水生态系统气候调节的价值，元；Q 为生态系统降温消耗的总能量，kW·h；P 为电价，元/(kW·h)。

（2）定价参数与数据来源。水面蒸发量、水生植物蒸散发量等数据来自相关部门或文献资料。

6. 固碳释氧服务价值

（1）定价思路及模型。水生态系统固碳释氧价值指水生态系统通过水生植被光合作用固定二氧化碳，实现大气中二氧化碳与氧气的稳定产生的生态效应。通过固碳价值和释氧价值两个方面来评估生态系统固碳释氧的经济价值。

固碳价值

$$V_{\text{C fixation}} = Q_{\text{carbon sequestration}} C_m \tag{6.8}$$

释氧价值
$$V_{\text{oxygen production}}=Q_{\text{oxygen production}}C_{o} \tag{6.9}$$
式中：$V_{\text{C fixation}}$ 为生态系统固碳价值，元/a；$Q_{\text{carbon sequestration}}$ 为生态系统固碳量，t/a；C_m 为碳汇交易固碳价格，元/t；$V_{\text{oxygen production}}$ 为生态系统释氧价值，元/a；$Q_{\text{oxygen production}}$ 为生态系统氧气释放量，t/a；C_o 为制氧成本，元/t。

(2) 定价参数与数据来源。碳汇交易固碳价格取386元/t，制氧成本取1000元/t。根据2018年对2005年的居民消费物价指数，碳汇交易固碳价格核算为386元/t；根据《生态系统生产总值核算：概念、核算方法与案例研究》，制氧成本为1000元/t。

7. 净化空气服务价值

(1) 定价思路及模型。净化空气功能价值的计算使用替代工程法，包括增加负离子和水面降尘，即在水生态系统遭受破坏后人工建立一个工程来代替水生态系统增加空气负离子、吸纳污染物、大气干沉降的价值。
$$V=V_0+V_1 \tag{6.10}$$
式中：V 为水生态系统净化空气价值，元/a；V_0 为水生态系统增加负离子的服务价值，元/a；V_1 水生态系统降低粉尘的服务价值，元/a。

1) 空气负离子价值量计算公式为
$$V_0=P_0W \tag{6.11}$$
式中：V_0 为水生态系统增加负离子的服务价值，元/a；P_0 为负离子生成的单位价格，元/个；W 为水生态系统增加负离子数量，个/a。

2) 降低粉尘价值量计算公式为
$$V_1=P_1Q \tag{6.12}$$
式中：V_1 为水生态系统降低粉尘的服务价值，元/a；P_1 为降低粉尘的单位价格，元/个；Q 为水生态系统降低粉尘数量，个/a。

(2) 定价参数与数据来源。参考《基于效益转换的中国湖沼湿地生态系统服务功能价值估算》等相关文献，根据市场上负离子发生器产生负离子所需的费用，得出负离子生成的单位价格为2.08元/10^{10}个；采用发展改革委等四部委2003年第31号令《排污费征收标准及计算方法》规定的一般性粉尘排污收费标准，即0.15元/kg。

8. 预防地面沉降服务价值

(1) 定价思路及模型。如果现有储量的地下水被开采后，因地面沉降会造成多方面的经济损失，这些损失之和，即可视为地下水预防地面沉降的间接经济价值。因此采用开采损失法对地下水预防地面沉降服务价值进行，即先计算地下水储变量，然后再计算地下水亏损造成的直接和间接经济损失的总和，由此换算得出单位体积地下水亏损所造成的经济损失，再与地下水储量相乘。预防地面沉降服务价值计算公式为

$$V_{s6}=\frac{E_{s6}}{W_{s6-a}}W_{s6-b} \tag{6.13}$$

式中：V_{s6} 为预防地面沉降服务价值，元；E_{s6} 为地面沉降已造成的经济损失，元；W_{s6-a} 为地下水储变量，m^3；W_{s6-b} 为地下水储量，m^3。

（2）定价参数与数据来源。数据来自《北京市水资源公报》《北京市水务统计年鉴》以及相关文献。

9. 物种保育

（1）定价思路及模型。采用支付意愿法对生物多样性保护价值进行计算，即将水生态系统所保护的每一级物种数与民众意愿对每一级物种的单个物种支付价值的乘积。物种保育计算公式为

$$V_{s7}=\sum_{i=1}^{n}(A_{s_{7i}}P_{s_{7i}}) \tag{6.14}$$

其中：V_{s7} 为物种保育价值，元；$A_{s_{7i}}$ 为第 i 级保护动植物的物种数，无量纲；$P_{s_{7i}}$ 为第 i 级保护动植物的支付意愿价格，元。

（2）定价参数与数据来源。数据来自《北京统计年鉴》以及相关文献。

10. 文化服务价值

（1）定价思路及模型。水生态系统为人类提供美学价值、灵感、教育价值等非物质惠益，其承载的价值对社会具有重大的意义。选用水生态系统的游憩价值、景观功能价值、文化传承价值，作为评估水生态系统的文化服务价值的指标。

1）休闲旅游价值。以使用价值（文化服务价值）为因变量，自变量为旅游花费折算旅游收入，依据旅游景点的1000余份游客的问卷调查结果，构建出最终旅游收入与使用价值间的关系模型如下：

$$V=1.707T_{v} \tag{6.15}$$

式中：V 为生态系统的文化服务价值，亿元；T_{v} 为年旅游收入，亿元。

2）水景观功能价值。水景观对房地产价值增值作用非常明显，用房地产增值来计算水的景观价值，是国际学术界计算水生态系统景观价值的一个常用方法。

$$V_{c2}=1/n\sum_{i=1}^{2}(I_{i}L_{i}) \tag{6.16}$$

式中：V_{c2} 为全市水景观房地产价值增值，元；n 为房屋产权年限，a；I 为1km河长水景观房地产价值增值，元；L 为河流长度，m；i 为位置分类，无量纲；$i=1$ 代表六环内；$i=2$ 代表六环外。

3）水文化传承价值。通过问卷调查与数据收集，计算平均支付意愿方法得到水文化传承价值量：

$$V_{c4}=WRP \tag{6.17}$$

式中：V_{c4} 为文化传承价值，元；W 为水文化传承人均支付意愿，元/人；R 为水文化传承支付意愿率，%；P 为对应支付总人数，人。

（2）定价参数与数据来源。水景观名录通过政府有关部门官方网站获取，游客的社会经济特征、旅行费用情况等通过问卷调查以及相关统计年鉴获得。

6.3　水生态补偿总量与补偿标准的选择

6.3.1　基于投入成本的影响因素

全部实现水生态系统服务价值是水生态补偿最理想情况。基于水生态系统服务价值量，可以从总量上反推出水生态补偿的综合标准，在确定水生态补偿实际标准时具有对标作用。

6.3.2　水生态系统服务价值的实现途径

6.3.2.1　水生态系统服务价值核算的意义

（1）衡量水生态系统为北京市经济社会发展提供的生态服务功能量和价值量，揭示水生态系统对北京市经济社会发展的贡献，提升社会及政府对水生态系统重要性的认识。

（2）评估水生态保护成效及存在问题，明确水生态系统保护的薄弱环节及方向，为更好地促进水资源可持续利用和水生态保护提供支撑。

（3）以水生态系统服务流为纽带，明确水生态系统服务供给区和受益区，阐明水生态系统服务供给区与受益区的空间关联关系，衡量水生态系统服务供给程度和受益程度，为建立水生态保护补偿金额核算体系，推进区域生态补偿与合作奠定基础。

6.3.2.2　水生态系统服务价值的实现途径分类

水生态系统服务功能价值分为供给价值、调节价值和文化价值三类。按照各类服务功能的属性，可以选择相应的水生态价值实现途径，详见表 6.3。

（1）基于供给价值的水生态价值实现途径。基于供给价值的水生态服务功能包括种鱼苗、淡水产品、供水、生态能源（水电）等。其产品主要属性为商品（私人产品），应通过政府政策引导、市场交易为主的方式实现水生态产品价值，在采用机会成本进行生态补偿时应予以扣除。

（2）基于调节价值的水生态价值实现途径。基于调节价值的水生态服务功能包括水资源存蓄、水质净化、洪水调蓄、气候调节、固碳释氧、净化空气、预防地面沉降、生物多样性保育等。其产品主要属性为公共产品，应通过政府主导的水生态补偿实现其水生态服务价值。

（3）基于文化价值的水生态价值实现途径。基于文化价值的水生态服务功能包括休闲旅游、水景观、水文化传承等。其产品主要属性为准公共产品，首先应通过政府政策引导、生态功能开发，以市场交易方式实现其部分生态服务价值，其余部分可通过政府主导的水生态补偿实现其水生态服务价值。

表 6.3　　北京市基于水生态系统价值类别的水生态价值实现途径

价值类别	价值核算指标		水生态价值实现方式	备　注
供给价值	种鱼苗	种鱼苗产量	通过政策引导市场交易为主方式实现	私人产品，补偿时作为机会成本减值考虑
	淡水产品	淡水产品产量		
	供水	地表水供水量		
		地下水供水量		
		南水北调供水量		
		再生水供水量		
	生态能源	水力发电量		
调节价值	水资源存蓄	大中型水库蓄水量	通过政府主导的水生态补偿实现	公共产品
		地下水储量		
	水质净化	氨氮净化量		
		COD 净化量		
	洪水调蓄	河道可调蓄量		
		湖泊可调蓄水量		
		水库防洪库容		
		蓄滞洪涝区蓄洪库容		
	气候调节	降温增湿		
	固碳释氧	固定二氧化碳量		
		氧气提供量		
	净化空气	负离子量		
		降尘量		
	预防地面沉降	地下水储量		
	生物多样性保育	珍稀濒危物种数		
文化价值	休闲旅游	河湖热点区域游客量	通过政策引导市场开发与政府补偿相结合方式实现	准公共产品
	水景观	受益土地面积或公众		
	水文化传承	受益土地面积或公众		

6.3.3　水生态补偿总量与补偿标准的选择

在补偿实践中，往往将生态系统服务价值和投入的成本作为生态补偿总量与补偿标准的参考上、下限。因此在确定水生态补偿总量与补偿标准时，需结合其生态产品属性对生态系统服务价值量进一步细分。

6.3.3.1 纳入公共（或准公共）产品的水生态价值量分析

据测算，北京市2020年水生态系统服务价值5839.27亿元，供给服务、调节服务、文化服务价值分别为413.8亿元、1474.0亿元、3951.4亿元，占比分别为7.09%、25.24%、67.67%。文化价值中的休闲旅游、水景观、水文化传承采用旅行费用法和支付意愿法核算，这部分价值可通过政策引导市场开发方式实现，供给服务价值基本采用市场交易为主的方式实现水生态产品价值。因此，纳入公共（或准公共）产品的水生态价值量为调节服务的水生态服务价值量，按2020年测算数据约为1474亿元，约占总价值的25%。

6.3.3.2 纳入水生态补偿总量的水生态价值量

公共（或准公共）产品的水生态价值量需要明确其受益相关方，分解到水生态补偿各相关方后，才能纳入水生态补偿而予以实施。可按利益相关方受益情况对水生态系统进行细分，分类核算公共（或准公共）产品的水生态价值，作为水生态补偿总量上限参考。

（1）纳入水生态补偿最小行政单元公共产品价值。由于水生态系统服务价值的提供具有地域范围，在水生态补偿最小行政单元内，对于相关方而言，该类生态产品服务价值只限于为该单元内提供服务，则该类生态产品变成了俱乐部形式的公共产品，原则上该类生态产品价值的实现可由本单元政府以财政投入或补助方式实施，不纳入水生态补偿范畴。

（2）跨地域溢出类的公共产品的水生态服务价值。对跨地域溢出部分的公共产品水生态服务价值进行核算，将该类生态产品价值实现可纳入跨区域水生态补偿总量，根据溢出范围由上级政府组织实施水生态补偿。

（3）政府划定生态涵养区水生态补偿价值总量。国家划定的自然保护区和北京市政府划定的生态涵养区，由于生态管控限制了发展空间，应通过机会成本法确定水生态补偿价值总量。

6.4 北京市水生态补偿标准研究

6.4.1 水生态补偿标准分类与测算方法

6.4.1.1 水生态补偿标准分类

按补偿标准的性质分为恢复和保护价值型标准、激励（约束）型标准、出让型标准。目前生态补偿标准一般以恢复和保护价值型、激励（约束）型为主，以出让型为辅。

（1）恢复和保护价值型标准是补偿受偿者因水生态价值损害实际受到的损

失或为保护生态环境（要素）而实际付出的代价，如水生态维护费、水污染治理费等，目的在于让受偿者将水生态恢复到先前的状态或维持现状。

（2）激励（约束）型标准一般是以结合本地经济发展水平和生态环境状况而制定的，以促进生态保护为目的。

（3）出让型标准往往是指以生态产品在市场上的价格为交换价格，如土地出让金、矿山采矿权的拍卖金等，主要用于自然资源产权出让出租。

6.4.1.2　补偿标准测算方法

（1）投入（成本）法。投入（成本）法有比较成熟的规范，可以通过概预算和决算核算单个补偿项目的成本，也可以通过在单个项目的基础上统计汇总形成某区域某补偿指标的综合成本（或平均成本）作为补偿的依据，是较为常见的补偿标准测算方法。相伟（2006）探讨了多因素影响下的典型农牧交错区生态建设成本构成，认为其生态建设成本体系应分为营建成本、机会成本和发展成本，得出吉林省西部退耕还林、还草、草原抚育的总成本分别为24150元/hm^2、8090元/hm^2、967元/hm^2，远高于国家提供的补偿标准。李喜霞等（2008）利用成本收益法计算了辽东地区5个主要树种1个轮伐期内各林龄的价值，以及辽东地区公益林的总价值和单位面积价值，并以此为依据，得出辽东地区公益林生态效益合理的补偿标准为158.85元/（hm^2·a)。

（2）产出（价值）法。根据生态系统服务价值确定补偿标准。熊鹰等（2004）探讨洞庭湖湿地恢复的生态补偿标准，主要依据移民农户生产性土地的丧失以及湿地恢复后其生态服务功能的增加而产生的价值作为补偿的额度标准，经计算，补偿的上限为10560.1元/户，下限为853.2元/户，综合考虑各种社会因素并结合农民补偿意愿，确定补偿值在6084.6元/户左右较合理。徐琳瑜等（2006）以厦门市莲花水库工程生态补偿为例，选择生态服务功能价值计算方法确定生态补偿标准，得到所需生态补偿费为1.29亿元，可通过对城市居民生活用水收取0.03元/t的附加生态补偿费和政府补贴8557万元两种途径获得。

（3）投入产出综合法。从生态建设投入成本与生态价值相结合角度核算补偿标准。蔡邦成等（2008）以南水北调东线水源地保护区生态建设一期工程的生态补偿为例，首先从工程投资和机会成本的角度分析生态建设的总成本，然后通过生态系统服务价值评价并结合专家咨询赋权，计算出生态建设工程成功实施后建设区域所增加的生态服务效益，最后综合生态建设成本和生态效益，提出了根据生态服务效益分担生态建设成本的补偿标准，并由此计算得到外部区域对建设区域的补偿标准为1.11亿元/a。

（4）支付意愿（能力）法。充分考虑利益主体的支付意愿（能力）是科学制定补偿标准的必要环节，是补偿得以实施的关键。杨光梅等（2006）认为牧民受偿意愿由牧民养羊数量、受教育年限、草地现状以及对禁牧政策的支持程度决定；根据意愿调查法初步估算锡林郭勒草原地区禁牧措施实施后牧民的补偿意愿，牧民家庭对禁牧政策的平均受偿意愿为每户27717元/a，人均受偿意愿为8399元，平均草地受偿意愿为85.95元/hm^2。赵军等（2005）以全国城市河流整治的样板工程——上海浦东张家浜为例，采用支付卡式CVM研究方法，获得张家浜生态系统服务的平均支付意愿为每户19507～25304元/a。张志强等（2004）在连续型支付卡问卷格式调查的基础上，以离散型单边界两分式和双边界两分式的封闭式问卷格式设计调查问卷，应用CVM法调查了黑河流域居民对恢复张掖市生态系统服务的支付意愿，两种形式的问卷调查得到的平均最大支付意愿每户每年分别为162.82元和182.38元。

（5）综合法。将多种方法综合起来计算补偿标准。黄富祥等（2002）根据经济学的Logistic生长曲线及农民家庭经济收入的组成，综合分析了退耕还林（草）的不同补偿情况。郑海霞等（2006）从金华江上游供给成本、下游需求费用、最大支付意愿、水资源的市场价格4方面剖析了该流域生态服务补偿的标准及定量估算方法，经比较认为基于水质和水量供给的流域生态服务补偿支付是可行的，每年平均支付1075万元，平均每人每年支付13.61元。

6.4.1.3　北京市水生态补偿标准选择的技术路线

为增加水生态补偿制度的可操作性，政府统筹考虑受偿者预期、付费者支付意愿和水生态修复目标，撮合利益相关方达成交易，促成水生态补偿政策落地并尽可能达到预期的效果。

（1）采用上述投入或产出法核算补偿总量及补偿标准，作为受偿方的预期收益。

（2）用支付意愿（能力）法核算补偿总量及补偿标准，作为付费方的支付意愿。

（3）具有管辖各利益相关方的权力的政府根据当前经济社会发展水平、水生态保护修复目标、各利益相关方的综合财力状况，在受益预期与支付意愿区间范围内，先核定补偿总量的合理范围，再核定各指标补偿量的合理性，最后选择适当的补偿标准集。

（4）建立补偿标准的动态调整机制。经过一个试行阶段后，需根据当前经济社会发展水平、水生态保护修复目标、各利益相关方的综合财力状况的变化，适时核定调整补偿标准。

6.4.2　北京市各类指标补偿标准测算方法

基于北京市水生态补偿指标集，按照上述技术路线研究确定各考核指标的补偿标准测算方法，主要分为三大类。

6.4.2.1　基于税费和价格的补偿标准

税费和产品价格往往都是经过相关各方博弈，并经政府确定的。生态产品类指标通常采用该种资源的税费或价格核算补偿金标准。

（1）生产生活用水、用水总量管控及生态补水的补偿标准。生产生活用水补偿方式为受水区按照用水量向水源提供区支付补偿金；水源提供区希望按涵养水源的机会成本得到补偿，因涵养水源机会成本难以从整个生态涵养机会成本中剥离，故通常参考水资源税（或原水水价）标准作为该指标的补偿标准。用水总量管控补偿机制为区域超总量目标用水，作为损害赔偿，以超过总量控制目标的水量为核算依据，参考水资源税（或原水水价）标准作为该指标的补偿标准。河道生态补水补偿方式为补水使用者按照补水量向水源提供区支付补偿金。通常参考水资源税（或原水水价）标准作为该指标的补偿标准。

（2）水资源战略储备补偿标准。水资源战略储备补偿方式为受水区以用水量为权重，分摊水资源战略储备量，并向水源提供区支付补偿金。同理，水源提供区也希望按水资源储备的机会成本得到补偿，因其机会成本也难以从整个生态涵养机会成本中剥离，故也参考水资源税（或原水水价）标准作为该指标的补偿标准。

（3）地下水水位控制补偿标准。地下水水位控制补偿方式为地下水超采责任区水位控制未达到预期目标，以水位差换算成水量为依据支付补偿金，作为对生态损害的赔偿，参考水资源税（或原水水价）标准作为该指标的补偿标准。

6.4.2.2　基于保护修复成本的补偿标准

对损害水生态的指标设置的补偿机制，若国家和本行政区没有相应的税费和价格标准，通常以保护修复作为补偿目标，而以保护修复投入的综合成本作为补偿标准。

（1）有水河长。增加有水河长的措施主要是增加水源补水配置。配置补水量为增加有水河长因蒸发、渗漏等消耗的水资源量，乘以水资源税（或原水水价）得到该河段补偿金总量，除以增加的有水河长，反算得到补偿金标准。按山区和平原河流两种情况，选取典型河道综合平均得到不同类别河道有水河长补偿标准。

（2）阻断设施拆除。选取现有阻断设施拆除典型案例，统计典型案例阻断设施拆除综合平均成本，得到阻断设施拆除补偿金标准。

（3）密云水库上游入库总氮。采用替代成本估算法，将需削减的1t总氮稀释到地表水湖库Ⅲ类标准需要的水资源量为100万m^3，按水资源费1.57元/m^3计算，需要157万元。

（4）污水治理年度任务：

1）污水处理（或跨区处理），采用全市污水处理厂污水处理成本的水量加权，形成综合平均处理成本，作为其补偿金标准。合流制溢流污染治理指标参考污水处理（或跨区处理）补偿金标准。

2）再生水配置利用补偿标准采用全市再生水输配综合平均成本估算。

（5）水生态类指标。水生态类指标包括生境指标和生物指标，可以通过水生态修复措施提高水生态健康评价分值。选取典型河道水生态修复工程，评价其治理前后的水生态健康分值，统计计算其单位河道的投入成本和提升的分值，综合平均得到单位河段单位分值的投入成本，分别得到生境和生物指标补偿金标准。

6.4.2.3　基于支付（意愿）能力的补偿标准

（1）跨区断面污染物浓度。跨区断面污染物浓度作为水质目标，难以直接估算每提高一个水质类别所需要的成本；通常综合考虑支付意愿和能力，估算每个水质浓度指标距离水质目标值变差 1 个类别的补偿金标准。

（2）阻断流动。阻断流动性作为一个水流状态指标，难以直接估算水流状态变化造成的损害效应，通常综合考虑支付意愿和能力，估算阻断流动补偿金标准。

第7章　北京市水生态补偿监测与评价

数据是水生态补偿金核算和制度实施的基础。北京市水生态补偿部分指标核算数据来源于北京市水务统计年鉴，如水资源战略储备、生态补水、生产生活用水及总量管控、污水跨区处理、再生水配置利用等指标；一部分来源于水文常规监测，如控制断面洪峰流量、跨界断面生态流量、合流制污染治理的降雨等；还有一部分新增指标需要布设监测站点进行监测，如水流类指标、水环境类指标和水生态类指标。

7.1　水流类指标监测

7.1.1　监测指标

针对有水河长、阻断设施拆除、阻断设施管控3个考核指标，监测有水河长长度变化情况、阻断流动性设施拆除情况、阻断流动性设施管控情况。

（1）有水河长长度变化情况。监测河流有水河段的中泓线长度。

（2）阻断流动性设施拆除情况。已丧失防洪调度和水资源配置功能，严重妨碍生物多样性，且全断面阻断河湖连通性的拦河阻水设施应按期拆除。

（3）阻断流动性设施管控情况。具备防洪调度和水资源配置功能，且全断面阻断河湖连通性的拦河阻水设施，应按照生态恢复要求通过管控措施向下游放水。

7.1.2　监测范围

北京市第一次水务普查425条河流中所有有水河段（扣除确实与各区无关的市管河段）及有水河段上阻断流动性设施。每年建立有水河段和阻断流动性设施拆除、阻断流动性设施管控清单。

7.1.3　监测方式

主要采用高分辨率卫星遥感影像数据分析识别。卫星遥感影像数据无法准确分析判断时，采用人工现场、无人机、调用周边监控图像等方式监测。对有水河长指标，监测河流有水河段长度；对阻断流动性设施拆除指标，监测应拆设施现场情况；对阻断流动性设施管控指标，监测设施下游500m及周边河道水体流动性情况。

7.1.4 监测频次

（1）有水河长长度变化情况。每年3—6月，每月1次。

（2）阻断流动性设施拆除情况。各区上报完成拆除工作当月。

（3）阻断流动性设施管控情况。每年3—6月和10—12月，每月1次。

7.1.5 数据要求

选取满足监测时相要求的高分辨率卫星遥感影像数据，包括高分一号、高分二号、资源三号等卫星数据。数据空间分辨率应优于2m，遥感影像数据100％覆盖监测水体，且水体表面云覆盖率为0。遥感影像及遥感监测成果应符合《基础地理信息数字成果 1∶5000、1∶10000、1∶25000、1∶50000、1∶100000 数字正射影像图》及《数字测绘成果质量要求》。

7.1.6 识别方式

采用卫星影像数据提取陆地水体，可采用单波段阈值法、谱间关系分析法、水体指数法、机器学习等方法。基于北京市水文部门提供的河流中泓线矢量数据，对提取的面状水体进行空间信息挂接，生成有水河段线状数据，其对象属性应至少包含河流名称及空间位置信息。在此基础上进行河流有水长度计算和各流域、各行政区有水长度以及阻断河道流动性设施拆除和管控情况的统计和评价。

7.2 水环境类

7.2.1 跨区断面污染物浓度

（1）监测断面。监测断面布设原则上与现有水质监测断面保持一致，位于各区行政区域交界处附近。

（2）监测指标。监测指标为①化学需氧量（水质目标功能类别为Ⅱ、Ⅲ类的断面，监测指标为高锰酸盐指数）；②氨氮；③总磷。

（3）监测频次。断面水质补偿金以水质自动监测数据月均值作为核算依据。暂不具备水质自动监测条件的断面，以人工监测数据月均值作为核算依据，其中水质较好且稳定的上游入境、跨界河流断面，监测频次为每月不少于2次，其他断面原则上为每周1次，遇特殊情况可适当加密监测。

（4）监测方法：

1）样品采集。严格按照《国家地表水环境质量监测网采测分离-采样技术导则》（总站水字〔2020〕595号）要求采集水样。

2）样品分析。严格按照《国家地表水环境质量监测网监测任务作业指导书（试行）》（环办监测函〔2017〕249 号）要求进行样品前处理和测试分析。

3）质量保证。采样、分析、数据报出及审核、质量控制等过程严格按照国家环境监测技术规范和规定执行。

7.2.2 密云水库上游入库总氮总量

7.2.2.1 监测断面

监测断面布设原则上与现有水文监测断面保持一致，由市水务局和市生态环境局监测部门协商确定。采样断面位置确定后一般不得任意变更，确需变更的需经市水务局和市生态环境局同意。根据密云水库上游入库总氮总量考核河段清单和补偿金分摊核算断面设置 19 个监测断面。

7.2.2.2 监测指标

（1）根据考核及总氮溯源工作需要，确定水质监测指标，包括：水温、pH 值、电导率、溶解氧、高锰酸盐指数、化学需氧量、总氮、总磷、氨氮、硝酸盐氮、亚硝酸盐氮、硫酸盐、氯化物。

（2）水文监测指标为流量。

7.2.2.3 监测频次

（1）水质指标。每月监测 1 次。

（2）水文指标。根据河道特性，以满足水位、流量关系定线要求布置测次，平水期根据水位变幅开展流量测验，洪水期加密测次，较大洪峰（水位变差≥1m 时）流量测次不能少于 5～7 次，根据水情增加测次，以控制洪峰过程。

7.2.2.4 监测方法

（1）水质监测严格按照国家相关标准开展监测。

（2）水文监测严格按照国家相关技术规范开展监测，见表 7.1。

表 7.1　　水文流量监测方法

指标	测验方式（监测设备）	计 算 公 式
流量	铅鱼缆道、转子流速仪、 手持电波流速仪、走航 ADCP	$Q=VA$ （式中：V 为断面平均流速，A 为测验断面面积）

7.2.3 溢流污染调蓄监测方案

7.2.3.1 监测工作主要内容

开展北京市合流制溢流治理口建设和运行期间溢流量监测。主要内容如下：

（1）各溢流口所在的排水分区数据的调查。

（2）溢流量监测设备的购置、安装、资产管理、运行维护、监测数据汇聚和传输畅通保障等。

（3）数据的自动采集，对数据异常情况进行现场核查；溢流调蓄数据和报送材料的核实、汇总、分析。

（4）溢流口及郊区雨污合流范围所在的排水分区 15～33mm 降雨量场次和降雨量数据监测。

7.2.3.2　监测要求

调蓄设施运行阶段，通过流量监测设备监测溢流情况。

溢流监测设备应保证可在不同安装环境、不同天气条件下准确检测水体瞬时流量和累积流量。在无电源条件时可采用电池供电，运行状态及监测数据可实时传输、断点续传至市水务数据管理平台。

溢流监测设备布设在合流制溢流治理口，实时对溢流治理口流量进行动态监测。设备可实现数据远传，自动发送调蓄设施所在区域 15～33mm 降雨的溢流数据至市水务数据管理平台，可利用水旱灾害防御平台场次降雨量数据进复核。

7.2.4　再生水配置利用

7.2.4.1　监测范围

适用于北京市市域范围内再生水供水单位再生水配置利用量（即输配量）的监测。包括中心城区的特许经营再生水厂、BOT 再生水厂、海淀山后和丰台河西的再生水厂，其他区的城镇再生水厂及符合再生水出水标准的农村厂站。

再生水供水企业及用水户实行清单管理，各区水务局应将区内的再生水企业、用水户清单及供水合同上报市水务局进行备案。

7.2.4.2　监测方式

再生水配置利用量通过流量计进行监测。再生水供水、用水单位应安装使用经检测合格且具备数据远传功能的流量计，并定期校验；不得擅自停止使用或者拆除，不得破坏其准确度。

再生水配置利用量监测设备应按照“智慧水务 1.0”建设功能要求接入水务数据管理平台。现有不具备数据远传功能的监测设备应逐步进行更换，2023 年年底前全部更换到位。

7.2.4.3　数据管理

（1）以接入市水务数据管理平台的监测设备远传数据为主要依据进行补偿金核算，各区和各相关单位手动填报的数据作为校核参考。

（2）保证监测设备的正常运行，对上报的再生水输配量抄表异常数据进行抽查核验。

7.3 水 生 态 类

7.3.1 监测站点布设

根据水生态考核河段清单，布设水生态监测站点117个，其中现有站点51个，需新增站点66个。监测范围为断面上、下游500m范围内的河段，以监测河段生境指标、生物指标，分别代表考核河段的生境指标、生物指标。

7.3.2 监测时间

生境指标、生物指标每年监测3个轮次，分别设置在水生动植物生长周期的萌发期（5月下旬至6月上旬）、繁盛期（8月下旬）和衰亡期（10月下旬至11月上旬）。其中，生境指标中的流量过程维持时间指标，每月初利用遥感影像数据确定。

7.3.3 监测项目及频次

监测项目包括生境指标、生物指标两类，监测项目及频次详见表7.2。

表7.2 水生态考核监测项目及频次

分类	监测项目		频次
生境指标	生态河床比例		3次/年
	流量过程维持时间		12次/年
	河岸带植被覆盖率		3次/年
生物指标	鱼类	种类	3次/年
	大型水生植物	植被覆盖度（大型水生植物面积占调查水域面积的比例）	3次/年
	浮游植物	种类、生物量（密度）	3次/年
	浮游动物	种类、生物量（密度）	3次/年
	底栖生物	种类、密度、生物量、香农-维纳指数（计算得出）	3次/年

7.3.4 监测方法

生境指标和生物指标共包括监测项目8种，监测调查方法详见表7.3。

表7.3 水生态考核监测指标监测调查方法

分类	监测项目	数据获取
生境指标	生态河床比例	历史资料结合现场调查
	流量过程维持时间	遥感监测＋水文监测
	河岸带植被覆盖率	历史资料结合现场调查

续表

分类	监测项目		数据获取
生物指标	鱼类	种　类	参考《水生生物调查技术规范》（DB11/T 1721—2020）执行
	大型水生植物	植被覆盖度（大型水生植物面积占调查水域面积的比例）	
	浮游植物	种类、生物量（密度）	
	浮游动物	种类、生物量（密度）	
	底栖生物	种类、密度、生物量、香农-维纳指数（计算得出）	

流量过程维持时间监测采用遥感方法，利用每月高分辨率卫星遥感影像数据来确定，以监测断面上、下游500m河段流量过程维持时间代表考核河段流量过程维持时间。

7.3.5　评分方法

7.3.5.1　指标赋分标准

单指标赋分应根据单指标限值赋分表进行赋分，各级间采用线性内插法取值。

（1）生境指标。生境指标限值赋分见表7.4。

（2）生物指标。生物指标限值赋分见表7.5。

表7.4　　　　生境指标限值赋分表

生境指标	赋分	生态河床比例/%	流量过程维持时间/d	河岸带植被覆盖率/%
健康（赋分≥80）	100	≥100	≥365	≥100
	90	≥90	≥270	≥90
	80	≥80	≥180	≥80
亚健康（60≤赋分<80）	70	≥70	≥150	≥70
	60	≥60	≥120	≥60
不健康（赋分<60）	50	≥50	≥90	≥50
	40	≥40	≥60	≥40
	30	≥30	≥30	≥30
	20	≥20	≥15	≥20
	10	≥10	≥8	≥10
	0	0	0	0

表 7.5　　生物指标限值赋分表

生物指标	赋分	鱼类 /species	大型水生植物 /%	浮游植物 /(×10^4 cells/L)	浮游动物 /(ind./L)	大型底栖动物
健康（赋分≥80）	100	≥20	≥100	≤500	≤1000	≥4
	90	≥15	≥85	≤1000	≤2000	≥3.5
	80	≥10	≥60	≤2000	≤3000	≥3
亚健康（60≤赋分<80）	70	≥8	≥50	≤4000	≤4000	≥2
	60	≥6	≥40	≤6000	≤5000	≥1
不健康（赋分<60）	50	≥5	≥30	≤10000	≤6000	≥0.5
	0	0	0	>10000	>6000	0

7.3.5.2　指标健康值核算

（1）生境指标权重。生境指标权重分山区河流和平原河流两类确定，详见表 7.6。

表 7.6　　生 境 指 标 权 重

序号	名　　称	权　　重		
		山区河流	平原河流	
			城市河段	郊野河段
1	生态河床比例	0.5	0.1	0.3
2	流量过程维持时间	0.25	0.7	0.4
3	河岸带植被覆盖率	0.25	0.2	0.3

注　生态河床指泥质、砂质、卵石等天然材料构成，未隔断地表水与地下水的水力联系的河床。

（2）生物指标权重。生物指标权重分山区河流和平原河流两类确定，详见表 7.7。

表 7.7　　生 物 指 标 权 重

序号	名　　称	权　　重	
		山区河流	平原河流
1	鱼类	0.2	0.25
2	大型水生植物	0.2	0.125
3	浮游植物	0.2	0.25
4	浮游动物	0.2	0.125
5	大型底栖动物	0.2	0.25

水生态监测评价通过对水生态补偿各考核指标等水生态要素的监测和数据收集，分析评价水生态系统的健康状况和变化情况，为水生态系统保护与修复提供依据，是河湖生态系统管理的重要内容，对加快推进水生态文明建设具有重要意义。

第 8 章　北京市流域横向生态补偿实践

8.1　横向补偿基本原则

上下游生态补偿可采取双向补偿方式。上游持续投入修复生态，给下游提供了水质达到一定标准并可供利用的水资源，下游应该给上游一定的补偿；上游给下游提供的水如果水质不达标，或者水量严重短缺，未达到确定的水量，上游应该给下游一定的补偿。

（1）坚持优势互补、相互协调原则。北京市自产水源严重不足，地表水源主要来自外来客水。上游地区具有水资源优势，但经济社会发展与北京市相比存在一定差距。首都发展需要可持续利用的水资源，上游地区需要促进区域经济社会可持续发展，北京与上游地区水资源合作可以实现优势互补，相互协调，共同发展。

（2）坚持自愿平等、互惠互利原则。北京与上游地区水资源合作按照自愿平等的原则，开展一系列工程项目和政策合作，不同区域按照各自的职责依法履行相关职责，实现相互利益共享。

（3）坚持统筹规划、科学发展原则。北京与上游地区水资源合作要按照流域和区域相结合的发展目标，做好规划，统筹发展。抓住一些关键领域重点突破，提出优先次序及实施步骤。

（4）坚持政府主导、市场运作原则。政府主导是与上游水资源合作的基本保障，同时要发挥各方面的积极性，鼓励公共参与，积极探索市场化运作方式。

（5）坚持经济效益与社会效益并重原则。通过北京市与上游地区开展一系列水资源合作项目，促进上游地区经济社会发展，同时保障北京市水资源持续利用，经济社会稳步增长，实现经济效益和社会效益并重。

8.2　密云水库上游流域横向生态补偿实践

“燕山明珠”密云水库，是首都重要的地表饮用水水源地、水资源战略储备基地，保护好这个“无价之宝”，是京冀两地义不容辞的政治责任。自 2018 年密云水库上游潮白河流域水源涵养区横向生态保护补偿协议（一期）签订以来，河北省在规划制定、流域保护、污染治理、节水保水、联防联控等领域持续发力，补偿目标顺利实现，张家口、承德两市累计获得生态补偿金 21.5 亿元，流域出境水量累计达到 24.8 亿 m^3，3 个出境考核断面水质稳定达到地表水Ⅱ类及以上水质，为深入推进京冀跨省流域生态补偿长效机制建设打下了坚实基础。

为落实中共中央办公厅、国务院办公厅《关于深化生态保护补偿制度改革的意见》等文件精神，在总结 2018—2020 年密云水库上游潮白河流域水源涵养区横向生态保护补偿协议实施经验的基础上，北京市人民政府、河北省人民政府签订新一轮协议。新一期生态保护补偿协议的签署，标志着密云水库治理保护进入新发展阶段，树立了北方水资源紧缺地区流域共建共享机制的样板，流域上下游系统治理呈现制度化、常态化、稳定化，是推进京津冀协同发展和建设首都“两区”战略的现实检验和生动实践。

新一期生态保护补偿协议的实施年限为 2021—2025 年，涵盖整个“十四五”时期，每年北京市安排 3 亿元左右，河北省安排 1 亿元用于水生态保护修复和总氮防控。资金主要用于密云水库上游潮白河流域水源涵养区水环境治理、水土保持、河湖水生态修复、水资源节约保护以及绩效评估等保障协议履行的相关工作；优先用于城乡污水点源污染治理和畜禽养殖粪污、农业种植化肥农药、水土流失等面源污染治理。新一轮协议主要内容分述如下。

8.2.1　总体情况

（1）密云水库是首都重要地表饮用水水源地，是无价之宝，健全完善流域上下游跨行政区域横向生态保护补偿机制，是践行习近平生态文明思想的重要举措，是实施京津冀协同发展战略的主要内容，是加强区域生态环境协同保护促进永续发展的重要实践。保护密云水库上游潮白河流域水源涵养区生态环境、确保首都水源安全，是北京市和河北省共同的责任，也符合两地共同利益。

（2）北京市、河北省提高政治站位，协同保障首都水安全，按照“生态优先、绿色发展、区际公平、权责清晰”原则，推动建立“成本共担、效益共享、合作共治”的流域保护和治理长效机制，在总结 2018—2020 年工作基础上，完善协作机制，针对总氮防控等突出问题，通过溯源解析、制定实施科学防控方案，共同促进流域水资源保护与水生态环境改善。河北省着力加强水资源保护、水污染防治、水生态修复、水土流失防治、节约用水管理等工作。北京市积极落实生态保护补偿政策，完善联席会议、专家咨询等机制，在京津冀协同发展框架下，加强生态无污染低碳产业、技术和人才交流，支持脱贫地区乡村振兴，推动上游地区绿色发展。

8.2.2 范围和期限

（1）补偿区域范围为密云水库上游潮白河流域河北省承德市和张家口市相关县（沽源县、赤城县、丰宁县、滦平县、兴隆县）。

（2）补偿实施年限为2021—2025年，期限5年。

8.2.3 工作目标

（1）密云水库上游潮白河流域水源涵养区水生态环境质量总体“只能更好、不能变差”，加强汛期污染管控。

（2）实施总氮排放控制，逐步降低河流总氮浓度。到2025年，总氮浓度：潮河古北口降至6.56mg/L以下（较2020年下降6%），白河后城降至8.01mg/L以下（较2020年下降6%）；清水河墙子路、汤河大草坪、黑河四道甸维持稳定不反弹，分别保持在2.57mg/L以下、2.90mg/L以下、5.30mg/L以下。

（3）完成总氮源解析并制定科学防控方案。按照属地原则，总氮溯源监测工作分别由北京市和河北省的水务（水利）、生态环境部门按照各自职责分工组织开展。由北京市水务局牵头汇总和共享数据，并组织编制溯源解析报告和科学防控方案。

（4）稳定河道生态流量。

8.2.4 水量水质监测断面及监测指标

（1）北京市、河北省密云水库上游潮白河流域有主要跨境河流7条，在潮河、白河、清水河、汤河、黑河分别设置水质、水文监测补偿断面，在天河、安达木河分别设置水质、水文监测参考断面。北京市和河北省共同开展监测，统一标准，数据共享。

（2）水质监测补偿断面分别为潮河古北口、白河后城、清水河墙子路、汤河大草坪、黑河四道甸，水质监测参考断面分别为天河四道河、安达木河新城子镇，监测指标为高锰酸盐指数、氨氮、总磷、总氮。

（3）水文监测补偿断面分别为潮河古北口、白河下堡、清水河墙子路、汤河大草坪、黑河三道营，水文监测参考断面分别为天河四道河、安达木河遥桥峪水库，监测指标为水位、流速、降水量。

8.2.5 补偿基准

（1）水质基本指标基准。潮河古北口、白河后城、清水河墙子路、汤河大草坪、黑河四道甸等水质监测补偿断面的水质基本指标高锰酸盐指数、氨氮、总磷实施单因子评价，年均值达到《地表水环境质量标准》（GB 3838—2002）Ⅱ类标准（高锰酸盐指数≤4mg/L，氨氮≤0.5mg/L，总磷≤0.1mg/L）。

（2）总氮年度基准。潮河古北口、白河后城、清水河墙子路、汤河大草坪、黑河四道甸等监测补偿断面总氮年度基准值为三年滑动平均值（该断面补偿年度前三年总氮年均值的平均值）。

（3）水量基准。平水年一般不低于2亿m^3，丰水年一般不低于3亿m^3。

8.2.6　补偿标准

按照“水量核心、水质底线”基本原则开展流域横向生态保护补偿工作。

（1）按照年度总水量实施阶梯补偿，总水量2亿m^3以内，补偿标准为1.5亿元；2亿m^3以外、3亿m^3以内的水量，每1000万m^3补偿1000万元（不满1000万m^3按比例折算）；3亿m^3以外、4亿m^3以内的水量，每1000万m^3补偿500万元（不满1000万m^3按比例折算）；4亿m^3以外、6亿m^3以内的水量，每1000万m^3补偿100万元（不满1000万m^3按比例折算）。超过6亿m^3部分视为过境洪水。

（2）所有补偿断面高锰酸盐指数、氨氮、总磷这3项水质基本指标年均值均好于基准值，水量年度补偿金按照100%进行结算。某补偿断面水质基本指标年均值未达到基准值但好于Ⅲ类，扣减当年补偿金1000万元。某补偿断面水质基本指标年均值劣于Ⅲ类、好于Ⅳ类，扣减当年补偿金3000万元。某补偿断面水质基本指标年均值劣于Ⅳ类，当年不补偿。

（3）建立总氮控制考核机制。当某监测补偿断面总氮年均值好于年度基准值时，当年补偿1000万元；当某监测补偿断面总氮年均值劣于年度基准值时，扣减当年补偿金500万元。协议期末年，潮河古北口、白河后城断面总氮年均值达到总目标时，每断面再补偿1000万元；未达到总目标时，每断面扣减当年补偿金1000万元。

（4）开展总氮防控专项工作。根据总氮源解析最新成果，以问题为导向，制定实施总氮防控方案，补偿金应优先支持相关工作。

8.2.7　资金组成

资金由北京市财政资金、河北省财政资金、中央政策补助资金组成。北京市财政资金根据考核情况每年安排3亿元左右，河北省财政资金每年安排1亿元，中央政策补助资金在协议签订后按政策申请。

协议签订后，当年监测、当年开展保护修复工作，下一年根据上一年监测、考核情况清算资金（2022年结算2021年，2023年结算2022年，依此类推），2022年先行拨付1.5亿元。

8.2.8　资金使用和监管

（1）北京市和河北省有关部门负责对资金的拨付、使用、项目实施进行监管，实行项目实施联查制度。

（2）补偿资金实施项目化管理。围绕总氮防控和水生态保护修复，资金主要用于密云水库上游潮白河流域水源涵养区水环境治理、水土保持、河湖水生态修复、水资源节约保护以及绩效评估等保障协议履行的相关工作；优先用于城乡污水点源污染治理和畜禽养殖粪污、农业种植化肥农药、水土流失等面源污染治理。

（3）强化对接协作工作，京冀密云水库水源保护联席会议联合办公室组织开展技术协作和技术交流工作。北京市延庆区对接赤城县、沽源县，怀柔区对接丰宁县，密云区对接滦平县、兴隆县，联动深化各项保水工作。

8.2.9　绩效评估及其他

（1）按照“年度体检、五年评估”的原则，由北京市水务局、河北省生态环境厅共同组织两省市财政、水利（水务）、生态环境等部门开展绩效评估工作。主要内容包括工作进展、补偿机制运行、总氮等污染物溯源控制、水质改善、水量变化、资金使用及效果等情况，体检和评估结果报北京市人民政府、河北省人民政府及国家有关部委。

（2）协议中水文、水质监测按照密云水库上游潮白河流域水源涵养区横向生态保护补偿水文、水质监测方案执行。

8.3　官厅水库上游流域横向生态补偿研究探索

官厅水库是新中国成立后修建的第一座大型水库，在保障首都防洪供水安全等方面发挥着重要作用。为深入贯彻习近平生态文明思想，落实中共中央办公厅、国务院办公厅《关于深化生态保护补偿制度改革的意见》等文件精神，助力官厅水库早日恢复饮用水水源功能，北京市人民政府、河北省人民政府拟推动建立官厅水库上游永定河流域水源保护横向生态补偿机制。

8.3.1　总则

（1）建立官厅水库上游永定河流域水源保护横向生态补偿机制，是践行习近平生态文明思想的重要举措，是落实京津冀协同发展战略的重要内容，是加强流域生态协同保护、促进流域可持续发展的重要实践。加强官厅水库上游永定河流域水源涵养区生态环境保护、确保首都水源安全，是北京市和河北省共同的责任，也符合两地共同利益。

（2）北京市、河北省提高政治站位，强化协同联动，按照“生态优先、绿色发展、区际公平、权责清晰”原则，推动建立“成本共担、效益共享、合作共治”的流域保护和治理长效机制，共同促进流域水资源保护与水生态环境改善。河北省严格落实生态空间管控要求，严守水源涵养功能区功能定位，强化流域水资源保护、水环境治理、水生态修复、水土流失防治和节约用水等工作。北京市积极落实水源涵养区生态保护补偿政策，建立健全工作机制，在京津冀协同发展框架下，加强技术和人才交流，助推上游地区绿色发展。

8.3.2　范围和期限

补偿区域范围为官厅水库上游永定河流域河北省张家口市13个相关区县（桥东区、桥西区、下花园区、宣化区、经开区、崇礼区、尚义县、蔚县、阳原县、怀安县、万全区、怀来县、涿鹿县）。补偿实施年限为2023—2025年，期限3年。

8.3.3　工作目标

（1）官厅水库上游永定河流域水源涵养区水生态环境质量总体“只能更好、不能变差”，加强汛期污染管控。

（2）实施总氮排放控制，河流总氮浓度维持稳定不反弹并逐步降低。到2025年，永定河八号桥断面总氮浓度控制在4.07mg/L以下（较2019—2021年3年均值4.33mg/L下降6%左右）。

（3）稳定河道生态流量，强化河（库）滨带管理保护。

8.3.4　水量水质监测断面及监测指标

（1）水文补偿监测断面为永定河八号桥，监测指标为水位、流量（流速）、含沙量3项。

（2）水质补偿监测断面为永定河八号桥，监测指标为化学需氧量、高锰酸盐指数、氨氮、总磷、总氮和氟化物6项。

（3）补偿断面的水文和水质监测工作由北京市和河北省共同组织实施。

8.3.5　补偿基准

（1）水质基准。永定河八号桥水质补偿监测断面的水质基本指标化学需氧量、高锰酸盐指数、氨氮、总磷、氟化物按月实施单因子评价，总氮按年实施评价，采用该指标三年滑动平均值为基准值。如补偿2023年，以该指标2020—2022年3年年均值的平均值作为基准值。若某一指标三年滑动平均值劣于地表水Ⅲ类标准，以该指标地表水Ⅲ类标准代替三年滑动平均值作为基准值。

（2）水量基准。永定河八号桥年径流量一般不低于1.0亿m^3（水文监测断面水量扣除引黄调水和集中输水水量）。

（3）泥沙基准。含沙量年度基准值为60mg/L（综合考虑永定河八号桥近年来含沙量情况）。

8.3.6　补偿标准及核算

按照“水量核心、水质底线”基本原则开展流域横向生态保护补偿工作。

（1）水量补偿标准及核算。按照永定河八号桥断面水量（水文监测断面水量扣除引黄调水和集中输水水量）实施阶梯补偿，流量数据经海河水利委员会认定。总水量达到 1.0 亿 m^3 时，补偿 3000 万元；1.0 亿 m^3 以外、1.5 亿 m^3（含）以内的水量，每 1000 万 m^3 补偿 500 万元（不满 1000 万 m^3 按比例折算）；1.5 亿 m^3 以外、2.0 亿 m^3（含）以内的水量，每 1000 万 m^3 补偿 750 万元（不满 1000 万 m^3 按比例折算）；2.0 亿 m^3 以外、3.0 亿 m^3（含）以内的水量，每 1000 万 m^3 补偿 100 万元（不满 1000 万 m^3 按比例折算）。超过 3.0 亿 m^3 部分视为过境洪水。

（2）水质补偿标准及核算。实施浓度补偿、类别兜底、按月核算。永定河八号桥水质监测补偿断面化学需氧量、高锰酸盐指数、氨氮、总磷、氟化物 5 项水质基本指标月均值均达到基准值时，当月水质补偿权重为（100%/12）；水质基本指标月均值均达到或好于Ⅱ类标准时，当月水质补偿权重为（150%/12）；水质基本指标月均值未达到基准值，但均达到或好于Ⅲ类标准时，当月水质补偿权重为（90%/12）；水质基本指标月均值为Ⅳ类时，当月水质补偿权重为（80%/12）；水质基本指标月均值劣于Ⅳ类时，当月不补偿。当年 12 个月水质补偿权重累加后得到水质年度补偿权重，水量年度补偿金按照水质年度补偿权重进行结算。

（3）建立总氮浓度削减引导激励机制。2023 年永定河八号桥水质监测补偿断面总氮年均值好于年度基准值时，补偿 500 万元；2024 年总氮年均值好于年度基准值且好于 4.16mg/L 时，补偿 500 万元；2025 年总氮年均值好于年度基准值且好于 4.07mg/L 时，补偿 500 万元；总氮未达到基准值时，扣缴 500 万元。

水质基本指标年均值劣于Ⅳ类时，水量、水质、泥沙指标均不考虑给予补偿。

（4）建立含沙量指标削减双向激励机制。当永定河八号桥水文监测补偿断面含沙量年均值低于 60mg/L 时，当年补偿 500 万元；当含沙量为 60mL/L（含）至 90mL/L（含）之间时，该项指标当年不补偿；当含沙量高于 90mL/L 时，扣减当年补偿 500 万元。

8.3.7　资金组成

（1）资金由北京市财政资金、河北省财政资金、中央政策补助资金组成。北京市财政资金根据当年考核情况核定，河北省财政资金每年安排 5000 万元，中央政策补助资金在协议签订后按政策申请。

（2）协议签订后，当年监测、当年开展保护修复工作，下一年根据上一年监测、考核情况清算资金（2024 年结算 2023 年，2025 年结算 2024 年，2026 年结算 2025 年）。

8.3.8　资金使用和监管

（1）北京市和河北省有关部门负责对资金的拨付、使用、项目实施进行监管，实行项目实施联查制度。

（2）补偿资金实施项目化管理。资金主要用于官厅水库上游永定河流域水源涵养区水资源节约与保护、水环境治理、水土保持、河湖水生态修复等工作。补偿资金支持的项目与永定河流域投资有限责任公司组织实施的项目不交叉、不重复。

（3）强化对接协作工作。建立京冀官厅水库生态补偿工作会商机制，组织开展技术协作和技术交流，具体由北京市水科院、水文总站、环科院与河北省环科院、水科院以及张家口市有关部门承担，加强对接协作。

8.3.9　绩效评估及其他

（1）按照“年度体检、三年评估”的原则，由北京市水务局、河北省生态环境厅共同组织两省市财政、水利（水务）、生态环境等部门开展绩效评估工作，主要内容包括工作进展、补偿机制运行、水质改善、水量变化、泥沙变化、资金使用及效果等情况。“年度体检、三年评估”所需资金从补偿资金中列支，体检和评估结果报北京市人民政府、河北省人民政府及国家有关部委。

（2）协议中水文、水质监测按照官厅水库上游永定河流域水源保护横向生态补偿水文、水质监测方案执行。

8.4　密云水库水资源战略储备横向补偿

8.4.1　实施背景

2020 年 8 月 30 日，习近平总书记在密云水库建成 60 周年之际给建设和守护密云水库的乡亲们回信，指出“密云水库作为北京重要的地表饮用水水源地、水资源战略储备基地，已成为无价之宝”，同时要求各级党委和政府“坚持生态优先、绿色发展，加强生态涵养区建设，健全生态补偿机制，共同守护好祖国的绿水青山。”

密云水库既是首都最重要的地表饮用水水源地，也是北京南水北调调蓄水库，事关城乡供水安全、城市平稳运行和经济社会可持续发展，在首都供水体系中的地位至关重要。贯彻落实绿水青山就是金山银山的理念，围绕构建绿水青山转化为金山银山的政策制度，推进以密云水库流域为典型流域的生态产品价值实现工作，完善密云水库流域水资源战略储备横向生态补偿工作，进一步强化密云水库生态保护，推进生态文明建设，是促进水资源可持续利用、水生态保护和保障水安全的要求，对于密云水库的水源保护及北京市的用水安全具有重要的现实意义和战略意义。

8.4.2 总体思路

8.4.2.1 实施原则

（1）坚持三个导向，即目标导向、问题导向、需求导向。从现实需求出发，做好密云水库水资源战略储备横向生态补偿，保护密云水库水生态，维护密云水库的战略地位，聚焦影响密云水库流域横向生态补偿的关键因素，确定相关考核指标和核算办法。

（2）坚持三个创新，即制度创新、科技创新、实践创新。在已有研究成果的基础上，通过科技赋能、政策引导、评估试点，测算确定补偿金额、补偿分担系数和补偿分配金额，探索建立密云水库水资源战略储备横向补偿机制，通过建立考核、政策保障、资金管理和组织管理等机制，完善密云水库水资源保护和战略储备的横向补偿机制。

（3）坚持三个落地，即指标责任落地、资金落地、项目落地。指标设定和考核核算遵循生态系统补偿的基本原理，坚持科学性和系统性，充分考虑现实条件，采用现有的水生态监测数据和现行成熟的规范标准，核算方法清晰简单，具有可操作性。资金与项目对应指标责任，围绕保护密云水库水生态、维护密云水库战略地位的目标，指向明确，目标清晰，具有可操作性。

8.4.2.2 思路架构

以保护密云水库水生态、保障密云水库水资源战略储备、保证水库清洁水源为目的，根据生态系统服务价值、生态保护成本、发展机会成本，运用政府和市场手段，调节生态保护利益相关者之间的利益关系，构建以水资源保护与战略储备为核心的横向生态补偿机制。

（1）补偿原则。密云水库水资源战略储备横向生态补偿依照“保护者受益，使用者付费”“谁受益，谁补偿”的原则，密云水库保水区为保障首都水资源战略储备用水作出了贡献，受益区对密云水库所作的贡献进行适当补偿。

（2）补偿实施相关方：

1）补偿实施受偿方为保水贡献区域区政府，即密云水库上游流域北京市境内的水源保护区域，涉及延庆、怀柔、密云 3 个区的 22 个乡镇，总面积 3692km^2。

2）补偿实施付费方为用水受益区范围内相关区政府。用水受益区是指使用密云水库、南水北调和城市水源地等市级水资源统一调配系统（以下简称“市级水源统配系统”）供给生活、生产、生态用水的行政区，主要涉及东城区、西城区、朝阳区、海淀区、丰台区、石景山区、门头沟区、房山区、通州区、昌平区、大兴区、北京经济技术开发区以及今后纳入市级水资源统一调配系统的行政区。

(3) 补偿总额及补偿标准。密云水库流域年战略储备水量暂定为10亿m^3，按每年每立方米清洁水源保护成本1元计算，水资源战略储备补偿金总数每年为10亿元。将用水受益区的市级统配水量作为确定补偿金分担比例的标准，分担比例用上一年度各受益区使用的市级水源统配系统配置水量占上一年度市级水源统配系统配置总水量的比例确定。用水受益区当年应缴纳的水资源战略储备补偿金为上述比例乘以10亿元得到。

8.4.3　补偿实施的主要内容

密云水库水资源储备补偿实施通过《北京市密云水库水源储备管理暂行办法》予以规范，包括9章27条。主要内容为目的、依据、适用范围、工作原则、职责分工、水源战略储备补偿金的支持方向、项目管理、补偿金管理、监管考核等。

8.4.3.1　确定密云水库年战略储备水量

1. 水资源战略储备量的核算

遭遇极端天气或重大突发事件时，如外调水或地下水供水系统等遭遇破坏，不得不动用密云水库战略储备水资源的情况下，将密云水库战略储备水资源通过市级统配水源供给系统供应北京市东城区、西城区、朝阳区、海淀区、丰台区、石景山区、门头沟区、房山区、通州区、昌平区、大兴区、经济技术开发区以及今后相关扩展服务保障的区域。

在应急情况下，由于供水能力受限，优先保障重点对象的供水安全；重点对象是居民生活用水，以及保障城市社会经济正常运行和尽快恢复的单位（包括机关事业单位及部队、机场、水电气热暖供应业等重要基础设施，以及医院、学校等基本保障单位）。

根据市级统配水源受益区用水需求和城市供水应急和备用水源工程技术标准进行核算，应急情况下的居民生活用水按拘谨型供水，压减30%，计算得出年保障水资源量为6.12亿m^3；核算社会经济正常运转保障单位的用水，按北京市用水结构，工业压减65%，得出年保障水资源量为0.77亿m^3；服务业压减30%，得出年保障水资源量为3.43亿m^3。综合以上核算用水量，水资源年战略储备量至少为10.32亿m^3。

2. 水资源战略储备对密云水库运行的影响

密云水库总库容43.75亿m^3，防洪库容9.27亿m^3；汛限水位152m，汛限水位对应库容30.37亿m^3；兴利库容35.45亿m^3。综合考虑自然水文规律、水库安全运行及蓄水条件等，进行密云水库的战略储备水资源使用场景模拟分析，通过合成库容法计算，得出密云水库可提供最大供水量约为17.3亿m^3。因此，水库在正常运行条件下能够保障10亿m^3的战略储备水资源量。

综上，确定密云水库年战略储备水量为 10 亿 m^3。

8.4.3.2 确定补偿资金标准

根据流域生态系统服务价值外溢量、受益区经济发展水平和支付意愿，参照现有其他补偿标准等综合考量和计算，确定补偿资金标准为 1 元/m^3，方法如下：

（1）以密云水库流域水源保护和战略储备成本作为水资源储备补偿资金下限，通过密云水库流域水资源保护和战略储备的直接成本与机会成本计算，得到直接成本为 12.56 亿元，机会成本为 12.16 亿元。直接成本已通过纵向补偿实现，因此补偿下限为 12.16 亿元。

（2）以密云水库水资源保护与战略储备的生态服务外溢价值作为水资源储备补偿资金上限，由密云水库水资源战略储备生态服务外溢价值计算，得到外溢价值为 22.47 亿元，作为补偿上限。

（3）综合考虑受益区经济发展水平和支付意愿，根据 2020 年《北京市水文化价值调查评估报告》中通过居民支付意愿调查得到北京市居民对密云水库保护和利用总支付意愿为每年 41.39 亿元，按 2020 年末水库蓄水量 31.39 亿 m^3，分摊标准为 1.32 元/m^3。

（4）参照现有其他补偿标准。包括京冀密云水库上游水资源保护和战略储备区生态保护补偿近 3 年平均单方水量补偿标准（1 元/m^3）、北京市水环境区域补偿办法中的补偿标准（1 元/m^3）等。

8.4.3.3 确定分担比例

密云水库战略储备水源是指当遭遇极端天气或重大突发事件时，外调水或地下水供水系统等遭遇破坏，不得不动用的密云水库战略储备水资源的情况下以备不时之需的水源。在应急条件下通过市级统配水源供给系统输送给受益区，包括东城区、西城区、朝阳区、海淀区、丰台区、石景山区、门头沟区、房山区、通州区、昌平区、大兴区、经济技术开发区以及今后相关扩展服务保障的区域。

因此选取市级统配水量作为水资源战略储备补偿金分担比例，由受益区政府代表本区用水户对密云水库上游保水贡献区进行水资源储备生态补偿。分担比例用上一年度各受益区使用的市级水源统配系统配置水量占上一年度市级水源统配系统配置总水量的比例确定。用水受益区当年应缴纳的水资源战略储备补偿金为上述比例乘以 10 亿元得到。

8.4.3.4 明确补偿金的使用方向

水资源战略储备补偿金主要用于密云水库一级水源保护区人口有序疏解，以及保水贡献区域内以下四方面任务：

（1）密云水库一级水源保护区土地流转及生态保护修复。

（2）水环境治理，水生态保护修复，水土保持、污水处理及再生水利用设施建设运行维护。

（3）统筹开展流域水生态保护调查评价、工程规划设计、监测、体检评估等相关基础性工作。

（4）其他重点项目和工作。

流域内已有市级资金政策支持的项目，原则上不纳入水资源战略储备补偿金支持范围。

8.4.3.5　规范资金核算与管理

（1）密云水库流域年水资源储备水量约为10亿 m^3，按每年每立方米清洁水资源储备保护成本1元计算，水资源储备成本资金总量每年约为10亿元（根据需要可经市政府同意后调整）。

（2）用水受益区当年应缴纳的水资源储备成本资金量为上一年度本区使用的市级水资源统配系统配置水量，乘以补偿金标准1元/m^3。

（3）区财政局将各用水受益区应分担的密云水库水资源储备成本资金上缴市财政局。市财政局将资金纳入北京市水务改革发展专项转移支付分配下达。

8.4.3.6　加强监管与效果评价

（1）总体监管。市河长办会同相关部门建立河长、林长、田长“三长”联动机制，对保水贡献区域水生态保护修复工作进行全面监督。不断完善山水林田湖草沙一体化保护的规划、建设、运行维护、评估工作机制，提升水源保护工作效率。

（2）资金监管。严格水资源储备成本资金监管，不得以任何理由和形式截留、挤占、挪用。资金使用单位应建立专项档案，记录项目实施及资金使用情况。市相关部门要定期对区政府项目实施情况和资金管理使用情况进行监督检查，各区水务部门要会同区财政部门等相关部门，将项目实施情况及资金使用情况报市联席会议办公室，对违反规定的，由相关部门依法追究有关单位和人员的责任。

（3）效果评价监管。项目完成后，实施主体应及时组织项目验收，按照北京市预算绩效管理相关规定进行绩效自评，并建立可持续的运行维护机制。市联席会议办公室会同各行业主管部门对执行情况进行检查。

8.4.4　补偿金测算

8.4.4.1　补偿金总量

以可供市级水源统配系统使用水量10亿 m^3 为密云水库流域年战略储备水量，作为生态系统外溢的公益价值量部分。测算水源保护成本，作为横向生态补偿的下限；将密云水库流域水生态系统外溢的且各区享受的水生态产品价值作为补偿上限。综合考虑保水治理成本投入和支付意愿，确定每年每立方米清洁水源保护成本标准为1元，由此可计算出水资源战略储备补偿金总量每年为10亿元。

8.4.4.2 测算说明

将用水受益区的市级统配水量作为确定补偿金分担比例的标准，分担比例为上一年度各受益区使用的市级水源统配系统配置水量占上一年度市级水源统配系统配置总水量的比例。用水受益区当年应缴纳的水资源战略储备补偿金为上述比例乘以10亿元得到。

8.4.4.3 测算结果

经初步统计，2021年北京市市级统配水量共约106976.70万m^3，据此确定各受益区2022年资金分担比例，根据资金分担比例确定应缴纳的金额，详见表8.1。

表8.1 北京市用水受益区2022年应缴纳的水资源战略储备补偿金测算表

行政区编号	市级统配水量（2021年）/万m^3	资金分担比例/%	应缴纳金额/万元
1	6703.02	6.27	6265.87
2	9188.78	8.59	8589.52
3	26690.38	24.95	24949.71
4	20702.90	19.35	19352.72
5	14288.25	13.36	13356.41
6	4425.18	4.14	4136.58
7	2208.56	2.06	2064.53
8	2868.82	2.68	2681.73
9	5686.55	5.32	5315.69
10	4407.64	4.12	4120.19
11	5716.00	5.34	5343.22
12	4090.61	3.82	3823.83
合计	106976.70	100	100000.00

按《办法》中的补偿金分担方法，对各区缴纳的10亿元补偿金进行分担，其中朝阳区应分担的补偿金比例最高，占24.95%，应缴纳24949.71万元；门头沟区应分担的补偿金比例最低，占2.06%，应缴纳2064.53万元。

第9章 北京市水生态区域补偿实践

9.1 北京市水生态区域补偿实施背景

良好生态环境是实现中华民族永续发展的内在要求，是增进民生福祉的优先领域，是建设美丽中国的重要基础。国家对提升生态系统多样性、稳定性、持续性，建立水生态保护补偿制度提出了明确要求。党的二十大报告提出，要“深入推进环境污染防治”“提升生态系统多样性、稳定性、持续性”。《关于深化生态保护补偿制度改革的意见》指出，加快健全有效市场和有为政府更好结合、分类补偿与综合补偿统筹兼顾、纵向补偿与横向补偿协调推进、强化激励与硬化约束协同发力的生态保护补偿制度。北京市政府有关文件明确提出健全完善水生态区域补偿制度，用经济手段激励、约束和引导各区加强水生态环境保护修复，进一步完善北京市水生态环境政策体系。

北京市“十四五”规划纲要提出要推动水污染防治向水生态保护转变。水生态保护中溢流污染、密云水库总氮超标以及部分河流有水河长不足、流动性阻断、生境生物多样性相对单一等现阶段亟待解决的问题需要补偿机制发挥导向作用。

北京市水生态区域补偿制度的实施，可为北京市建立水生态保护补偿制度，完善水生态环境政策体系，用经济手段激励、约束和引导各区加强水生态环境保护修复提供技术支撑；对进一步压实区政府水生态保护主体责任，推动解决本市面临的有水河长不足、河流流动性阻断、生境生物多样性恢复困难等水生态保护突出问题，具有重要的现实意义。

2015年，北京市积极探索流域上下游、左右岸系统治理新机制，创新北京市生态文明建设的新实践，发布实施了《北京市水环境区域补偿办法（试行）》（京政发办〔2014〕57号），以经济手段推动国家断面水质考核达标和污水治理三年行动方案各项任务全面落地，并取得了良好效果。2023年1月1日起，北京市开始施行《北京市水生态区域补偿暂行办法》（京政办发〔2022〕31号），标志着水生态区域补偿制度的实施进入了新阶段。

9.2 北京市水生态区域补偿的总体框架

9.2.1 北京市水生态保护实施途径

1. 总体目标

北京市水生态保护的最终目标是促进人与自然和谐共生，不断增强人民群众的获得感、幸福感、安全感，为建设国际一流的和谐宜居之都提供更加坚实的水安全和生态安全保障。

2. 具体目标

以“安全、洁净、生态、优美、为民”为目标，注重保持生态系统的原真性、完整性，更加注重生物多样性保护，不断提升水生态系统质量和稳定性，实现水体流动、水环境洁净、水生态健康。

3. 实施途径

遵循水的自然循环和社会循环规律，从生态整体性和流域系统性出发，立足山水林田湖草沙一体化保护修复，坚持以河流为骨架、以分水岭为边界、以流域为单元，统筹治水与治山、治林、治田、治村（镇/城）的关系，统筹上下游、左右岸、干支流、地表和地下，加强源头治理、系统治理、综合治理。

加强规划引领，强化空间管控，推进以流域为单元的水生态保护修复。充分发挥政府在水生态保护修复工作中的主导作用，同时注重发挥市场机制和社会力量作用，推进共建共治共享。探索建立水生态产品价值实现机制。加快推进水流自然资源确权登记。创新工作推进机制，完善资金投入政策。

9.2.2 水生态区域补偿的总体框架构建

建立水生态区域补偿的理论框架体系和指标体系，梳理各指标体系之间的逻辑关系，形成水生态区域补偿总体框架。依据国家和北京市关于水生态保护补偿的相关原则和政策，结合北京市政府关于水生态相关领域的年度考核目标要求，考虑可操作性，全面梳理建立水生态区域补偿体系，完善指标体系，梳理各指标体系的逻辑关系，体现“保护者受益、使用者付费、损害者赔偿”原则，设计水生态区域补偿总体框架。

1. 指导思想

以习近平生态文明思想为指导，认真贯彻落实中央和北京市委、市政府关于生态文明建设和建立生态补偿制度的决策部署，健全水生态区域补偿制度。在继承和发展水环境区域补偿制度的基础上，用经济手段落实相关区政府主体责任，量水而行着力提升河湖生态用水保障能力，因地制宜逐步改善河湖水系连通性，切实提升河湖栖息地生境和生物多样性，促进水生态系统整体健康，共建“造福人民的幸福河”，为市民提供更多更好的水生态产品和服务价值，让人民群众有更多的获得感。

2. 主要原则

（1）导向明确、突出重点。针对水生态系统关键因素和妨碍水生态健康的突出问题发挥政策导向作用。

（2）基础扎实、简便易行。尽量利用现有的水文和水生态监测数据进行考核，核算方法简明，可操作性强。发生极端水文气象条件时可暂不考核。

（3）共识广泛、责任明晰。遵循水生态系统客观规律，具有科学共识；考核内容符合相关法律法规且列入国家和北京市政府相关考核文件，具有政策共识；满足人民群众需求，具有广泛的社会共识。考核指标责任可以落实到相关区政府。

（4）积极探索、逐步完善。水生态区域补偿是一项开创性工作，需随着水生态保护工作的深入不断完善。

3. 水生态区域补偿总体框架

水生态好的特征是水流流动、水质洁净、生境丰富和生物多样。水生态区域补偿框架体系，即在原水环境区域补偿制度包含的水质指标基础上，进一步考虑水流、生境生物等水生态关键要素。其中，在水流方面，重点考虑有水河长（保障生态水流）、河流连通性（增加流动性）；在水质方面，对原有水环境区域补偿相关考核指标予以继承和完善，主要是加大对劣Ⅴ类水体考核力度，增加溢流污染和再生水配置利用考核（进一步促进水流洁净），在密云水库上游增加入库总氮指标（促进入库断面总氮消减）；在生境和生物方面，采用水生态健康综合指数（促进生境生物多样性）等进行后核。北京市水生态区域补偿总体框架如图9.1所示。

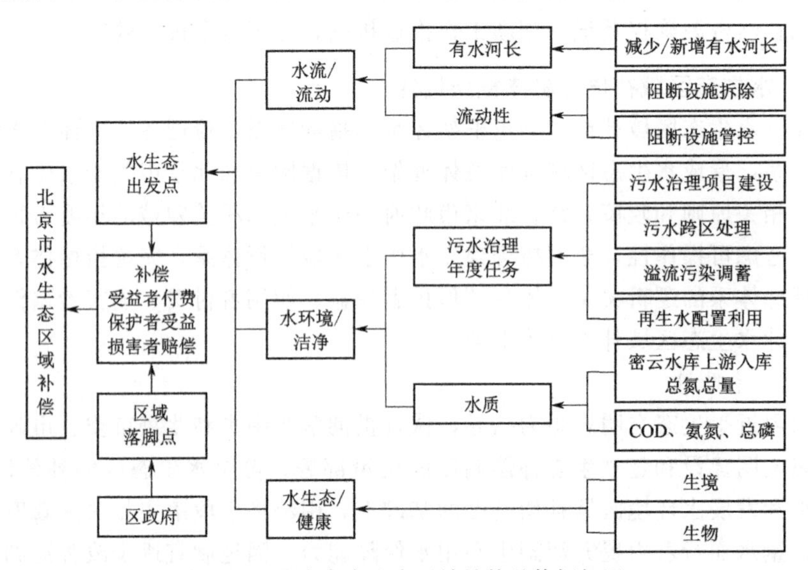

图9.1　北京市水生态区域补偿总体框架图

9.3 北京市水生态区域补偿指标体系

遵循水生态系统自然规律，坚持目标导向与问题导向相统一、延续发展与创新探索相衔接、系统谋划与简便易行相结合的原则，按照生态保护“使用者付费、保护者受偿、损害者赔偿”的利益导向机制，聚焦北京市水生态保护中存在的突出问题，设置水流、水环境、水生态三大类考核指标，涉及13项核算指标。

9.3.1 水流类指标

水流类指标重点考虑通过有水河长和阻断流动性考核保障生态水流、增加河流连通性。考核内容包括有水河长和流动性两类，共三项核算指标。其中，流动性包括阻断设施拆除和阻断设施管控两项核算指标。

（1）有水河长。有水是维持水生态系统的前提条件。北京市的自然禀赋决定了不能搞大水面，采用有水河长指标来反映水流的保有量符合北京市实际。该指标鼓励区政府通过优化水资源配置或建设连通设施以增加管辖区域内的有水河长。

（2）流动性。河流的生命在于流动。新时期水生态修复工作需要对历史上各个时期在河流上修建的水流阻断设施进行管控，以增加河流流动性。为此设置流动性指标鼓励相关区政府对塘坝、节制闸、堰坝等阻断河流流动性设施实施拆除或采取运行管控措施，降低因阻断河流流动性对水生态造成的负面影响。

9.3.2 水环境类指标

水环境类指标，可从水质目标管控和水环境治理项目管控两方面设置补偿指标。一方面通过目标管理倒逼水质达标，另一方面通过对治理项目的管控，促进水质目标达标。水质目标管控包括河流跨区断面污染物浓度和重点水源水库入库总氮总量控制指标；水环境治理可设置水污染治理建设和污水资源化利用指标。

（1）水质目标管控。一是针对河流鼓励相关区政府采取措施促进河流跨区断面污染物浓度主要指标值达到该断面考核目标；二是针对重点水源水库推动上游相关区削减河流入库总氮负荷。

（2）水环境治理项目管控。主要是对各区按期保质保量完成污水治理项目绩效建立激励约束机制，可结合实际设置污水治理项目建设、污水跨区处理、溢流污染调蓄和再生水配置利用等考核指标。

9.3.3　水生态类指标

引导相关区政府采取措施提高水生态健康水平，促进水生态系统稳定向好。生境指标为水生态系统中的非生物环境指标，重点考虑河流流态、底质、岸线、植被覆盖等因素。生物指标为环境质量监测与评价中的生物学特性和参数，考虑水生动植物的多样性、丰度等因素。

9.4　北京市水生态区域补偿核算方法

9.4.1　总体要求

水生态保护补偿核算包括确定考核范围、考核目标、补偿标准和补偿方法。核算方法适用于水流、水环境、水生态三类考核指标和 13 项核算指标的补偿金核算。补偿金核算工作由市水务局会同市生态环境局、市财政局组织开展。各区及有关单位应提交核算所需材料并配合开展核算工作。

1. 各河段类别确定方法

按照全国水利普查确定的北京市山区和平原分界线，以及北京市规划建成区情况，确定考核河段类别。

山区河段与平原河段：北京市山区和平原分界线高程以上河段为山区河段，高程以下河段为平原河段。在平原河段中，通过中心城区、城市副中心、新城、重点镇规划建成区的河段为城市河段。

2. 各区特殊干旱年份确定方法

特殊干旱年份按行政区确定。当该区某年份的年降水量小于偏枯年份 $P=75\%$ 的年降水量时，为特殊干旱年份。各区偏枯年份 $P=75\%$ 的年降水量见表 9.1。

表 9.1　　各区偏枯年份 $P=75\%$ 的年降水量

序号	行政区	$P=75\%$的年降水量 /mm	序号	行政区	$P=75\%$的年降水量 /mm
1	东城区	458.2	9	通州区	433.7
2	西城区	455.3	10	顺义区	478.2
3	朝阳区	457.2	11	大兴区	420.0
4	海淀区	450.9	12	昌平区	443.7
5	丰台区	450.2	13	平谷区	532.2
6	石景山区	454.5	14	怀柔区	466.8
7	门头沟区	410.1	15	密云区	522.8
8	房山区	455.0	16	延庆区	405.6

9.4.2 考核清单的确定

1. 确定有水河长考核清单

有水河长考核实行清单管理，每 3 年调整一次。确定方法如下：

（1）以北京市第一次水务普查确定的北京市 425 条河流清单为基础，筛选出 2020—2022 年 3 月均有水的河段作为考核初选清单。

在考核初选清单的基础上，扣除无闸坝、水库、再生水补水口等补水条件的河段，以及各区不可控的市管河段，形成 2023—2025 年考核期有水河长考核清单。

（2）以前款规定确定下一个 3 年考核期有水河长考核清单。

（3）如遇特殊干旱年份，涉及区域的相关河段不考核有水河长指标。3 年考核期内如遇不考核的特殊干旱年份，考核清单自动后延，满 3 年后调整。

2. 确定流动性考核清单

（1）阻断设施拆除清单的确定。阻断设施拆除考核实行清单管理，每年调整一次。每年对有水河道内已不具备防洪、水资源配置等功能的阻断河流流动性的设施进行调查，纳入下一年度阻断设施拆除清单。

（2）阻断设施管控清单的确定。阻断设施管控考核实行清单管理，每年调整一次。有水河道内具备防洪调度或水资源配置功能的阻断河流流动性的设施纳入阻断设施管控清单。

3. 设置跨区断面污染物浓度考核断面

跨区断面污染物浓度考核断面位置原则上应设置在各区行政区域交界处附近，经市生态环境局会同市水务局和相关区政府提出。

4. 设置密云水库入库河流考核清单及考核断面

将密云水库上游的白河、潮河、清水河、白马关河、牤牛河、对家河、蛇鱼川等 7 条入库河流纳入考核清单，并相应设置大关桥、辛庄桥、葡萄园桥、石佛桥、兵马营、水堡桥、田庄子等 7 个入库考核断面（表 9.2）。同时，设置补偿金分摊监测断面用于补偿金的分摊（表 9.3）。

表 9.2 密云水库入库河流考核清单及入库考核断面

序号	行政区	考核河流	考核断面
1	密云区	白河	大关桥
2		潮河	辛庄桥
3		清水河	葡萄园桥
4		白马关河	石佛桥
5		牤牛河	兵马营
6		对家河	水堡桥
7		蛇鱼川	田庄子

表 9.3　补偿金分摊监测断面

序号	行政区	河流	参考断面
1	延庆区	白河	下湾
2	延庆区	白河	四合堂
3	延庆区	白河	白河堡水库出库
4	延庆区	菜食河	南天门
5	密云区	牤牛河	半城子水库
6	赤城县	白河	下堡
7	赤城县	黑河	三道营
8	丰宁县	天河	四道河
9	丰宁县	汤河	大草坪
10	滦平县	潮河	古北口
11	滦平县	安达木河	三道边
12	兴隆县	清水河	墙子路

5. 确定污水治理年度任务年度考核清单

参照各年度“河长制责任清单”相关内容确定。北京市某年度列入河长制责任清单的污水治理项目建设任务见表9.4。

表 9.4　北京市某年度列入河长制责任清单的污水治理项目建设任务

行政区	污水治理项目建设任务
朝阳区	配合北京排水集团做好堡头污水处理厂升级改造建设保障工作
海淀区	稻香湖再生水厂二期工程实现通水
	完成海淀区温泉水厂工程及配水管网建设涉及的征地拆迁等工作，保证工程顺利实施
石景山区	配合北京排水集团做好五里坨污水处理厂2万 m^3/d 升级改造以及4万 m^3/d 扩建部分建设的施工保障
房山区	开工建设窦店基地再生水厂一期升级改造工程
	完成长沟镇再生水厂（一期）工程立项
	完成25个村的农村生活污水收集处理设施建设
通州区	开工建设减河北再生水厂
	完成40个村的农村生活污水收集处理设施建设
	推进漷县镇污水处理厂升级改造前期手续办理，重点推进原污水处理厂决算、立项等相关工作
顺义区	完成30个村的农村生活污水收集处理设施建设
大兴区	开工建设永兴河第二再生水厂、西红门第二再生水厂（一期）
	完成4个村的农村生活污水收集处理设施建设

续表

行政区	污水治理项目建设任务
昌平区	开工建设昌平污水处理厂一期升级改造工程
	完成7个村的农村生活污水收集处理设施建设
平谷区	完成马坊物流园再生水厂前期工作
	完成6个村的农村生活污水收集处理设施建设
	完成洳河污水处理厂提标改造
怀柔区	开工建设怀柔污水处理厂
	完成15个村的农村生活污水收集处理设施建设
密云区	完成高岭镇污水处理厂改造主体工程
	完成15个村的农村生活污水收集处理设施建设
延庆区	完成8个村的农村生活污水收集处理设施建设
经开区	完成台湖第二再生水厂（二期）前期手续并开工建设；完成经开区金桥再生水厂及金桥高品质再生水厂工程建设，完成处理规模为2万 m^3/d 的临时污水处理设施建设
	加快规划污水处理厂、再生水厂建设，2023年6月底前完成亦庄再生水厂扩容、中信新城污水外调工程。解决汛期污水冒溢问题，降低河道污染

6．确定水生态考核河段清单

原则上水生态考核河段清单与有水河长考核清单一致。确定水生态考核河段清单共有河段117条，河段总长共计2025km。

9.4.3　考核目标值的确定

1．确定有水河长年度考核目标值

有水河长年度考核目标值设置方法如下：

（1）将考核河段前3年3—6月有水河长长度算术平均值设置为该河段年度考核目标值。

（2）区域如遇干旱年份，则不考核该区域有水河长指标，当年的有水河长数据也不计入，其后年份的年度考核目标值和考核河段滑动更新核算。

2．确定阻断流动性年度考核目标值

（1）阻断设施拆除年度考核目标任务的确定。根据阻断设施拆除清单制定阻断设施年度拆除计划，即为当年考核目标任务。上年度未完成拆除的阻断设施，应顺延至下一年度拆除计划。

（2）阻断设施管控年度考核目标任务的确定。以维持管控清单内阻断设施下游河流流动性为目标任务。

1）按照在水生态系统萌发期等重要生态时段应维持河流流动性、保持细水长流的目标任务，在每年3—6月和10—12月对设施阻断流动性情况进行监控。

2）当考核期内因设施运行不当造成下游河道断流时，即判定造成一次流动性阻断，并作为补偿金核算依据。

3）同一设施每月监控到多次阻断流动性时，纳入补偿金核算的次数为每月1次。

3. 确定跨区断面污染物浓度考核目标值

跨区断面污染物浓度考核断面水质目标原则上与所在流域国家地表水生态环境质量考核有关要求、所在水体水功能区水质要求相衔接。

4. 确定入库考核断面总氮浓度考核目标值

参考《密云水库上游潮白河流域水源涵养区横向生态保护补偿协议》，某河流入库考核断面总氮浓度考核目标值确定方法如下：

(1) 确定初始基准值。某河流入库考核断面初始基准值为该断面2020—2022年3年总氮浓度的平均值。

(2) 确定考核目标值。某河流入库考核断面总氮浓度年度考核目标值按初始基准值每年递减2%确定（表9.5）。

表9.5　河流入库断面考核目标值

序号	行政区	考核河流	考核断面	基准值/(mg/L)	目标值/(mg/L)		
					2023年	2024年	2025年
1	密云区	白河	大关桥	2.78	2.72	2.66	2.60
2		潮河	辛庄桥	6.80	6.66	6.53	6.40
3		清水河	葡萄园桥	1.75	1.71	1.67	1.63
4		白马关河	石佛桥	2.36	2.31	2.26	2.21
5		牤牛河	兵马营	2.70	2.64	2.58	2.52
6		对家河	水堡桥	4.74	4.64	4.54	4.44
7		蛇鱼川	田庄子	4.83	4.73	4.63	4.53

注　牤牛河考核断面为兵马营，近年监测处于断流无水状态，采用半城子水库浓度计算基准值、考核目标等。

5. 确定污水治理年度任务年度考核目标值

污水治理年度任务年度考核目标按照《北京市“十四五”时期重大基础设施发展规划》《北京市“十四五”时期污水处理及资源化利用发展规划》《北京市全面打赢城乡水环境治理歼灭战三年行动方案（2023—2025年）》等相关规划和文件以及“河长制责任清单”等确定的各区任务目标确定。

6. 确定生境生物指标考核目标值

考核目标值参考《水生态健康评价技术规范》（DB11/T 1722—2020）中

水生态等级为“健康”的最小分值确定，为 80 分。

9.4.4 补偿标准的确定

补偿标准确定的方法包括生态产品价值法、生态保护成本法，综合考虑支付意愿和能力等。

1. 有水河长

采用成本估算法，考虑水资源配置和消耗成本，按山区和平原河流两种情况，分别估算为每年 20 万元/km 和 60 万元/km。

2. 阻断设施拆除与管控

采用拆除成本估算法，考虑水资源配置和消耗成本，估算阻断设施未拆除年补偿金标准为 150 万元/处。综合考虑支付意愿和能力，估算阻断流动补偿金标准为 30 万元/次。

3. 跨区断面污染物浓度

综合考虑支付意愿和能力，估算每个水质浓度指标距离水质目标值变差 1 个类别补偿金标准为 30 万元/个。

4. 密云水库上游入库总氮

采用成本估算法，将需削减的 1t 总氮稀释到地表水湖库Ⅲ类标准（1mg/L），需要的水资源量 $100m^3$，按水资源费 1.57 元/m^3 计算需要 157 万元。

5. 污水治理年度任务年度

采用成本估算法，估算补偿金标准为 2.5 元/m^3。再生水配置利用补偿标准按输配成本估算为 1 元/m^3。

6. 水生态类指标

采用治理成本估算法，估算生境指标补偿金标准为 200 万元/分，生物指标补偿金标准为 300 万元/分。

9.4.5 核算方法

1. 有水河长补偿金核算方法

某河段有水河长考核应缴纳的补偿金 CP_{hc}（万元）的计算公式为

$$CP_{hc}=(T_{hc}-L)S_{hc} \tag{9.1}$$

式中：T_{hc} 为某河流有水河长年度考核目标值，km；L 为某河流有水河长年度监测值，km；S_{hc} 为有水河长补偿金标准。

2. 阻断设施拆除与管控补偿金核算方法

未完成阻断设施年度拆除计划任务应缴纳的补偿金 CP_{cc}（万元）的计算公式为

$$CP_{cc}=N_{cc}S_{cc} \tag{9.2}$$

式中：N_{cc} 为该区阻断设施未完成拆除的总数，处；S_{cc} 为阻断设施未拆除年补偿金标准。

阻断设施管控应缴纳的补偿金 CP_{gk}（万元）的计算公式为

$$CP_{gk}=N_{gk}S_{gk} \tag{9.3}$$

式中：N_{gk} 为该区阻断设施阻断流动的总次数，次；S_{gk} 为阻断流动补偿金标准。

3. 跨区断面污染物浓度补偿金核算方法

（1）超标断面水质为Ⅴ类及以内时，断面当月超标扣缴补偿金按照化学需氧量或高锰酸盐指数超标补偿金、氨氮超标补偿金、总磷超标补偿金累加，计算公式为

$$CP_{SZ}=CP_{G/M}+CP_{AD}+CP_{TP} \tag{9.4}$$

式中：CP_{SZ} 为断面当月差于水质目标的扣缴补偿金，万元；$CP_{G/M}$ 为化学需氧量或高锰酸盐指数超标补偿金，万元，当断面水质目标为Ⅳ、Ⅴ类时按化学需氧量计，当断面水质目标为Ⅱ、Ⅲ类时按高锰酸盐指数计；CP_{AD} 为氨氮超标补偿金，万元；CP_{TP} 为总磷超标补偿金，万元。

其中 $CP_{G/M}$ 的计算公式为

$$CP_{G/M}=N_{G/M}S_{SZ} \tag{9.5}$$

式中：$N_{G/M}$ 为化学需氧量或高锰酸盐指数距离水质目标值变差的类别个数（至Ⅴ类为止），个；S_{SZ} 为距离水质目标值变差 1 个类别补偿金标准，30 万元/个。

CP_{AD} 的计算公式为

$$CP_{AD}=N_{AD}S_{SZ} \tag{9.6}$$

式中：N_{AD} 为氨氮（NH_3-N）距离水质目标值变差的类别个数（至Ⅴ类为止），个。

CP_{TP} 的计算公式为

$$CP_{TP}=N_{TP}S_{SZ} \tag{9.7}$$

式中：N_{TP} 为总磷（TP）距离水质目标值变差的类别个数（至Ⅴ类为止），个。

（2）超标断面水质为劣Ⅴ类时，当化学需氧量或高锰酸盐指数、氨氮、总磷任意一项污染物为劣Ⅴ类时，不再计算Ⅴ类及以内的扣缴，该断面当月直接一次性扣缴补偿金 500 万元。当该断面水质年度累计出现 3 个月（含）以上劣Ⅴ类时，该断面水质因超过Ⅴ类而扣缴的补偿金总额追加 1 倍，于年终清算。

（3）优于水质目标的断面补偿金按照全部核算指标累加计算，计算公式为

$$CP_{YSZ}=CP_{YG/YM}+CP_{YAD}+CP_{YTP} \tag{9.8}$$

式中：CP_{YSZ} 为断面当月优于水质目标的补偿金，万元；$CP_{YG/YM}$ 为化学需氧量或高锰酸盐指数优于水质目标补偿金，万元，当断面水质目标为Ⅳ、Ⅴ类时按化学需氧量计，当断面水质目标为Ⅱ、Ⅲ类时按高锰酸盐指数计；CP_{YAD}

为氨氮优于目标补偿金，万元；CP_{YTP} 为总磷优于目标补偿金。

其中 $CP_{YG/YM}$ 的计算公式为

$$CP_{YG/YM}=N_{YG/YM}S_{SZ} \tag{9.9}$$

式中：$N_{YG/YM}$ 为化学需氧量或高锰酸盐指数距离水质目标值变差的类别个数（至Ⅴ类为止），个；S_{SZ} 为距离水质目标值变差 1 个类别补偿金标准，30 万元/个。

CP_{YAD} 的计算公式为

$$CP_{YAD}=N_{YAD}S_{SZ} \tag{9.10}$$

式中：N_{YAD} 为氨氮（NH_3-N）距离水质目标值提高的类别个数，个。

CP_{YTP} 的计算公式为

$$CP_{YTP}=N_{YTP}S_{SZ} \tag{9.11}$$

式中：N_{YTP} 为总磷（TP）距离水质目标值变差的类别个数（至Ⅴ类为止），个。

4. 密云水库上游入库总氮补偿金核算方法

（1）密云水库某个入库考核断面总氮总量考核应缴纳的补偿金 CP_{TN}（万元）的计算公式为

$$CP_{TN}=0.01(C_{TN}-T_{TN})V_{TN}S_{TN} \tag{9.12}$$

式中：C_{TN} 为入库考核断面总氮浓度年均值，mg/L；T_{TN} 为入库考核断面总氮浓度年度考核目标值，mg/L；V_{TN} 为入库考核断面年水量，万 m^3；S_{TN} 为密云水库上游入库总氮总量补偿金标准，为 157 万元/t。

（2）密云水库入库断面总氮总量补偿金扣除入境影响计算方法。白河、潮河、清水河入库考核断面总氮浓度受上游入京断面总氮超标影响，由京内相关区缴纳补偿金时应扣除外省（直辖市）影响。

1）某上游入京断面总氮超标补偿金影响值 CP_{TNI}（万元）的计算公式为

$$CP_{TNI}=0.01\sum[(C_{TNI}-T_{TNI})V_{TNI}]S_{TN} \tag{9.13}$$

式中：C_{TNI} 为核算期某河上游入京断面总氮浓度年均值，mg/L；T_{TNI} 为某河上游入京断面协议目标值（表 9.6），mg/L；V_{TNI} 为某河上游入京考核断面年水量，万 m^3。

当 C_{TNI} 为正值时，代入扣除补偿金公式（9.14）进行计算。

表 9.6　白河、潮河、清水河上游入京断面协议目标值

序号	考核河流	入库考核断面	入京断面	2025 年协议目标值/(mg/L)
1	白河	大关桥	下堡	8.01
			三道营	5.30
			大草坪	2.90
2	潮河	辛庄桥	古北口	6.56
3	清水河	葡萄园桥	墙子路	2.57

2）由北京市相关区缴纳补偿金 CP_{TNJ} 的计算公式为

$$CP_{TNJ}=CP_{TN}-CP_{TNI} \tag{9.14}$$

式中：CP_{TNJ} 为由北京市相关区缴纳补偿金（其中潮河、清水河、白马关河、牤牛河、蛇鱼川、对家河补偿金均由密云区政府缴纳，白河补偿金由延庆、怀柔、密云区政府分摊缴纳），万元；CP_{TNJ} 为负值时京内相关区不缴纳补偿金；V_{TNI} 为核算期某河上游入京断面断面年水量，万 m^3。

（3）白河入库断面总氮总量分摊比例计算方法。白河入库考核断面扣除上游入京影响后产生的补偿金，以各区总氮削减强度（单位流域面积总氮总量削减量）确定分摊比例，方法如下：

1）某区某河流总氮削减强度 P_i 的计算公式为

$$P_i=-0.01[\sum(C_{cq}V_{cq})-\sum(C_{rq}V_{rq})]/A_i \tag{9.15}$$

式中：P_i 为某河流经该区总氮削减强度，t/km^2；C_{cq} 为某河流经该区出区断面总氮浓度年均值，mg/L；V_{rq} 为某河流经该区入区断面年水量，万 m^3；V_{cq} 为白河流经该区出区断面年水量，万 m^3；C_{rq} 为某河流经该区入区断面总氮浓度年均值，mg/L；A_i 为某河流经该区的流域面积，km^2；i 为流经某区。

2）将白河流域延庆、怀柔、密云区总氮削减强度分别表述为 P_1、P_2、P_3。当三者之中最小值小于 0.01 时，则将最小值赋值为 0.01，其余两个数相应平移赋值。延庆、怀柔、密云区补偿金分摊比例 R_1、R_2、R_3 的计算公式分别为

$$\begin{aligned}R_1&=P_2P_3/(P_2P_3+P_1P_3+P_1P_2)\\R_2&=P_1P_3/(P_2P_3+P_1P_3+P_1P_2)\\R_3&=P_2P_3/(P_2P_3+P_1P_3+P_1P_2)\end{aligned} \tag{9.16}$$

3）某区分摊补偿金 CP_i（万元）的计算公式为

$$CP_i=CP_{TNJ}R_i \tag{9.17}$$

式中：R_i 为某区补偿金的分摊比例，%。

白河流经各区主要河流及出入断面和流经各区流域面积，分别见表 9.7 和表 9.8。

表 9.7　白河流经各区主要河流及出入断面

序号	行政区	主要河流	位置	断面名称
1	延庆区	白河干流	入区	白河堡水库出库
			出区	下湾
		黑河	入区	三道营
		菜食河	出区	南天门

续表

序号	行政区	主要河流	位置	断面名称
2	怀柔区	白河干流	入区	下湾
			出区	四合堂
		天河	入区	四道河
		汤河	入区	大草坪
		菜食河	入区	南天门
3	密云区	白河干流	入区	四合堂
			出区	大关桥

表 9.8　　白河流经各区流域面积

序号	行政区	主要河流	流域面积/km^2
1	延庆区	白河干流	730.66
		黑河	
		菜食河	
2	怀柔区	白河干流	1283.64
		天河	
		汤河	
		菜食河	
3	密云区	白河干流	147.94

（4）补偿金加倍计算方法。当某区某考核河流流经某区出区断面总氮浓度大于入区断面时，该河流该区补偿金加倍缴纳。各区补偿金加倍出入区断面见表 9.9。

表 9.9　　各区补偿金加倍出入区断面

序号	行政区	考核河流	入区断面	出区断面
1	密云区	白河	四合堂	大关桥
2	怀柔区	白河	下湾	四合堂
3	延庆区	白河	白河堡水库出库	下湾
4	密云区	潮河	古北口	辛庄桥
5	密云区	清水河	墙子路	葡萄园桥

（5）密云水库上游入库总氮总量考核监测与报送。北京市水务局会同市生态环境局制定密云水库上游入库总氮总量考核监测评价工作方案。水质、水量监测由北京市水务局组织开展，按照监测方案及国家和北京市有关标准执行，

水质数据与市生态环境局每月底会商1次，按季度通报相关区政府。

5. *污水治理年度任务年度补偿金核算方法*

（1）未按期完成年度污水治理项目建设补偿金的计算方法。某区未按期完成污水处理设施建设项目应缴纳的补偿金 CP_{js} 计算公式为

$$CP_{js}=\sum(Q_i\rho_iD_i)S_{js} \tag{9.18}$$

式中：Q_i 为该区或区域某个未按期完成的污水处理设施建设项目设计日处理能力[1]，万 m^3/d；ρ_i 为该区或区域某个未按期完成的污水处理设施建设项目负荷率（第一年为50%，第二年及以后为70%），%。D_i 为该区县或区域某个未按期完成的建设项目延期日数[2]，d；S_{js} 为补偿金标准，为2.5元/m^3。

中心城区建设项目属地区政府仅按征地拆迁延期日数占总延期日数的比例缴纳补偿金。

（2）跨区污水处理补偿金计算方法。某区跨区污水处理指标应缴纳的补偿金 CP_{cl} 核算公式为

$$CP_{cl}=(E\eta-\sum V_{cl})S_{cl} \tag{9.19}$$

式中：E 为该区或区域污水排放量，万 m^3；η 为市政府确定的该区污水处理率年度目标，%；V_{cl} 为该区某个污水处理设施污水处理量，万 m^3；S_{cl} 为跨区污水处理补偿金标准，为2.5元/m^3。

1）本区污水排放量的计算方法。参照《城市排水工程规划规范》（GB 50318—2017），污水排放量的其计算公式为

$$E=W\alpha \tag{9.20}$$

式中：E 为该区污水排放量，万 m^3；W 为该区用水量（指纳入核算范围的公共服务用水、居民家庭用水、生产运营用水等水量之和，不包括农业灌溉用水），m^3；α 为污水排放系数。

根据相关规范，结合北京市实际情况，中心城区污水排放系数原则上按0.90以上取值。其他地区根据相关规范和北京市调查成果，城镇地区污水排放系数按0.80～0.95取值，农村地区按0.55～0.80取值。污水排放系数取值可根据城镇化发展进程或产业结构变化适时调整。

2）本区污水处理量的计算方法。本区污水处理量是指位于该区纳入核算清单范围的污水处理设施（包括污水处理厂、再生水厂及农村污水处理设施）实际污水处理量。

---

[1] 指项目立项批准的设计规模或规划确定的规模；对于升级改扩建项目，在实施过程中仍持续运行的，按项目立项批准的新增设计规模或规划确定的新增规模核算。

[2] 指项目实际投入运行时间与市政府批准的计划投入运行时间的差值。延期时间跨考核年度的，仅计算本考核年度的延期日数，其他延期日数将在下一考核年度计算。

各污水处理设施的实际污水处理量采用“北京市水务统计管理系统”数据。若某一污水处理设施占地跨多个区时，其污水处理量按占地比例分摊到相应的区。若某一污水处理设施除处理本区污水外还处理其他区污水时，在计算该设施本区污水处理量时应将处理的其他区污水处理量予以扣除，处理的其他区污水处理量可按本设施服务面积、服务人口或实际排放量分摊，并作为获得跨区污水处理补偿金的核算依据。

（3）未完成溢流调蓄建设任务补偿金计算方法。合流制溢流污染治理建设任务补偿金分中心城区和郊区两种情形计算。

1）中心城区某区未完成溢流调蓄建设任务（表9.10）应缴纳的补偿金 CP_{ylj} 的核算方法为

$$CP_{ylj}=\sum V_{tx}S_{yl} \tag{9.21}$$

式中：V_{tx} 为应调蓄的水量（某区大于15mm小于33mm雨量的降雨过程次数与设施设计调蓄规模的乘积），万 m^3；S_{yl} 为溢流污染补偿金标准，2.5元/m^3。

表9.10　合流溢流调蓄设施考核清单

序号	行政区	设施名称	考核时间
1	东城区	龙潭西湖溢流调蓄设施	2023年考核运行
2	西城区	南护城河溢流污染控制治理工程	2025年考核建设 2026年考核运行

注　逐步实施中心城区合流制溢流口92处治理任务，按照每年河长制任务目标考核建设和运行。

中心城区因征地拆迁而导致溢流调蓄设施建设未完成的，由负责征地拆迁的区缴纳补偿金；若因征地拆迁以外因素导致工程建设滞后的，则按照《北京市污水处理和再生水利用服务效能考核管理暂行办法》，扣减特许经营单位设施建设考核分数。

2）郊区新城合流制溢流污染治理将于2025年完成，分年度实施。郊区未完成合流制溢流污染治理建设任务应缴纳的补偿金 CP_{ylj} 的核算方法为

$$CP_{ylj}=(A_{tx}-A_{fl})\sum(P_{txi}-15)\times 1000S_{yl} \tag{9.22}$$

式中：A_{tx} 为某郊区新城雨污合流治理面积任务目标[1]，km^2；A_{fl} 为某郊区新城雨污合流当年累计治理面积[2]，km^2；P_{txi} 为某郊区新城合流制汇流区范围

[1] 2023年为该区新城合流制面积的1/3，2024年为该区新城合流制面积的2/3，2024年之后为该区新城合流制面积。新城合流制面积为新城面积（表9.11）与新城分流制面积之差，由各区于2023年11月底之前提供证明材料报审核认。

[2] 郊区以各区新城面积为底账，每年汛前各区报审当年的雨污合流治理面积建设任务完成情况（提供证明材料），经市水务局核实无误，确认当年雨污合流治理面积。

内当年第 i 次大于 15mm 小于 33mm 场次的降雨量（由计算该范围内各雨量站的监测结果的平均值获得），mm。郊区新城雨污合流治理考核清单见表 9.11。

表 9.11　　郊区新城雨污合流治理考核清单

序号	行政区	面积/km^2	雨量监测站点名称
1	房山新城	133	房山、良乡
2	大兴新城	164	黄村
3	经开新城	213	亦庄博大公园、亦庄 X35 地块公园、马驹桥 亦庄移动硅谷、台湖水务二所、马驹桥水务二所
4	通州新城（副中心）	155	通县、北关闸管理所、梨园水务所（环球影城）、丰字沟（行政办公区）
5	平谷新城	110	平谷
6	顺义新城	369	向阳闸、顺义、天竺
7	密云新城	136	密云
8	怀柔新城	161	怀柔水库
9	昌平新城	220	昌平区水务局、沙河闸
10	延庆新城	90.6	世园会、延庆
11	门头沟新城	87	三家店

（4）未正常运行溢流调蓄设施应缴纳的补偿金核算。某区未正常运行溢流口调蓄设施应缴纳的补偿金 CP_{yly} 核算方法为

$$CP_{yly}=\sum V_{yl}S_{yl} \tag{9.23}$$

式中：V_{yl} 为某区某个溢流口溢流量[1]，万 m^3；S_{yl} 为溢流污染补偿金标准，2.5 元/m^3。

中心城区由特许经营单位负责运行的溢流设施发生标准场次降雨溢流，按照《北京市污水处理和再生水利用服务效能考核管理暂行办法》，扣减特许经营单位设施运行管理考核分数。

（5）再生水配置利用补偿金计算方法。某区未达到再生水配置利用年度目标应缴纳的补偿金 CP_{zs} 的计算公式为

$$CP_{zs}=(T_{zs}-V_{zs})S_{zs} \tag{9.24}$$

式中：T_{zs} 为某区再生水配置利用量年度目标，万 m^3；V_{zs} 为某区或区域再生

---

[1] 由实际监测确定，若无降雨或单场次标准内（24 小时场次降雨小于 33mm）降雨、间隔大于 48h 的两场标准内降雨发生时，排口或者调蓄池设施排口发生溢流，则需按照溢流量缴纳补偿金。场次降雨量为溢流调蓄设施对应排水分区内所有雨量监测站点（水旱灾害平台上数据）雨量的平均值。

水配置利用量实际值，万 m^3；S_{zs} 为再生水利用补偿标准，1 元/m^3。

(6) 再生水配置利用量年度目标确定方法。各区再生水配置利用量年度目标按河长制责任清单确定。

若中心城区由于特许经营单位未按期完成区域再生水输配设施建设导致某区未完成再生水配置利用目标的，核减该区再生水配置利用目标，同时按照《北京市污水处理和再生水利用服务效能考核管理暂行办法》，扣减特许经营单位设施建设和再生水利用考核分数。

(7) 数据报送。污水治理及溢流污染调蓄设施建设任务补偿金核算数据以各区水务局报送、市水务局核定数据为准。污水跨区处理、溢流污染调蓄运行、再生水配置利用补偿金核算以水务统计系统数据为准。

区水务局每季度负责填报辖区内用水量、污水处理量、溢流污染调蓄、再生水配置利用量情况，每年填报排放系数、污水治理及溢流污染调蓄设施建设任务完成情况等核算相关数据。

(8) 数据核查处置。区水务局应对其报送数据和信息的真实性、可靠性、完整性负责，市级水行政主管部门对各区上报的数据进行抽查核验，如发现有错报、瞒报情况的予以通报，并相应核减。

6. 生境和生物指标补偿金核算方法

(1) 生境指标考核应缴纳补偿金计算方法。生境考核目标值参考《水生态健康评价技术规范》(DB11/T 1722—2020) 中水生态等级为"健康"的最小分值确定，某区生境指标评分低于该分值时，其生境指标考核应缴纳的补偿金 CP_{sj} 的计算公式为

$$CP_{sj} = \sum(TG_{sj} - G_{sj})S_{sj} \tag{9.25}$$

式中：TG_{sj} 为该区某河段生境指标考核目标值，分；G_{sj} 为该区某河段生境指标考核评分值，分；S_{sj} 为生境指标补偿金标准，200 万元/分。

(2) 生物指标考核应缴纳的补偿金计算方法。生物考核目标值参考《水生态健康评价技术规范》(DB11/T 1722—2020) 中水生态等级为"健康"的最小分值确定，某区生物指标评分低于该分值时，其生物指标考核应缴纳的补偿金 CP_{sw} 的计算公式为

$$CP_{sw} = \sum(TG_{sw} - G_{sw})S_{sw} \tag{9.26}$$

式中：TG_{sw} 为某区某河段生物指标考核目标值，分；G_{sw} 为某区某河段生物指标考核评分值，分；S_{sw} 为生物指标补偿金标准，300 万元/分。

(3) 生境和生物指标及权重。参考《水生态健康评价技术规范》(DB11/T 1722—2020) 以及北京市相关地方标准规范设定参评指标及权重，详见第 7 章的表 7.6 生境指标权重表和表 7.7 生物指标权重表。

参评指标考核赋分参考《水生态健康评价技术规范》（DB11/T 1722—2020）执行，详见第7章的表7.4生境指标限值赋分表和表7.5生物指标限值赋分表。

9.4.6　补偿金分配核算方法

1. 有水河长补偿金分摊与缴纳方法

每年年底对水流类三项考核指标应缴纳的补偿金进行统筹分析，确定相关责任区应缴纳的补偿金。

（1）有水河长减少的河段，非跨区河道有水河长减少补偿金由本区缴纳。跨区河段由导致有水河长减少的责任区分摊缴纳。其中，上游相关区过度开发利用水资源或阻断设施阻断导致减少的，由上游责任区政府缴纳；由本区水源或阻断设施阻断导致减少的，由本区缴纳；由上游区和本区过度开发利用水资源或阻断设施阻断共同导致减少的，由上游区和本区按照影响因素的个数占比分摊缴纳。

（2）阻断设施拆除和管控产生的补偿金由设施所在区缴纳。

（3）在有水河长缴纳减少的河段，若相关区三项考核指标存在重复缴纳补偿金的，应扣除重复部分缴纳。

2. 界河补偿金分摊缴纳方法

界河河段缴纳或获得的补偿金由两岸相关区按长度分摊。

3. 补偿金分配核算方法

补偿金按照以下规定进行分配：

（1）有水河长、未完成年度阻断设施拆除任务、阻断流动性、密云水库上游入库总氮总量、污水治理项目建设、溢流污染调蓄、再生水配置利用、生境和生物考核缴纳的补偿金，70%分配给缴纳区政府、30%补偿给下游区政府。

有水河长、未完成年度阻断设施拆除任务、阻断流动性、污水治理项目建设、溢流污染调蓄、再生水配置利用、生境和生物考核补偿下游为市级河道或外省（直辖市），以及密云水库上游入库总氮总量考核补偿下游为密云水库时，该补偿金由市级统筹。

（2）跨区断面污染物浓度劣于水质目标值产生的补偿金补偿给下游区政府；跨区断面3个月（含）以上出现劣Ⅴ类水体而产生的补偿金，且断面下游为外省（直辖市）时，该补偿金由市级统筹。跨区断面污染物浓度优于水质目标值产生的补偿金由下游区政府补偿给上游区政府。

（3）污水跨区处理缴纳的补偿金，30%由市级统筹、70%补偿给跨区处理设施所在区政府。

第10章　北京市水生态区域补偿核算软件及核算案例

10.1　总　体　设　计

10.1.1　设计原则

水生态区域补偿系统结合先进的信息化技术进行建设，设计时应充分遵循以下的基本原则。

1. 先进性原则

系统在设计思想、系统架构、采用技术上均采用国内外已经成熟的技术、方法、软件等，确保系统有一定的先进性、前瞻性、扩充性，符合技术发展方向，延长系统的生命周期，保证建成的系统具有良好的稳定性、可扩展性和安全性。

2. 高效性原则

系统运行、响应速度快，各类数据组织合理，信息查询、更新顺畅，而且不因系统运行时间长、数据量不断增加而影响系统速度。实现分布式数据库之间数据交换，降低数据维护成本和提高数据管理效率。

3. 可靠性原则

系统必须在建设平台上保证系统的可靠性和安全性，设计中可有适量冗余及其他保护措施，平台和应用软件应具有容错性、稳健性等。

采取适当的措施保证系统的安全运行，防止病毒、黑客等的入侵，设置系统权限，确保系统、数据的安全和可靠。

系统应遵循安全性原则，设置较为严密的访问级别控制机制、数据加密、电子身份验证等措施，并定期通过自动、手工等方式进行数据备份，在保证系统用户权限合法性的同时，保证数据准确且不易被破坏和泄密。

系统建设中应充分考虑分级联网及与外网衔接中的应用操作和信息访问安全问题。

4. 标准化与开放性原则

水生态区域补偿金核算软件开发升级及核算过程中要遵从整个原型系统的设计标准。在统一的标准规范下开发，以方便系统的集成。

5. 易用性原则

充分考虑用户特点进行设计，力求软件界面友好，结构清晰，流程合理，功能一目了然，菜单操作以充分满足用户的视觉流程和使用习惯为出发点，保证系统易理解、易学习、易使用、易维护、易升级。

为适应不同专业用户的要求，系统软件应该具备方便、友好的操作界面。所有的故障状态和信息都应自动记录和存储，便于事后的故障对策分析。

系统必须保障维护功能简便、快捷、人机界面友好，数据管理策略能够进行配置和修改，尽量减少维护工作，降低维护的难度。

10.1.2　核算内容

核算内容包括水流、水环境、水生态三大类考核指标，涉及13项核算指标。

10.1.3　软件架构

水生态区域补偿系统软件架构由下至上可分为基础设施层、数据层、服务层和应用层，其总体架构如图10.1所示。

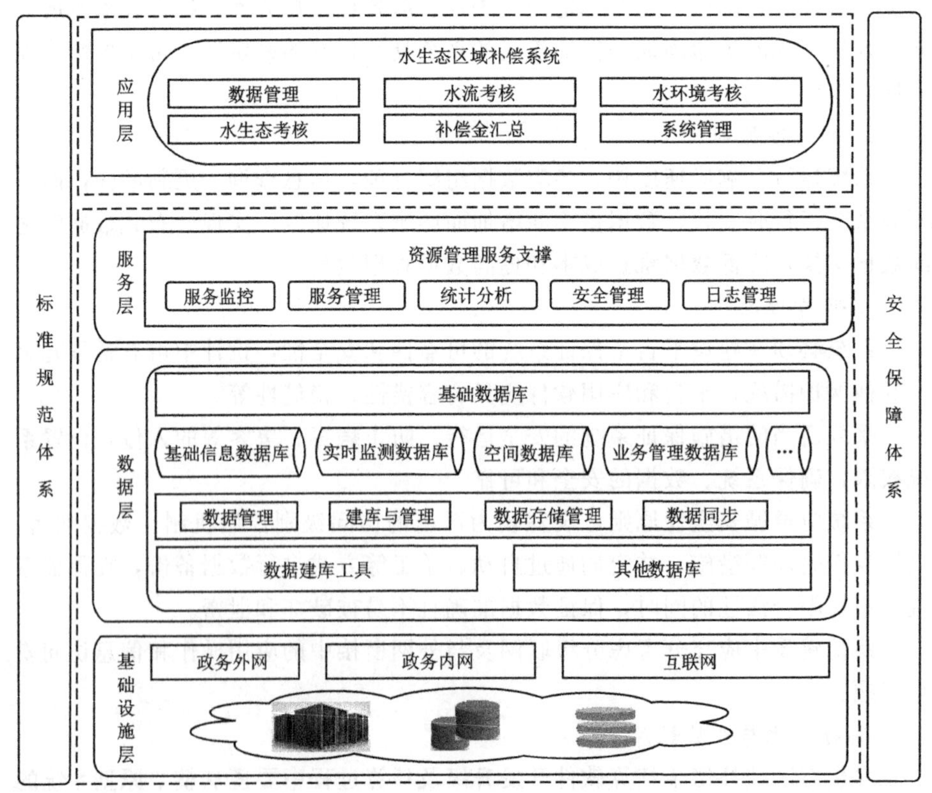

图10.1　软件总体架构图

1. 基础设施层

基础设施层包括计算机应用软件支撑平台、网络、硬件等基础软硬件设施，主要包括政务内、外网和互联网等网络，以及操作系统软件、数据库管理系统软件、GIS 软件以及可能使用到的其他软件平台。

2. 数据层

数据层是对数据进行统一存储与管理的体系，数据层包括数据管理与存储以及数据管理更新维护系统，其具有数据管理、数据更新维护、数据同步、数据存储管理等功能，并能对基础信息数据库、实时监测数据库、空间数据库、业务管理数据库等基础数据进行存储与管理。

3. 服务层

服务层主要提供对水生态区域补偿系统服务的后台管理功能，对数据访问、服务访问进行监控与管理，以服务的方式提供用户应用。

（1）服务层提供的服务内容如下：

1）数据服务。数据服务应提供给访问者关于资源数据的描述信息（元数据）、地理空间数据的图形信息和属性信息。根据地理空间信息数据类别的不同，又可分为矢量数据服务和影像数据服务。

2）功能服务。功能服务是以服务封装的形式向访问者提供有关信息处理和分析功能。访问者按规定格式输入请求，经服务器处理和分析后，将结果返回给访问者。

（2）服务层提供的服务调用模式如下：

1）直接应用访问。由平台建设单位负责开发，直接提供的内网应用，用户通过浏览器可直接访问，在线调用各种服务，实现数据的应用分析。

2）嵌入式调用。面向服务的设计理念，使系统的搭建在功能层次上的集成和互操作成为可能。针对大量的已经运行的业务系统，能够支持用户在已经投入使用的业务运行系统中，保持已有功能不改动或者少改动的情况下，平滑地嵌入在线调用平台提供的各类信息服务和资源。

4. 应用层

应用层是水生态区域补偿系统，包括数据管理、水流考核、水环境考核、水生态考核、补偿金汇总、系统管理等主要功能模块。

5. 标准规范体系

遵循水利行业相关的标准规范，数据标准、业务标准、技术环境、平台结构能够与水利行业相关的标准规范保持一致。

6. 安全保障体系

安全管理体系是保障系统安全应用的基础，包括物理安全、网络安全、信息安全及安全管理等。

10.1.4　应用层功能细分

水生态区域补偿系统应用层包括数据管理、水流考核、水环境考核、水生态考核、补偿金汇总、系统管理等主要功能模块。在此基础上细分形成详细的系统功能模块，如图 10.2 所示。

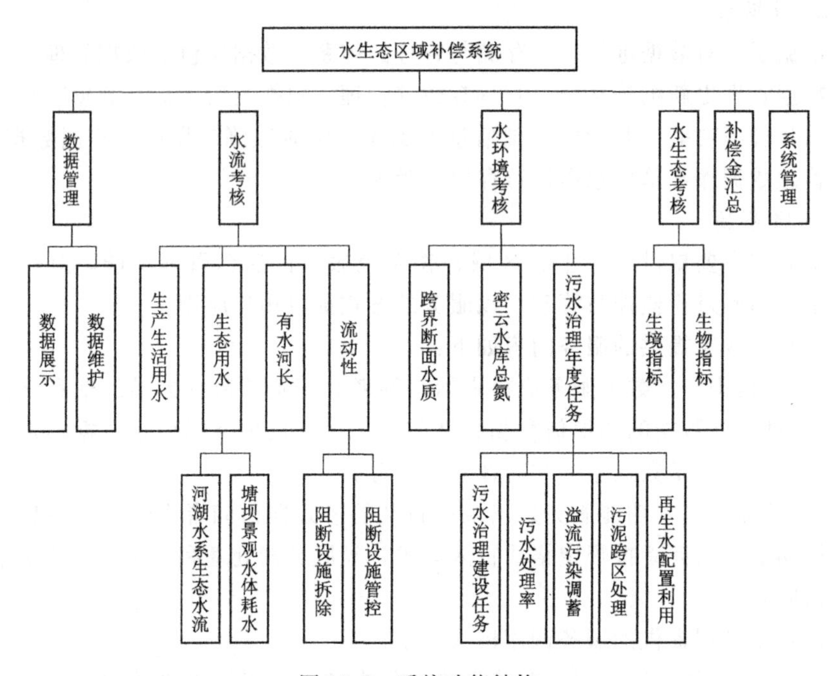

图 10.2　系统功能结构

10.1.5　安全体系设计

安全体系设计包括应用层安全和业务层安全设计。应用层安全设计通过应用层安全支撑系统提供统一集中的认证、授权、日志的集中管理和综合审计功能。业务层安全设计主要通过应用支撑平台建设及其他辅助技术措施，实现业务系统的统一安全防范和管理。

1. *应用层安全*

建设一套应用层安全支撑系统，以统一保障应用层系统安全。安全支撑系统可以对多种应用系统、设备、服务器和数据库进行统一集中的认证、授权和审计，为多种系统资源提供统一的安全基础设施。

安全支撑系统的核心组件能够提供用户基本的认证授权审计功能，保护对系统资源的访问控制。此外，为用户提供增强的安全服务还包括以下措施。

（1）用户的分层管理。

（2）用户身份管理。

(3) 单点登录。

(4) 分级委托授权管理。

(5) 可信授权。

(6) 细粒度的授权。

(7) 兼容底层 PKI。

(8) URI 自动重定位。

(9) 用户权限的在线更新。

(10) 用户权限测试工具。

(11) Web 资源的访问控制管理。

(12) 非 Web 资源的访问控制管理。

(13) 数据库资源的访问控制管理。

(14) 网络设备和服务器的访问控制管理。

(15) 数据库服务器的访问控制管理。

(16) 兼容底层不同的数据存储库。

(17) 兼容底层密码设备。

(18) 详细安全的日志审计。

(19) 认证授权和审计系统。

2. 业务层安全

通过采用合理的安全措施实现本业务系统的安全设计。具体措施包括权限控制、日志管理和安全审计等。

(1) 权限控制。该系统采用细粒度的权限控制机制，对不同的访问群体，根据其性质的不同，定义不同的权限，权限级别控制可以从模块控制、功能控制细化到页面控制、按钮控制，既可以防止非授权用户的非法入侵，又可以防止授权用户的越权使用。同时系统具备审核功能，可以自动记录用户访问信息和操作过程，以备日后查询。

(2) 日志管理。系统登记用户的访问和操作系统的详细日志，并能根据时间等条件对日志进行检索，系统日志的管理对系统安全有一定的保障作用。管理员可以根据系统日志跟踪每个用户（包括非法用户）对系统的所有操作；另外还可以让用户查询自己近期对系统的操作，便于迅速发现存在的使用安全问题，如当用户发现近期的操作不是本人的操作时，该用户账号就可能已经被盗用，这样能够帮助用户及时发现系统的使用安全隐患。系统日志记录项包括应用程序名、日志记录时间、日志类型、日志级别、用户名、用户访问 IP 地址、日志标题、日志详细描述。

(3) 安全审计。通过运用各种技术手段，洞察系统中的活动，全面监测系统中的各种会话和事件，记录分析系统运行中的各种可疑行为、违规操作、敏感信息，帮助定位安全事件源头和追查取证，为系统安全策略制定和风险内控提供有力的支撑。

10.1.6　用户界面设计

用户界面设计的第一步是将任务设计的结果作为输入，设计成一组逻辑模块，然后加上存取机制，把这些模块组织成界面结构。存取机制可以是分层的、网络的或直接的，机制的类型主要由任务结构决定，也取决于设计风格。例如，菜单提供了层次结构，图标则是直接存取，也可以是层次的，而命令语言可提供网络也可提供直接存取机制。第二步是将每一模块分成若干步，每步又被组装成细化的对话设计，这就是界面细化设计。用户界面设计包括界面对话设计、数据输入界面设计、屏幕显示设计、控制界面设计。

1. 界面对话设计

在界面设计中要使用对话风格的选择，并加上用户存取和控制机制。对话是以任务顺序为基础，但要遵循如下原则：

（1）反馈（feed back）：随时将正在做什么的信息告知用户，尤其是响应时间十分长的情况下。

（2）状态（status）：告诉用户正处于系统的什么位置，避免用户在错误环境下发出了语法正确的命令。

（3）脱离（escape）：允许用户中止一种操作，且能脱离该选择，避免用户死锁的发生。

（4）默认值（default）：只要能预知答案，尽可能设置默认值，节省用户工作量；尽可能简化对话步序：使用略语或代码来减少用户击键数。

（5）求助（help）：尽可能提供联机在线帮助。

（6）复原（undo）：在用户操作出错时，可返回并重新开始。

在对话设计中应尽可能考虑上述准则，媒体设计对话框有许多标准格式供选用。另外，对界面设计中的冲突因素应进行折中处理。

2. 数据输入界面设计

数据输入界面往往占终端用户的大部分使用时间，也是计算机系统中最易出错的部分之一。其总目标：简化用户的工作，并尽可能降低输入出错率，还要容忍用户错误。

这些要求在设计实现时可采用多种方法：

（1）尽可能减轻用户记忆，采用列表选择。对共同输入内容设置默认值；使用代码和缩写等；系统自动填入用户已输入过的内容。

（2）使界面具有预见性和一致性。用户应能控制数据输入顺序并使操作明确，采用与系统环境（如Windows操作系统）风格一致的数据输入界面。

（3）防止用户出错。在设计中可采取确认输入（只有用户按下键，才确认）的方式，已输入的数据并不会被删除。对删除命令必须再一次确认；对致命错误，要警告并退出；对不太可信的数据输入，要给出建议信息，处理过程不必停止。

（4）提供反馈。要使用户能查看他们已输入的内容，并提示有效的输入回答或数值范围。

（5）允许编辑。在理想的情况下，在输入信息后能允许编辑且采用风格一致的编辑格式。数据输入界面可通过对话设计的方式实现，若条件具备尽可能采用自动输入，特别是图像、声音输入在远程输入及多媒体应用中会迅速发展。

3. 屏幕显示设计

屏幕的设计主要包括布局（layout）、文字和用语（message）及颜色等。

（1）布局。屏幕布局因功能不同考虑的侧重点也不同。各功能区要重点突出，功能明显。无论哪一种功能设计，其屏幕布局都应遵循以下 5 项原则：

1）平衡原则。注意屏幕上下左右平衡。不要堆积数据，过分拥挤的显示也会产生视觉疲劳，出现接收错误。

2）预期原则。屏幕上所有对象，如窗口、按钮、菜单等的处理应一致化，使对象的动作可预期。

3）经济原则。即在提供足够的信息量的同时还要注意简明、清晰。特别是媒体，要运用好媒体选择原则。

4）顺序原则。对象显示的顺序应依需要排列。通常应最先出现对话，然后通过对话将系统分段实现。

5）规则化。画面应对称，显示命令、对话及提示行在一个应用系统的设计中尽量统一规范。

（2）文字和用语。文字和用语除作为正文显示媒体出现外，在设计题头、标题、提示信息、控制命令、会话等功能时也要展现。对文字和用语的设计格式和内容应注意如下内容：

1）要注意用语简洁性。避免使用计算机专业术语；尽量用肯定句而不要用否定句；用主动语态而不用被动语态；用礼貌而不过分的强调语句进行文字会话；对不同的用户，基于心理学原则使用用语；英文词语尽量避免缩写；在按钮、功能键标示中应尽量使用描述操作的动词；在有关键字的数据输入对话和命令语言对话中采用缩码作为略语形式；在文字较长时，可用压缩法减少字符数或采用一些编码方法。

2）格式。在屏幕显示设计中，一幅画面不要有太多文字，若必须有较多文字时，尽量分组分页显示，在关键词处进行加粗、变字体等处理，但同行文字尽量字型统一。英文词除标语外，尽量采用小写和易认的字体。

3）信息内容。信息内容显示不仅要采用简洁、清楚的表达，还应采用用户熟悉的简单句子，尽量不用左右滚屏。当内容较多时，应以空白分段或以小窗口分块，以便记忆和理解。重要字段可用粗体和闪烁字体吸引注意力和强化效果，强化效果有多样，应针对实际进行选择。

（3）颜色的使用。颜色的调配对屏幕显示也是重要的一项设计，颜色除是一种有效的强化技术外，还具有美学价值。使用颜色时应注意如下几点要求：

1）限制同时显示的颜色数。一般同一画面不宜超过4种或5种颜色，可用不同层次及形状来配合颜色增加变化。

2）画面中活动对象颜色应鲜明，而非活动对象应暗淡。对象颜色应尽量不同，前景色宜鲜艳一些，背景色则应暗淡。

3）尽量避免不兼容的颜色放在一起，如黄与蓝、红与绿等，除非作对比时用。

4）若用颜色表示某种信息或对象属性，要使用户懂得这种表示，且尽量用常规准则表示。

总之，屏幕显示设计最终应达到令人愉悦的显示效果，要指导用户注意到最重要的信息，但又不包含过多的相互矛盾的刺激。

10.1.7　技术路线选择

1. J2EE技术

J2EE技术多层结构模型可以很好地满足创建灵活、可扩展、易维护应用软件的需求。多层应用软件构建于多个逻辑层或物理层，这样应用软件的不同部分就可在不同的设备上运行。

J2EE技术是目前全国工程信息管理系统建设采用的主流技术体系。围绕着J2EE技术有众多的厂家和产品，其中不乏优秀的软件产品，合理集成以J2EE技术为标准的软件产品构建取水管理业务应用系统，可以得到较好的稳定性、高可靠性和扩展性。

依据采用的J2EE技术路线和应用支持平台的框架，取水管理模块设计采用客户端基于浏览器、Java技术、开放的三（多）层应用体系架构，包括表现层、业务逻辑层和数据层三大独立的组成部分，各应用层次之间互相通信，结构灵活，且不依赖于底层的硬件环境。

2. Spring Boot

Spring Boot是Spring家族中的一个全新的框架，用来简化应用程序的创建和开发过程，化繁为简，简化SSM（Spring＋Spring MVC＋MyBatis）框架的配置。在使用SSM框架开发时，需要配置web.xml、Spring和MyBatis，并将它们整合到一起，而Spring Boot采用了大量的默认配置来简化这些文件的配置过程，Spring Boot有以下特点：

（1）可以不使用 XML（extensible markup language，可扩展标记语言）配置文件，全部采用注解的方式开发。

（2）能快速构建 Spring 的 Web 程序。

（3）可以使用内嵌的 Tomcat、Jetty 等服务器去运行 Spring Boot 程序。

（4）使用 Maven 来配置依赖。

（5）可以对程序进行健康检查。

3. SSM 框架

SSM 框架主要包括 SpringMVC、Spring、MyBatis 三大框架，用 SpringMVC 作为整体基础框架，分离 MVC 层级；MyBatis 作为与数据库交互的持久层框架，负责数据的访问和操作；Spring 作为其余两大框架的桥梁，进行数据的传递和事务等逻辑处理。

SpringMVC 属于表现层的框架，是 Spring 框架的一部分，这让 SpringMVC 有了先天的优势，它延续了 Spring 在配置上简单省心的特点，而且由于与 Spring 无缝的对接，使其安全性有了很大的保障。同时 SpringMVC 解决了一个很大的问题，就是如何降低处理业务数据的对象和显示业务数据的视图耦合性，这个问题的解决让开发变得更加简单。

Spring 框架通过 AOP（aspect oriented programming，面向切面编程）和 IOC（inversion of control，控制反转）两大特性的加持，把所有类之间的依赖关系完全通过配置文件的方式替代了，同时将实体 bean 很好地管理到了容器中，使得耦合性大大降低，复用性大大提高。

MyBatis 是一款优秀的持久层框架，它支持定制化 SQL（structured query language，结构化查询语言）、存储过程以及高级映射，避免了几乎所有的 JDBC（java database connectivity，Java 数据库连接）代码和手动设置参数以及获取结果集的繁杂。它可以使用简单的 XML 或注解来配置和映射原生信息，将接口和 Java 对象映射成数据库中的记录。Hibernate 固然优秀，但是跟 MyBatis 相比，它的封装太过于死板，对一些复杂的 SQL，开发人员更喜欢手动地编写一些代码，而不是通过特定的 HQL（hibernate query language，Hibernate 查询语言）去编写，这样会间接地增加工作量，而且 MyBatis 更容易上手，学习成本也比 Hibernate 低很多。

4. WebGIS 服务

网络地理信息系统（Web geographic information system，WebGIS）是在网络环境下的一种存储、处理和分析地理信息的计算机系统，是 Internet 技术应用于 GIS 开发的产物，通过 Internet 和 WWW、GIS 的功能得以扩展和完善。

随着数据量不断增大，各部门及主管单位之间不能信息共享，存在着数据获取难、更新难、同步难等问题，急需通过WebGIS实现信息服务的共享，将分散的地理信息数据资源整合为逻辑上集中、物理上分布的统一地理信息资源，有力促进本地区地理信息资源共享与应用，有效避免“信息孤岛”现象。采用WebGIS技术，将有助于提高水利地理信息资源的共享水平、数据集成水平，降低管理成本，提高水行政主管部门的行政、管理和服务能力，提高业务应用信息管理水平和效能。

10.2　核算软件功能

10.2.1　登录

水生态区域补偿系统登录界面如图10.3所示。

图10.3　水生态区域补偿系统登录页面

10.2.2　数据管理

数据管理包括数据展示和数据维护功能，主要是对一些和补偿金计算相关数据的管理维护，其中包含考核断面、再生水补水、地表水补水、遥感监测等数据，默认页面如图10.4所示。

10.2.2.1　数据展示

考核断面、再生水补水、地表水补水、遥感监测等数据展示页面如图10.5所示。

10.2.2.2　数据维护

对补偿金考核断面、再生水补水、地表水补水、遥感监测、监测站信息等相关数据进行维护管理，包括查询、新增、编辑、删除、导出等功能，数据维护页面如图10.6所示。

水生态区域补偿系统　数据管理　水流　水环境　水生态　补偿金汇总　系统管理

再生水补水口名称：请输入补水口名称　数据展示 >　2019-01 至 2020-01　所属单位：市　区　查询　重置

+ 新增　数据维护 >

	再生水补水口名称	所属核算单元	[illegible]	所属区	年份	一月（万m³）	二月（万m³）	三月（万m³）	四月（万m³）	五月（万m³）	六月（万m³）	七月（万m³）	八月	操作
1	xxx					1	0	2	0	2	0	0		编辑 保存 删除
2	万泉河	清河海淀	区属	海淀区	2019	0	0	0	0	0	0	0		编辑 保存 删除
3	三家店新河污水处...				2019	0.0042	0	0.224	0.3608	0.3972	0.379	0.4402	0.4	编辑 保存 删除
4	三家店西老店污水...				2019	0	0	0	0	0	0.0479	0.315	0.4	编辑 保存 删除
5	东北城角	坝河	市属	朝阳区	2019	193.4707	193.2718	169.7726	197.937	164.0344	172.4007	160.5412	60.	编辑 保存 删除
6	东坝污水处理厂	坝河	区属	朝阳区	2019	0	0	0	0	0	0	0		编辑 保存 删除
7	东高村污水处理厂				2019	6.11	5.12	224.85	239.05	253.63	213.82	297.1	30	编辑 保存 删除
8	中国原子能科学研...				2019	2.5581	1.8027	2.5484	2.3383	2.392	2.4781	2.3083	3.	编辑 保存 删除
9	二道沟(DN200)	通惠河朝阳	市属	朝阳区	2019	33.1038	41.4349	35.2294	40.4564	32.899	34.6017	33.0888	39.	编辑 保存 删除
10	二道沟(DN300)	通惠河朝阳	市属	朝阳区	2019									编辑 保存 删除
11	五里坨污水处理厂...	永定河门石丰兴	区属	丰台区	2019	44.3288	36.7835	44.0177	47.4333	54.5712	54.6786	60.8303	70.	编辑 保存 删除
12	亮马河香河园	坝河	区属	朝阳区	2019	3.6087	0	0	0	0	0	0		编辑 保存 删除
13	人民渠	通惠河石景山	区属	石景山区	2019	0	0	0	0	0	0	0		编辑 保存 删除

localhost:8080/#/SjglKhdm

图 10.4 默认页面

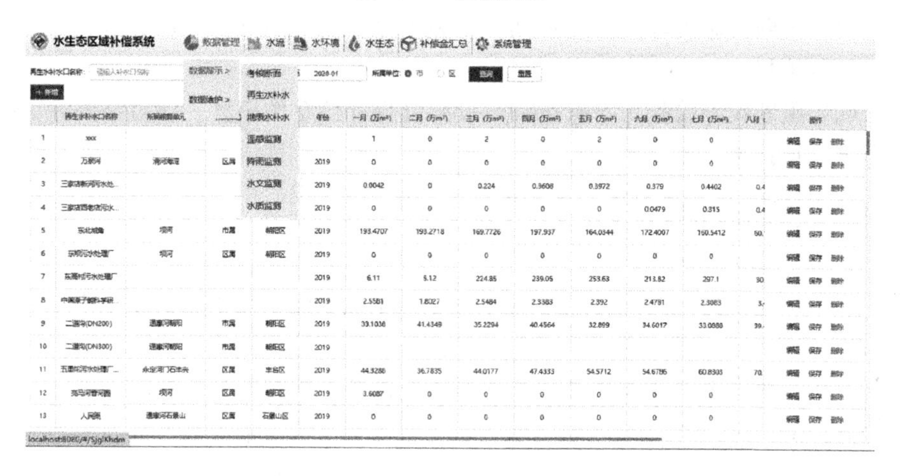

	再生水补水口名称	所属核算单元	[illegible]	所属区	年份	一月（万m³）	二月（万m³）	三月（万m³）	四月（万m³）	五月（万m³）	六月（万m³）	七月（万m³）	八月	操作
1	xxx					1	0	2	0	2	0	0		编辑 保存 删除
2	万泉河	清河海淀	区属		2019	0	0	0	0	0	0	0		编辑 保存 删除
3	三家店新河污水处...				2019	0.0042	0	0.224	0.3608	0.3972	0.379	0.4402	0.4	编辑 保存 删除
4	三家店西老店污水...				2019	0	0	0	0	0	0.0479	0.315	0.4	编辑 保存 删除
5	东北城角	坝河	市属	朝阳区	2019	193.4707	193.2718	169.7726	197.937	164.0344	172.4007	160.5412	60.	编辑 保存 删除
6	东坝污水处理厂	坝河	区属	朝阳区	2019	0	0	0	0	0	0	0		编辑 保存 删除
7	东高村污水处理厂				2019	6.11	5.12	224.85	239.05	253.63	213.82	297.1	30	编辑 保存 删除
8	中国原子能科学研...				2019	2.5581	1.8027	2.5484	2.3383	2.392	2.4781	2.3083	3.	编辑 保存 删除
9	二道沟(DN200)	通惠河朝阳	市属	朝阳区	2019	33.1038	41.4349	35.2294	40.4564	32.899	34.6017	33.0888	39.	编辑 保存 删除
10	二道沟(DN300)	通惠河朝阳	市属	朝阳区	2019									编辑 保存 删除
11	五里坨污水处理厂...	永定河门石丰兴	区属	丰台区	2019	44.3288	36.7835	44.0177	47.4333	54.5712	54.6785	60.8303	70.	编辑 保存 删除
12	亮马河香河园	坝河	区属	朝阳区	2019	3.6087	0	0	0	0	0	0		编辑 保存 删除
13	人民渠	通惠河石景山	区属	石景山区	2019	0	0	0	0	0	0	0		编辑 保存 删除

图 10.5 数据展示页面

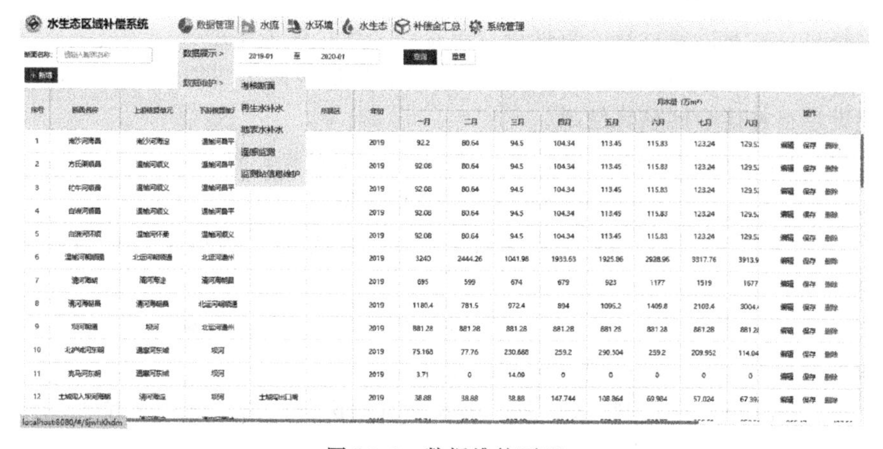

序号	断面名称	上游核算单元	下游核算单元	所属区	年份	月水量（万m³）								操作
						一月	二月	三月	四月	五月	六月	七月	八月	
1	[illegible]	南沙河海淀	温榆河昌平		2019	92.2	80.64	94.5	104.34	113.45	115.83	123.24	129.5	编辑 保存 删除
2	[illegible]	温榆河顺义	温榆河昌平		2019	92.08	80.64	94.5	104.34	113.45	115.83	123.24	129.5	编辑 保存 删除
3	[illegible]	温榆河顺义	温榆河昌平		2019	92.08	80.64	94.5	104.34	113.45	115.83	123.24	129.5	编辑 保存 删除
4	[illegible]	温榆河顺义	温榆河昌平		2019	92.08	80.64	94.5	104.34	113.45	115.83	123.24	129.5	编辑 保存 删除
5	[illegible]	温榆河怀柔	温榆河顺义		2019	92.08	80.64	94.5	104.34	113.45	115.83	123.24	129.5	编辑 保存 删除
6	[illegible]	北运河朝阳通	北运河通州		2019	3240	2444.26	1041.98	1933.63	1925.86	2928.96	3317.76	3913.9	编辑 保存 删除
7	[illegible]	清河海淀	清河朝阳		2019	695	599	674	679	923	1177	1519	1677	编辑 保存 删除
8	[illegible]	清河朝阳	北运河[illegible]		2019	1180.4	781.5	972.4	894	1095.2	1409.8	2103.4	3004.	编辑 保存 删除
9	[illegible]	坝河	北运河通州		2019	881.28	881.28	881.28	881.28	881.28	881.28	881.28	881.2	编辑 保存 删除
10	北护城河东城	通惠河东城	坝河		2019	75.168	77.76	230.688	259.2	290.304	259.2	209.952	114.04	编辑 保存 删除
11	亮马河东城	通惠河东城	坝河		2019	3.71	0	14.09	0	0	0	0	0	编辑 保存 删除
12	[illegible]	清河海淀	坝河	[illegible]	2019	38.88	38.88	38.88	147.744	108.864	69.984	57.024	67.39	编辑 保存 删除

图 10.6 数据维护页面

10.2.3　水流考核

1. 生产生活用水

展示生产生活用水补偿金，可查询和导出数据。

2. 生态用水

（1）河湖水系生态水流。展示河湖水系生态水流统计信息，提供数据查询和导出等功能。

（2）塘坝景观水体耗水。展示塘坝景观水体耗水统计信息，提供数据查询和导出等功能。

3. 有水河长

对有水河长补偿金的核算，针对需要计算的数据进行填报等。

4. 流动性

（1）阻断设施拆除。对有流动性设施拆除补偿金的核算，针对需要计算的数据进行填报等。

（2）阻断设施管控。对有流动性设施管控补偿金的核算，针对需要计算的数据进行填报等。

10.2.4　水环境考核

1. 跨区断面水质

展示市各区跨区断面补偿金统计内容，提供数据查询和导出等功能。

2. 密云水库总氮

对密云水库上游入库总氮总量补偿金的核算，针对需要计算的数据进行填报等。

3. 污水治理年度任务

（1）污水治理项目建设。功能：对未按期完成年度污水治理项目建设补偿金的核算，针对需要计算的数据进行填报，上报尺度为年度。

1）信息查询。查询默认页面；获取当前年份各区未按期完成年度污水治理建设项目补偿金的核算结果。

2）数据上传。上传需要核算年度的 excel 数据；选择“上传年份”和“选择的文件”，点击保存；查询上传的结果数据。

3）补偿金计算。计算并进行结果展示；左侧为列表展示，右侧为地图展示。

（2）污水处理率。功能：对各区污水处理率的补偿金核算，针对需要计算的数据进行填报，上报尺度为年度或月份。

1）信息查询。查询默认页面；获取当前年份各区污水处理率情况，计算补偿金的核算结果。

2）数据上传。上传需要核算用水量的年度或月份的 excel 数据；选择“上传年份”和“选择的文件”，点击保存。上传需要核算污水处理量的年度或月份的 excel 数据；选择“上传年份”和“选择的文件”，点击保存；查询上传的结果数据。

3）补偿金计算。计算并进行结果展示；左侧为列表展示，右侧为地图展示。

（3）溢流污染调蓄。功能：对各区溢流污染物调蓄的核算，针对需要计算的数据进行填报，上报尺度为年度或月份。

1）信息查询。查询默认页面；获取当前年份的各区溢流污染物调蓄情况，去计算补偿金的核算结果。

2）数据上传。上传需要核算年度或月份的 excel 数据；选择“上传年份”和“选择的文件”，点击保存；查询上传的结果数据。

3）补偿金计算。计算并进行结果展示；左侧为列表展示，右侧为地图展示。

（4）污泥跨区处理。功能：某区污泥由其他区污水处理设施处理的，该区政府应按跨区处理量缴纳跨区处理补偿金，并对需要计算的数据进行填报，上报尺度为年度或月份。

1）信息查询。查询默认页面；获取当前年份的各区跨区污泥处理情况，去计算补偿金的核算结果。

2）数据上传。上传需要核算年度或月份的 excel 数据；选择“上传年份”和“选择的文件”，点击保存；查询上传的结果数据。

3）补偿金计算。计算并进行结果展示；左侧为列表展示，右侧为地图展示。

（5）再生水配置利用。功能：对各区再生水利用的核算，针对需要计算的数据进行填报，上报尺度为年度或月份。

1）信息查询。查询默认页面；获取当前年份的再生水利用情况，计算补偿金的核算结果。

2）数据上传。上传需要核算年度或月份的 excel 数据；选择“上传年份”和“选择的文件”，点击保存；查询上传的结果数据。

3）补偿金计算。计算并进行结果展示；左侧为列表展示，右侧为地图展示。

10.2.5 水生态考核

1. 生境指标

对生境缴纳补偿金的核算，针对需要计算的数据进行填报等。

2. 生物指标

对生物缴纳补偿金的核算，针对需要计算的数据进行填报等。

10.2.6　补偿金汇总

通过图表的不同形式分析统计展示总补偿金内容，包括水资源补偿金、水环境补偿金、水生态补偿金等，补偿金汇总页面如图 10.7 所示。

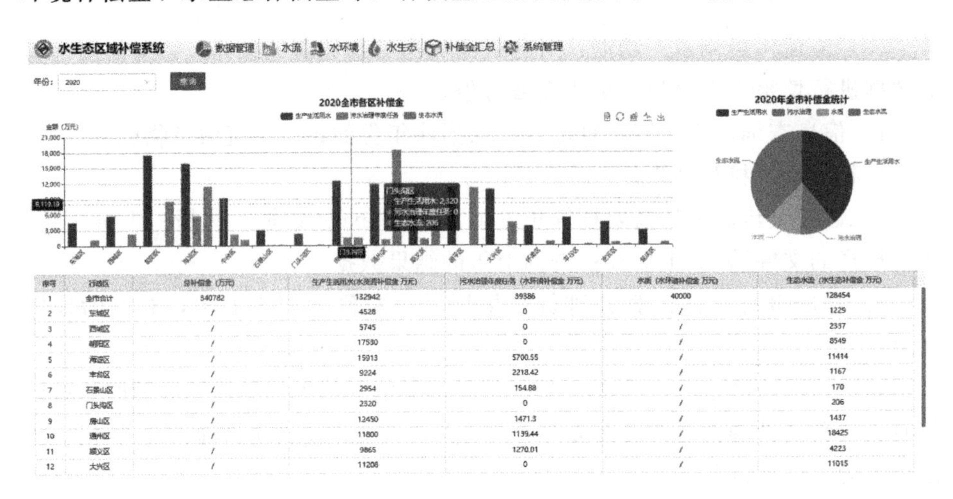

序号	行政区	总补偿金（万元）	生产生活用水(水资源补偿金 万元)	污水治理年度任务（水环境补偿金 万元）	水质（水环境补偿金 万元）	生态水量（水生态补偿金 万元）
1	全市合计	340782	132942	39386	40000	128454
2	东城区	/	4528	0	/	1229
3	西城区	/	5745	0	/	2337
4	朝阳区	/	17530	0	/	8549
5	海淀区	/	15913	5700.55	/	11414
6	丰台区	/	9224	2218.42	/	1167
7	石景山区	/	2954	154.88	/	170
8	门头沟区	/	2320	0	/	206
9	房山区	/	12450	1471.3	/	1437
10	通州区	/	11800	1139.44	/	18425
11	顺义区	/	9865	1270.01	/	4223
12	大兴区	/	11208	0	/	11015

图 10.7　补偿金汇总页面

10.2.7　系统管理

提供系统用户的查询、新增、删除等功能，通过列表进行数据展示，系统管理页面如图 10.8 所示。

用户名	性别	部门	邮箱	创建时间
admin	男	北京	861879635@qq.com	2021-03-28T12:22:58.000Z
admin01	男	北京	861879635@qq.com	2021-03-28T12:27:34.000Z

图 10.8　系统管理页面

10.3　数据管理与更新维护

10.3.1　总体要求

在数据维护更新机制中，技术处于基本保障的地位，但它不仅仅是技术问题，也是管理问题。因此，建立综合性数据维护更新体制，应从以下几方面加以考虑：①确定合理的数据维护更新策略；②选择可行的技术方案，制定维护更新计划；③制定相应的管理措施和相关的标准与规范。

为了保证信息资源的现势性，在信息化建设过程中，建立起合理的数据更新体系，采取有效的数据更新手段，将数据更新工作融入日常工作。平台数据更新采用应急快速更新和定期更新两种模式，包括实现变化信息提取、要素关系协调、版本化管理等过程。数据管理与更新维护应遵循如下指导思想。

1. 制度保障，技术支撑

为了保障数据资源体系能够在日常的业务运行中有序运转，切实发挥其基础数据的支撑作用，建立严格的数据管理机制及必要的技术支持手段，从数据源头、数据处理与更新、数据入库等方面实现对信息资源的严格管理。

为了保证补偿金核算数据的现势性和有效性，需要相应建立一套完整的补偿金核算数据更新机制；建立起补偿金核算数据的历史库，方便历史数据的回溯及数据对比分析。

2. 权威数据来自权威部门

规范数据资料的来源，避免数据资源的重复建设，坚持由权威部门提供权威数据资源的原则，保证数据资源的准确性和一致性，使系统用户能够方便地调用数据。

3. 分阶段的数据建设

避免一步到位的观念，要意识到数据整合的复杂性和多样性，建立切实可行的分阶段建设规划，逐步地完善数据内容建设。

10.3.2　数据管理模式

在组织管理上，应采用“集中管理、分工更新维护”的工作模式，以保证数据的现势性和一致性。根据自身情况，综合考虑自身的建设模式。数据管理模式如图 10.9 所示。

（1）通过水生态区域补偿系统，完成补偿金核算基础数据库的资料收集、处理，以及数据入库和质量控制。

（2）更新维护补偿金核算基础数据库。

（3）基于水生态区域补偿系统实现数据共享服务，为各业务系统、各级应用提供服务。

10.3.3　数据版本管理

补偿金核算基础数据库中的数据，在存储时将遵循相应原则，形成同一数据的不同版本信息，方便数据变化情况的比对。

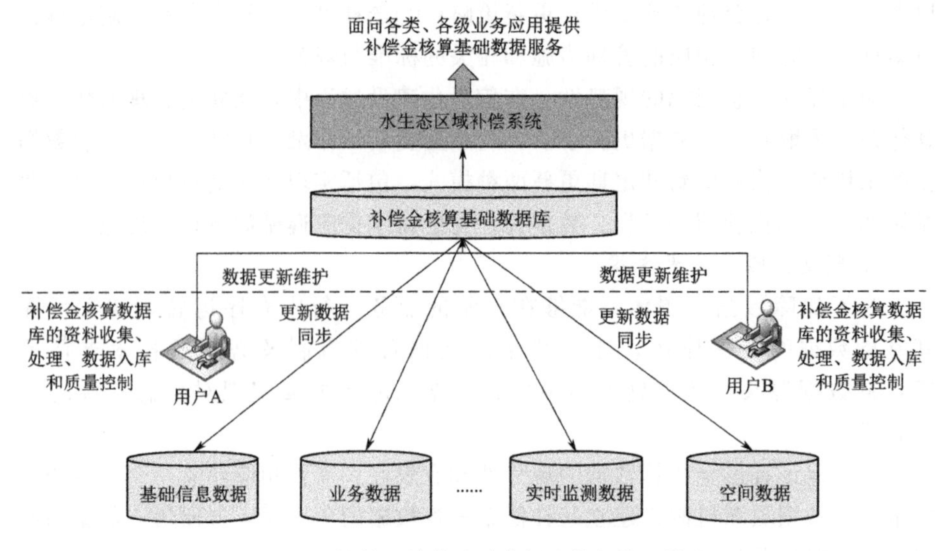

图10.9　补偿金核算基础数据库数据管理模式

10.3.4　数据更新模式

为了保证信息资源的现势性，在数据库建设过程中，建立起合理的数据更新体系，采取有效的数据更新手段，将数据更新工作融入日常工作。

数据更新采用应急快速更新、定期更新两种模式，包括实现变化信息提取、要素关系协调、版本化管理等过程。

水生态区域补偿系统能够实现补偿金核算基础数据库之间的数据更新功能，为未来补偿金核算基础数据库提供长效更新维护机制。当单位数据库发生更新后，能够通过水生态区域补偿系统统一更新到补偿金核算基础数据库。

10.3.5　管理制度保障

在信息化建设过程中，应切实加强信息化统一领导的工作常规化和制度化建设，增强各相关部门的信息联系。各相关单位主要负责人要直接参与重要决策，亲自协调推动重点工作实施；落实机构和人员，强化统一管理职能，不断提高决策的执行和组织实施水平。

10.4　生态水流补偿金核算案例

以北京市某年度各指标数据进行核算，得到某年度北京市缴纳生态水流补偿金。

10.4.1 生产生活用水补偿金

北京市某年度生产生活用水量（不含农业）167288万m^3，年度跨区水源的实际用水量94473万m^3，经核算，生产生活用水补偿金为94473万元。北京市生产生活用水补偿金核算见表10.1。

表10.1 北京市生产生活用水补偿金核算表

行政区编号	生产生活用水量（除农业）/万m^3	年度跨区水源的实际用水量/万m^3	缴纳补偿金/万元
1	5510	5476	5476
2	7460	7331	7331
3	31317	25410	25410
4	22643	16159	16159
5	14068	12263	12263
6	5414	1321	1321
7	2929	1879	1879
8	11417	5701	5701
9	14840	5677	5677
10	9713	144	144
11	13763	1441	1441
12	16453	9347	9347
13	3693	294	294
14	4478	1485	1485
15	3591	545	545
16	2333	−216	0
合计			94473

10.4.2 生态水流补偿金

北京市某年度生态水流补偿金为128454万元，包括河道生态用水补偿金和生态耗水补偿金两部分，两部分的补偿金分别为114508万元和13946万元。

1. 典型流域河道生态用水补偿金核算

以北运河流域为典型流域进行核算。由于各考核断面现状计量数据不全，暂以北运河流域为一级核算单元，针对补水、入流和出流进行水量平衡计算，模拟计算得到北运河流域某年度总生态用水量为52508万m^3。考虑到北京市再生水价格为1元/m^3，某年度污水处理成本为2.7元/m^3，地表水补偿标准不低于再生水，生态水量补偿金标准取值范围为 1～2.7 元，取最低值 1 元，计算得到北运河流域应缴生态补偿金为 52508 万元。

根据遥感数据提取北运河水系核算单元河流水面面积数据，并以水面面积为权重分摊总补偿金，最终汇总得到流域内各区应缴补偿金金额（表 10.2）。

遥感提取永定河和潮白河流域河流水面面积分别为 16109753m^2 和 29920320m^2，参照北运河流域水面单位面积补偿标准，估算永定河和潮白河流域生态补偿金分别为 21699 万元和 40301 万元。三大流域河道生态用水补偿金总计 114508 万元（表 10.3）。

表 10.2　　北运河流域某年度水流补偿金核算表

行政区编号	河流水面面积/m^2	水面占比/%	补偿金/万元
1	513268	1.32	691
2	332274	0.85	448
3	5156230	13.23	6945
4	4698422	12.05	6328
5	690038	1.77	930
6	119076	0.31	160
9	13679445	35.09	18425
10	3135548	8.04	4223
11	7915941	20.31	10662
12	2603560	6.68	3507
13	71114	0.18	96
16	68624	0.18	92
合计	38983540		52508

表 10.3　　三大流域河道生态用水补偿金核算表

流　域	河流水面面积/m^2	补偿金/万元
北运河	38983540	52508
永定河	16109753	21699
潮白河	29920320	40301
合　　计		114508

2. 生态耗水补偿金

根据 2020 年遥感水面数据提取的各区塘坝及湖泊水面面积为 1035 万 m^2，参照北运河流域水面单位面积补偿标准，模拟计算得到北京市某年度各区需缴纳的补偿金为 13946 万元（表 10.4）。

表 10.4　　北京市某年度塘坝及湖泊水面生态耗水补偿金核算表

行政区编号	塘坝水面面积/m^2	湖泊水面面积/m^2	补偿金/万元
1		399512	538
2		1402447	1889
3		1190747	1604
4		3775676	5086
5	37840	138217	237
6	7290		10
7	152975		206
8	701222	365447	1437
9			0
10			0
11	262339		353
12		716851	966
13	483246		651
14	206700		278
15	161999		218
16	351581		474
17			0
合计	2365193	7988895	13946

10.5　北京市水生态系统价值核算案例

以某年为例，开展北京市水生态系统价值核算。

10.5.1　水生态系统价值核算价格参数及来源

淡水产品和生态能源服务价值评估采用市场价值法，以市场价格作为其服务价值；地表水供水、地下水供水、南水北调供水、再生水供水、地下水资源存蓄和预防地面沉降服务价值采用影子价格法，以水资源影子价格作为其服务价值；洪水调蓄、地表水资源存蓄、固碳释氧、水质净化、气候调节和净化空气服务价值采用替代工程法，以相应替代品的价值间接估算其服务价值；休闲旅游服务价值采用旅行费用法，通过旅游消费与休闲旅游服务价值的相互关系间接估算其服务价值；水景观功能、水文化传承服务价值，采用问卷调查的方式询问消费者的支付意愿。北京市水生态系统服务价值评价方法见表 10.5。

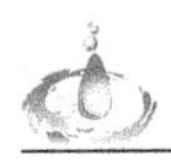

表 10.5　　　　　　　北京市水生态系统服务价值评价方法

功能类别	核算科目	评价方法	方法选取理由
供给服务	淡水产品	市场价值法	具有实际产品交易市场，可获取市场价格
	地表水供水	影子价格法	水利工程供水价格由供水生产成本、费用、利润和税金构成，同时水资源具有公共产品属性，由政府指导定价，现行水价不能衡量水的经济价值
	地下水供水		
	南水北调供水		
	再生水供水		
	生态能源	市场价值法	具有实际产品交易市场，可获取市场价格
调节功能	洪水调蓄	替代工程法	没有直接市场交易及相应市场价格但有相应的替代品，因此选用相应替代品的价值间接估算其服务价值
	地表水资源存蓄	替代工程法	
	地下水资源存蓄	影子价格法	
	固碳释氧	替代工程法	
	水质净化		
	气候调节		
	净化空气		
	预防地面沉降	影子价格法	
文化功能	休闲旅游	旅行费用法	
	水景观功能	支付意愿法	通过调查、询问的方式获取消费者的支付意愿和净支付意愿
	水文化传承	支付意愿法	

北京市水生态系统价值核算价格参数及来源见表 10.6。

表 10.6　　　　　北京市水生态系统价值核算价格参数及来源

服务功能	名　称	单位	数值	来 源 及 依 据
水供给价值	常规水资源水价	元/m^3	10.81	各行业用水价格可采用影子价格，数据来自《基于影子价格的京津冀城市群产业用水稀缺性评价研究》和《基于优化配置的北京市水资源影子价格研究》
	再生水供水	元/m^3	12.87	
水质净化价值	COD 处理成本	元/t	700	COD、NH_3-N 的治理费用采用国家发展与改革委员会等四部委 2003 年第 31 号令《排污费征收标准及计算方法》规定的收费标准
	NH_3-N 处理成本	元/t	875	
水资源存蓄服务/洪水调蓄价值	水库建设单位库容工程造价	元/m^3	8.9	水库单位库容的工程造价根据 1993—1999 年《中国水利年鉴》平均水库库容造价，根据价格指数折算得到核算年份的单位库容造价

续表

服务功能	名　称	单位	数值	来源及依据
净化空气价值	一般性降尘价格	元/kg	0.15	采用国家发展和改革委员会等四部委2003年第31号令《排污费征收标准及计算方法》规定的一般性粉尘排污收费标准，即0.15元/kg
	负离子价格	元/10^{10}个	2.08	参考文献《基于效益转换的中国湖沼湿地生态系统服务功能价值估算》，根据市场上负离子发生器产生负离子所需的费用，得出负离子生成价格
固碳释氧价值	工业制氧价格	元/t	1000	根据2018年对2005年的居民消费物价指数，碳汇交易固碳价格核算为386元/t；制氧成本参考文献《生态系统生产总值核算：概念、核算方法与案例研究》确定
	碳汇交易固碳价格	元/t	386	

注　具体定价需结合上述价格和通胀率折算到当年价格。

10.5.2 北京市水生态系统功能量及价值

1. 北京市水生态系统功能量

2020年，北京市供水功能量为33.98亿m^3，为生产生活用水、农业灌溉用水提供水资源，保障了北京市的用水安全。水资源存蓄功能量为98.00亿m^3，在调节河道径流、提供稳定水源、满足生态环境需水、减轻流域洪旱灾害等方面发挥着重要作用。净化氨氮和COD共计3.10万t，降低了水体污染物浓度，净化了水环境。提供洪水调蓄能力34.15亿m^3，为经济社会发展提供了安全保障。水面蒸发过程吸收能量216.82亿kW·h，降低了气温，提高了湿度，为气候调节贡献了力量。固定二氧化碳6.89万t；释放氧气18.46万t，维持了大气中二氧化碳浓度、氧气浓度稳定。吸收大气中颗粒物2.85万t；增加空气中的负离子含量16.05×10^{18}个，降低了空气中污染物浓度，改善了空气环境。地下水位逐年回升，以不会造成不可逆的地质环境灾害情况下的超采极限埋深35m核算的地下水储量为66.41亿m^3，有效预防了地面沉降灾害，减少了人们的生命和经济财产损失。保护的国家Ⅰ级保护生物物种6种，国家Ⅱ级保护生物物种38种，北京Ⅰ级保护生物物种22种，国家保护的有益或有重要经济价值的生物物种183种，为维护物种的多样性作出了贡献。以涉水旅游景区、休闲水域为核心的河湖热点区域游客共21758.60万人，丰富了市民精神感受、知识获取、休闲娱乐和美学体验、康养、水文化传承等非物质惠益。

2. 北京市水生态系统价值

2020年，北京市水生态系统服务价值量合计为5839.3亿元（表10.7），为北京市2020年国内生产总值36102.6亿元的16.17%，单位面积水生态系统服务价值为3547.2万元/km²，人均水生态系统服务价值为2.7万元/人。从相对量来看，单位水域及水利设施用地水生态系统服务价值为7.7亿元/km²[1]，是北京市单位面积国内生产总值2.19亿元/km²的3.5倍。

表10.7 2020年北京市水生态系统服务功能量及价值量汇总表

服务类别		功能量指标	功能量	价值量/亿元
供给价值	种鱼苗	种鱼苗产量/万尾	1134.00	0.04
	淡水产品	淡水产品产量/万t	1.73	3.10
	供水	地表水供水量/亿 m^3	8.47	92.85
		地下水供水量/亿 m^3	13.49	147.87
		南水北调供水量/亿 m^3	—	—
		再生水供水量/亿 m^3	12.01	154.61
	生态能源	水力发电量/(亿kW·h)	10.97	15.36
调节价值	水资源存蓄	年末大中型水库蓄水量/亿 m^3	31.60	281.23
		地下水储量/亿 m^3	66.41	591.02
	水质净化	COD净化量/万t	3.03	0.21
		NH_3-N净化量/万t	0.06	0.01
	洪水调蓄	河湖可调蓄量/亿 m^3	3.44	30.62
		水库防洪库容/亿 m^3	28.72	255.63
		蓄滞洪涝区设计蓄洪库容/亿 m^3	1.99	17.68
	气候调节	降温增湿/(亿kW·h)	216.82	117.08
	固碳释氧	固定二氧化碳量/万t	6.89	0.27
		氧气提供量/万t	18.46	1.34
	净化空气	负离子量/10^{18}个	16.05	33.38
		降尘量/万t	2.85	0.04
	预防地面沉降	地下水储量/亿 m^3	66.41	72.32
	生物多样性保育	水面面积/km^2	337.64	73.20
文化价值	休闲旅游	旅游接待总人次/万人次	21758.60	358.42
	水景观	河道长度/km	6413.72	1183.28
	水文化传承	支付意愿	—	2409.73
合计			—	5839.27

[1] 水域及水利设施用地为2018年数据。

10.5.3 北京市水生态系统价值结构

从水生态系统服务价值构成来看，供给服务、调节服务、文化服务价值分别为 413.8 亿元、1474.0 亿元、3951.4 亿元，占比为 7.09%、25.24%、67.67%。在供给服务和调节服务中，水资源存蓄、供水、洪水调蓄功能价值位于前三位，分别占供给服务和调节服务价值之和的 46.20%、20.94%、16.10%，是水生态系统提供的最主要直接价值。供给价值和调节价值指标价值排序如图 10.10 所示。

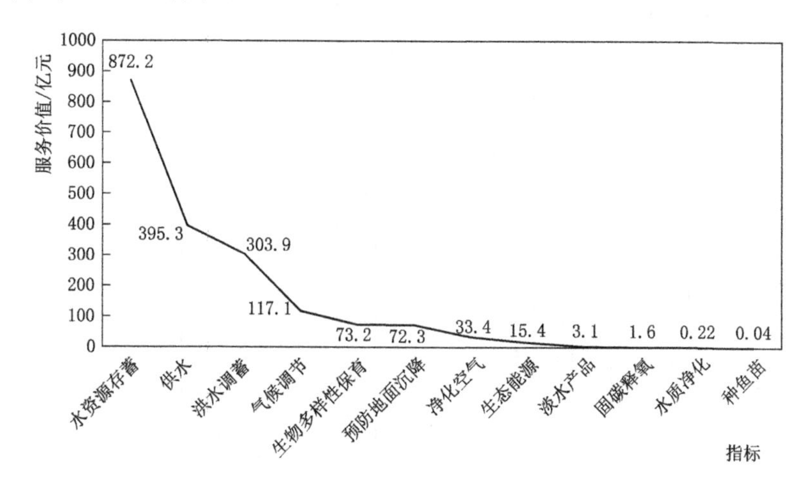

图 10.10 供给价值和调节价值指标价值排序图

10.6 北京市水生态区域补偿核算案例

10.6.1 缴纳补偿金总额

某年度缴纳的补偿金 164147 万元，其中水流类指标 7280 万元，包括有水河长 1574 万元、阻断设施拆除 450 万元、阻断设施管控 5256 万元；水环境类指标 123209 万元，包括跨区断面污染物浓度 52921 万元、密云水库上游总氮 8713 万元、污水建设年度任务 0 万元、跨区污水处理 46796 万元、溢流污染调蓄 12783 万元、再生水配置利用 1996 万元；水生态类指标 33657 万元，包括生境 30163 万元、生物 3494 万元。补偿金中水流类、水环境类和水生态类的占比分别为 4.4%、75.1%和 20.5%。在单项指标中，补偿金占比较高的三项分别为跨区断面水质指标（32.2%）、跨区污水处理指标（28.5%）、生境指标（18.4%）；较少的三项分别为阻断设施拆除（0.3%）、有水河长（1.0%）、再生水配置利用（1.2%）。北京市某年度水生态区域补偿金核算结果见表 10.8。

表 10.8　　北京市某年度水生态区域补偿金核算结果

行政区编号	合计	水流类补偿金/万元				水环境类补偿金/万元						水生态补偿金/万元		
			有水河长	阻断设施拆除	阻断设施管控		跨区污水处理	跨区断面水质	未完成溢流调蓄建设任务补偿金	再生水配置利用	密云水库上游入库总氮总量		生境	生物
1	14695	0	0			14695	13842	810	43	0	0	0		
2	20651	0	0			20651	18718	1890	43	0	0	0		
3	25490	1440	0		1440	11532		10910	622	0	0	12518	12518	
4	1770	856	316		540	914		780	134	0	0	0		
5	6825	74	74			6751		6640	111	0	0	0		
6	13976	0	0			13976	12176	1800	0	0	0	0		
7	483	72	0		72	411		0	378	33	0	0		
8	3295	1261	1		1260	2035		1050	870	115	0	0		
9	15351	587	119		468	6921		5460	1199	262	0	7842	7842	
10	26388	823	175		648	13321		10121	2743	458	0	12244	8750	3494
11	10605	1342	550		792	8211		7710	487	14	0	1053	1053	
12	6627	294	294			6333	2060	2180	1432	661	0	0		
13	1563	0	0			1563		1260	303	0	0	0		
14	9200	27	27			9173		1560	675	404	6535	0		
15	2875	450	0	450		2425		0	470	0	1954	0		
16	1196	55	19		36	1141		480	387	49	224	0		
17	3157	0	0	0	0	3157	0	270	2887	0	0	0		
总计	164147	7280	1574	450	5256	123209	46796	52921	12783	1996	8713	33657	30163	3494
占比	100%	4.4%	1.0%	0.3%	3.2%	75.1%	28.5%	32.2%	7.8%	1.2%	5.3%	20.5%	18.4%	2.1%

10.6.2　各指标补偿金核算情况

1. 有水河长

以前 3 年 3—6 月有水河长长度为基础计算得出各河段年度考核目标值，根据当年实测遥感数据，开展 103 条河段补偿金核算。最终得出有水河长补偿金总额为 1574 万元，占补偿金总额的 1.0%。其中 103 条考核河段中，有 25 条河段缴纳补偿金（23 条平原河段，2 条山区河段）（表 10.9）。

表 10.9　北京市某年度有水河长补偿金核算结果（缴纳河段）

序号	河流（河段）名称	河段类型	本区河段总长/km	有水河长目标值/km	2022 年实测值/km	减少河长长度/km	分河段补偿金/万元	分区补偿金/万元
1	马草河	平原	12.99	10.34	9.68	0.66	40	74
2	水衙沟	平原	6.39	3.68	3.51	0.17	10	
3	永定河	平原	12.50	12.23	11.83	0.4	24	
4	万泉河	平原	7.24	5.20	2.15	3.05	183	316
5	周家巷排洪沟	平原	11.08	5.91	3.69	2.22	133	
6	柏凤沟	平原	8.33	7.87	7.18	0.69	41	119
7	玉带河	平原	5.55	5.20	4.97	0.23	14	
8	中坝河	平原	11.23	7.99	6.92	1.07	64	
9	岔河	平原	18.14	12.26	9.07	3.19	191	550
10	凤河	平原	27.97	27.71	27.28	0.43	26	
11	旱河	平原	18.14	18.01	17.93	0.08	5	
12	青年渠	平原	5.38	4.60	4.24	0.36	22	
13	小龙河（北小龙河）	平原	3.29	2.74	2.60	0.14	8	
14	天堂河（永兴河）	平原	28.13	18.78	18.07	0.71	43	
15	小龙河	平原	29.23	17.48	13.22	4.26	256	
16	牤牛河	平原	16.16	14.60	12.59	2.01	121	175
17	月牙河	平原	9.81	9.43	8.53	0.9	54	
18	东沙河	平原	3.53	3.52	3.51	0.01	1	1
19	琉璃河	平原	26.51	26.51	26.51	0	0	
20	东沙河	平原	16.46	15.20	14.98	0.22	13	294
21	葫芦河	平原	7.55	6.86	6.09	0.77	46	
22	辛店河	平原	12.27	4.49	0.58	3.91	235	

续表

序号	河流（河段）名称	河段类型	本区河段总长/km	有水河长目标值/km	2022 年实测值/km	减少河长长度/km	分河段补偿金/万元	分区补偿金/万元
23	菜食河	山区	39.80	34.03	33.08	0.95	19	19
24	沙河	山区	17.40	11.79	11.57	0.22	4	27
25	雁栖河	山区	29.42	16.23	15.12	1.11	22	
合　计							1574	1574

2. 阻断设施拆除与管控

（1）阻断设施拆除计划实施年度动态核定，阻断设施拆除及管控总清单共计 146 处。其中纳入阻断流动性拆除清单的有 3 处，管控设施清单的有 146 处。核算得出阻断流动性拆除补偿金 450 万元。

（2）阻断设施管控清单共计 146 处，主要分布于 8 个区。该年度阻断流动性 175 次，阻断流动性管控补偿金 5256 万元。

3. 跨区断面水质

某年度跨区断面水质补偿金核算结果见表 10.10。

表 10.10　　跨区断面水质补偿金核算结果

行政区编号	补偿金/万元		
	扣缴	获得	平衡后
1	810	840	30
2	1890	2970	1080
3	10910	3405	−7505
4	780	2125	1345
5	6640	5835	−805
6	1800	2820	1020
7	0	1800	1800
8	1050	180	−870
9	5460	1650	−3810
10	10121	3704	−6417
11	2180	3109	929
12	7710	2033	−5677
13	1560	4950	3390
14	1260	590	−670
15	0	1050	1050
16	480	240	−240
17	270	0	−270
合计	52921	37301	−15620

4. 密云水库上游入库总氮总量

密云水库共有7条主要入库河流，分别为白河、潮河、牤牛河，清水河、白马关河、对家河、蛇鱼川。根据2022年监测数据，有5条河流入库断面总氮浓度未达到目标值，分别为白河、潮河、清水河、对家河、蛇鱼川。对家河、蛇鱼川未监测到水量，无法计算补偿金。白河、潮河和清水河需缴纳补偿金分别为7123万元、32471万元和1653万元。白河、潮河和清水河入库考核断面总氮浓度受到了上游入京断面总氮超标的影响，按照京内相关区缴纳补偿金时应扣除外省（直辖市）影响的原则，经计算，3条河流京内相关区缴纳补偿金分别为：白河7123万元、清水河1590万元、潮河0万元，其中白河流经3个区，各区的补偿金分别为6535万元、364万元、224万元（表10.11～表10.13）。

表10.11 某年密云水库上游入库总氮总量补偿金核算结果

超标河流	考核断面	目标值/(mg/L)	实际监测值/(mg/L)	差值/(mg/L)	水量/亿 m^3	总量/t	补偿金/万元	备 注
白河	大关桥	2.48	2.74	0.26	1.75	45.37157743	7123	
潮河	辛庄桥	5.88	7.52	1.64	1.26	206.8218576	32471	
牤牛河	兵马营	3.38	—	—	—	—	—	未监测到
清水河	葡萄园桥	1.50	2.46	0.96	0.11	10.52615218	1653	
白马关河	石佛桥	3.28	2.79	−0.49	—	—	—	未超过目标值
对家河	水堡桥	4.606	6.49	1.88	—	—	—	未监测到水量
蛇鱼川	田庄子	4.704	4.83	0.13	—	—	—	未监测到水量
合 计							41247	

表10.12 某年度扣除入境影响河流缴纳补偿金核算结果

<table>
<tr><th>河流</th><th>入境断面</th><th>入京断面浓度/(mg/L)</th><th>协议目标值/(mg/L)</th><th>水量/亿 m³</th><th>外省承担/万元</th><th>外省承担小计/万元</th><th>入库断面应缴总额/万元</th><th>京内应负担总额/万元</th></tr>
<tr><td rowspan="3">白河</td><td>白河—下堡</td><td>9.45</td><td>9.63</td><td>0.8147</td><td>−2302</td><td rowspan="3">−2215</td><td rowspan="3">7123</td><td rowspan="3">7123</td></tr>
<tr><td>黑河—三道营</td><td>6.35</td><td>6.35</td><td>0.5781</td><td>0</td></tr>
<tr><td>汤河—大草坪</td><td>4.68</td><td>4.64</td><td>0.1385</td><td>87</td></tr>
<tr><td>潮河</td><td>古北口</td><td>9.35</td><td>7.20</td><td>1.717</td><td>57957</td><td>57957</td><td>32471</td><td>0</td></tr>
<tr><td>清水河</td><td>墙子路</td><td>4.23</td><td>4.20</td><td>0.1333</td><td>63</td><td>63</td><td>1653</td><td>1590</td></tr>
</table>

表 10.13　　　　　　　白河分区削减强度及补偿金核算结果

序号	主要河流	位置	断面名称	流域面积 /km^2	削减强度 /(t/km^2)	分摊比例 /%	补偿金 /万元
1	白河干流	入区	下堡	730.66	1.02	0.03	224
		出区	下湾				
	黑河	入区	三道营				
	菜食河	出区	南天门				
2	白河干流	入区	下湾	1283.64	0.04	0.92	6535
		出区	四合堂				
	天河	入区	四道河				
	汤河	入区	大草坪				
	菜食河	入区	南天门				
3	白河干流	入区	四合堂	147.94	0.63	0.05	364
		出区	大关桥				

5. 跨区污水处理

跨区污水处理补偿金标准由 1.5 元/立方米调整为 2.5 元/m^3。经核算，2022 年北京市跨区污水处理补偿金 46796 万元，分别由 4 个区进行缴纳。跨区污水处理补偿金核算结果见表 10.14。

表 10.14　　　　　　　跨区污水处理补偿金核算结果

行政区编号	2022 年跨区污水处理补偿金/万元	行政区编号	2022 年跨区污水处理补偿金/万元
1	13842	10	
2	18718	11	
3		12	2060
4		13	
5		14	
6	12176	15	
7		16	
8		总计	46796
9			

6. 溢流污染调蓄建设任务

北京市某年度溢流污染治理补偿金核算结果见表 10.15。

表 10.15　　北京市某年度溢流污染治理补偿金核算结果

行政区编号	雨污合流面积 /km^2	应调蓄的水量 /m^3	补偿金 /万元
1	3.7	172050	43
2	3.7	172050	43
3	93.6	2489760	622
4	34.5	534750	134
5	20.2	444400	111
6	0	0	0
7	29.0	1510900	378
8	44.3	3480167	870
9	51.7	4796389	1199
10	123.0	10368900	2743
11	54.7	1946133	487
12	73.3	5727333	1432
13	36.7	1210000	303
14	53.7	2699433	675
15	45.3	1881333	470
16	30.2	1549260	387
17	71.0	11548268	2887
合计	768.6	50531127	12783

7. 再生水配置利用

再生水配置利用目标根据河长制目标进行设定。通过测算，北京市再生水配置利用补偿金 1996 万元。北京市再生水配置利用补偿金核算结果见表 10.16。

表 10.16　　北京市再生水配置利用补偿金核算结果

行政区编号	再生水配置利用目标 /万 m^3	2022 年再生水利用量 /万 m^3	缴纳补偿金 /万元
1		168	0
2		387	0
3		15779	0
4		10865	0
5		17348	0

续表

行政区编号	再生水配置利用目标/万 m^3	2022 年再生水利用量/万 m^3	缴纳补偿金/万元
6		1898	0
7	750	717	33
8	1200	1085	115
9	1600	1338	262
10	1000	542	458
11	1200	1186	14
12	1500	839	661
13	750	800	0
14	1800	1396	404
15	1830	1831	0
16	500	451	49
17	1500	3491	0
合计	13630	60121	1996

8. 水生态（生境＋生物）

水生态类指标核算河段仅包括 103 条有水河长河段中有监测数据的 46 条河段，占 103 条有水河长清单总河段的 45%。根据监测数据计算得出北京市水生态考核补偿金总额为 33657 万元，其中生境 30163 万元，生物 3494 万元（表 10.17）。

表 10.17　　北京市水生态补偿金核算结果　　单位：万元

行政区编号	合计	生境	生物	行政区编号	合计	生境	生物
1	0			10	12244	8750	3494
2	0			11	1053	1053	
3	12518	12518		12	0		
4	0			13	0		
5	0			14	0		
6	0			15	0		
7	0			16	0		
8	0			17	0		
9	7842	7842		总计	33657	30163	3494

10.6.3　补偿金分配

按照补偿金分配方法得到某年度北京市各区补偿金初步分配成果（表10.18），补偿金总额为164147万元，其中市统筹75558万元、补偿下游区27546万元、返还本区61043万元。

表10.18　　北京市某年度各区补偿金分配初步成果　　单位：万元

行政区编号	总计	跨区断面污染物浓度		其他指标		
		扣缴	获得	市统筹	补偿下游区	返还本区
1	14695	810	840	6934	6921	30
2	20651	1890	2970	9372	9359	30
3	25490	10910	3405	14145	0	436
4	1770	780	2125	297	0	693
5	6825	6640	5835	55	0	129
6	13976	1800	2820	6088	6088	0
7	483	0	1800	22	123	338
8	3295	1050	180	378	295	1572
9	15351	5460	1650	8018	438	1434
10	26388	10121	3704	3920	960	11387
11	10605	7710	2033	718	150	2027
12	6627	2180	3109	1118	1658	1671
13	1563	1260	590	0	91	212
14	9200	1560	4950	6543	324	774
15	2875	0	1050	2089	141	644
16	1196	480	240	241	131	344
17	3157	270	0	0	866	2021
合计	164147	52921	37301	75558	27546	61043

注：其他指标中返还本区补偿金合计数值包含跨区断面污染物浓度获得的补偿金，市统筹补偿金包含跨区断面污染物浓度扣缴补偿金与获得补偿金之差。

参 考 文 献

鲍音娜，2015. 官厅水库生态补偿政策研究 [J]. 北方经贸 (1)：82 - 86.

蔡邦成，陆根法，宋莉娟，等，2008. 生态建设补偿的定量标准——以南水北调东线水源地保护区一期生态建设工程为例 [J]. 生态学报，28 (5)：2413 - 2416.

车东晟，2022.《黄河保护法》中生态保护补偿的制度逻辑与实践展开 [J]. 环境保护，50 (24)：4851.

陈恩民，姜利杰，于新花，等，2023. 水生态产品价值核算与实现研究综述 [J]. 浙江水利科技，51 (1)：58 - 64.

陈鑫，刘建，2017. 不同生态保证率方案下的地下水生态水位确定及调控措施研究 [J]. 吉林水利 (10)：35 - 38，55.

陈钰，2018. 水资源资产管理与水生态价值核算 [C] //中国水利经济研究会，水利部发展研究中心，南京水利科学研究院，等. 建设生态水利推进绿色发展论文集. 北京：中国水利水电出版社：343 - 350.

程明，2010. 北京跨界水源功能区生态补偿标准初探——以官厅水库流域怀来县为例 [J]. 湖北经济学院学报（人文社会科学版），7 (5)：11 - 12.

崔晨甲，李淼，高龙，等，2019. 流域横向水生态补偿政策现状及实践特征 [J]. 水利水电技术，50 (S2)：116 - 120.

戴其文，2010. 生态补偿对象的空间选择研究——以甘南藏族自治州草地生态系统的水源涵养服务为例 [J]. 自然资源学报，25 (3)：415 - 425.

丁振民，姚顺波，2019. 小尺度区域生态补偿标准的理论模型设计及测度 [J]. 资源科学，41 (12)：2182 - 2192.

董战峰，璩爱玉，郝春旭，等，2021. 深化生态补偿制度改革的思路与重点任务 [J]. 环境保护，49 (21)：48 - 52.

杜勇，高龙，杜国志，等，2020. 北方跨区域横向水生态补偿机制研究——以永定河流域为例 [J]. 水利发展研究，20 (5)：11 - 15.

范明明，李文军，2017. 生态补偿理论研究进展及争论——基于生态与社会关系的思考 [J]. 中国人口·资源与环境，27 (3)：130 - 137.

冯艳芬，刘毅华，王芳，等，2009. 国内生态补偿实践进展 [J]. 生态经济 (8)：85 - 88，109.

冯艳芬，王芳，杨木壮，2009. 生态补偿标准研究 [J]. 地理与地理信息科学，25 (4)：84 - 88.

付意成，吴文强，阮本清，2014. 永定河流域水量分配生态补偿标准研究 [J]. 水利学报，45 (2)：142 - 149.

高慧忠，许凤冉，陈娟，等，2023. 基于水资源价值流的跨多区域横向生态补偿标准研究 [J]. 中国水利水电科学研究院学报（中英文），21 (3)：203 - 211.

高雄，2022. 基于外部性理论的新安江流域水生态保护补偿政策优化研究 [D]. 上海：中共上海市委党校.

高艳妮，张林波，李凯，等，2019．生态系统价值核算指标体系研究［J］．环境科学研究，32（1）：58－65．
郭慧敏，王武魁，2015．基于机会成本的退耕还林补偿资金的空间分配——以张家口市为例［J］．中国水土保持科学，13（4）：137－143．
国家发展改革委，2020．安徽省认真践行“两山”理念生态保护补偿成效不断显现［J］．中国经贸导刊（17）：48－50．
国家环境保护局自然保护司，1995．中国生态环境补偿费的理论与实践［M］．北京：中国环境科学出版社：81－87．
韩丽娜，2023．基于水环境基尼系数的辽河流域（辽宁段）水生态补偿标准测算［J］．水利规划与设计（2）：35－39．
韩秋影，黄小平，施平，2007．生态补偿在海洋生态资源管理中的应用［J］．生态学杂志（1）：126－130．
郝春旭，张子怡，董战峰，等，2022．北京市生态保护补偿制度改革与创新研析［J］．环境保护，50（19）：18－23．
河海大学，江苏省水利厅，2022．重大引调水工程水源地水权交易与生态补偿机制研究［J］．江苏水利（3）：5．
洪尚群，马丕京，郭慧光，2001．生态补偿制度的探索［J］．环境科学与技术（5）：40－43．
胡东滨，林媚，陈晓红，2022．流域横向生态补偿政策的水环境效益评估［J］．中国环境科学，42（11）：5447－5456．
胡旭珺，周翟尤佳，张惠远，2018．国际生态补偿实践经验及对我国的启示［J］．环境保护，46（7）：76－79．
黄昌硕，耿雷华，王淑云，2009．水源区生态补偿的方式和政策研究［J］．生态经济（3）：169－172．
黄富祥，康慕谊，张新时．退耕还林还草过程中的经济补偿问题探讨［J］．生态学报，2002，22（4）：471－478．
黄寰，2012．区际生态补偿论［M］．北京：中国人民大学出版社．
黄彦臣，2014．基于共建共享的流域水资源利用生态补偿机制研究——以长江流域为例［D］．武汉：华中农业大学．
黄羽，幸悦，孙晓玉，等，2023．河湖水生态系统服务价值核算研究及应用展望［J］．水生态学杂志，44（1）：18．
蒋毓琪，陈珂，2016．流域生态补偿研究综述［J］．生态经济，32（4）：175－180．
靳利飞，周海东，刘芮琳，2022．适应碳达峰、碳中和目标的生态保护补偿机制研究——基于碳汇价值视角［J］．中国科学院院刊，37（11）：1623－1634．
赖敏，吴绍洪，尹云鹤，2015．三江源区基于生态系统服务价值的生态补偿额度［J］．生态学报，35（2）：227－236．
李磊，2016．首都跨界水源地生态补偿机制研究［D］．北京：首都经济贸易大学．
李群，于法稳，沙涛，等，2021．生态治理蓝皮书：中国生态治理发展报告（2020—2021）［M］．北京：社会科学文献出版社．
李喜霞，吕杰，王美，等，2008．辽东地区公益林的经济评价与生态效益补偿［J］．中国水土保持科学，6（5）：57－61，70．
李燕，程胜龙，黄静，2021．生态产品价值实现研究现状与展望——基于文献计量分析

[J]. 林业经济 (9): 75-85.
李原园，李爱花，郦建强，等，2015. 流域水生态补偿机理与总体框架 [J]. 中国水利 (22): 513.
刘桂环，陆军，王夏晖，2013. 中国生态补偿政策概览 [M]. 北京：中国环境出版社.
刘桂环，王夏晖，文一惠，2020. 中国生态补偿政策发展报告 (2019) [M]. 北京：中国环境出版社.
刘娟，刘守义，2015. 京津冀区域生态补偿模式及制度框架研究 [J]. 改革与战略，31 (2): 108-111, 167.
刘来胜，夏成，高继军，等，2022. 雄安新区多元化生态产品价值实现路径研究 [J]. 水利发展研究，22 (5): 38-42.
刘韬，和兰娣，赵海鹰，等，2022. 区域生态产品价值实现一般化路径探讨 [J]. 生态环境学报，31 (5): 1059-1070.
卢洪友，杜亦譞，祁毓，2014. 生态补偿的财政政策研究 [J]. 环境保护，42 (5): 23-26.
卢洪友，余锦亮，2018. 生态转移支付的成效与问题 [J]. 中国财政 (4): 13-15.
卢金友，柴朝晖，刘小光，2021. 长江河湖变迁与保护目标初探 [J]. 长江科学院院报，38 (10): 16, 15.
马超，常远，吴丹，等，2015. 我国水生态补偿机制的现状、问题及对策 [J]. 人民黄河，37 (4): 76-80.
马东春，于宗绪，高军辉，等，2021. 基于水生态服务价值评价的北京生态城市发展研究 [J]. 北京水务 (5): 16.
毛显强，钟瑜，张胜，2002. 生态补偿的理论探讨 [J]. 中国人口·资源与环境，12 (4): 38-41.
欧阳志云，靳乐山，2018. 面向生态补偿的生态系统生产总值和生态资产核算 [M]. 北京：科学出版社.
欧阳志云，郑华，岳平，2013. 建立我国生态补偿机制的思路与措施 [J]. 生态学报，33 (3): 686-692.
潘佳，2022. 生态保护补偿制度的法典化塑造 [J]. 法学 (4): 163-178.
邱志伟，2017. 水生态补偿制度建设若干问题及对策探析 [J]. 水利规划与设计 (1): 22-24.
任勇，俞海，冯东方，等，2006. 建立生态补偿机制的战略与政策框架 [J]. 环境保护 (10): 18-23.
沈满洪，陆箐，2004. 论生态保护补偿机制 [J]. 浙江学刊，12 (4): 217-220.
沈满洪，杨天. 生态补偿机制的三大理论基石 [N]. 中国环境报 2004-03-02 (4).
舒霖，2018. 水源地生态补偿机制研究——以浙江乌溪江为例 [D]. 南京：南京师范大学.
舒展，邸雪颖，2012. 水文与水资源学概论 [M]. 哈尔滨：东北林业大学出版社.
孙发平，李军海，刘成明，2008. 青海湖区生态足迹评价及对可持续发展的启示 [J]. 青海社会科学，2008 (1): 68-74.
孙翔，王玢，董战峰，2021. 流域生态补偿：理论基础与模式创新 [J]. 改革 (8): 145-155.
孙新章，谢高地，张其仔，等，2006. 中国生态补偿的实践及其政策取向 [J]. 资源科学 (4): 25-30.
汪劲，2014. 中国生态补偿制度建设历程及展望 [J]. 环境保护 (5): 18-22.

王彬辉，2023. 流域横向生态保护补偿制度的完善——以《黄河保护法》为视角 [J]. 水利发展研究 (2)：15.

王晨，姚延娟，高彦华，等，2016. 北京市河流干涸断流遥感监测分析 [J]. 环境可持续发展，41 (6)：170-173.

王德凡，2018. 基于区域生态补偿机制的横向转移支付制度理论与对策研究 [J]. 华东经济管理，32 (1)：62-68.

王富祥，康慕谊，张新时，2002. 退耕还林还草过程中的经济补偿问题探讨 [J]. 生态学报 (4)：471-478.

王国逵，2022. 水源地生态补偿金分配指标体系构建及应用研究 [J]. 水利技术监督 (9)：49-54.

王怀毅，李忠魁，俞燕琴，2022. 中国生态补偿：理论与研究述评 [J]. 生态经济，38 (3)：164-170.

王建华，贾玲，刘欢，等，2020. 水生态产品内涵及其价值解析研究 [J]. 环境保护，48 (14)：37-41.

王江，2014. 密云水库上下游流域生态补偿政策设计初探 [J]. 中国农村水利水电 (9)：68-69.

王金南，苏洁琼，万军，2017. "绿水青山就是金山银山"的理论内涵及其实现机制创新 [J]. 环境保护 (11)：12-17.

王女杰，刘建，吴大千，2010. 基于生态系统服务价值的区域生态补偿——以山东省为例 [J]. 生态学报，30 (23)：46-53.

王钦敏，2004. 建立补偿机制保护生态环境 [J]. 求是 (13)：55-56.

王晓贞，王炎如，2018. 京津冀跨区域调水生态补偿标准与方式研究 [J]. 海河水利 (4)：13-15.

王彦芳，2017. 京津冀地区生态系统服务价值估算与分析 [J]. 环境保护与循环经济，37 (7)：50-54.

吴健，郭雅楠，2017. 精准补偿：生态补偿目标选择理论与实践回顾 [J]. 财政科学 (6)：78-85.

吴健，郭雅楠，2018. 生态补偿：概念演进、辨析与几点思考 [J]. 环境保护，46 (5)：51-55.

吴健，郭雅楠，余嘉玲，等，2018. 新时期中国生态补偿的理论与政策创新思考 [J]. 环境保护，46 (6)：712.

吴乐，孔德帅，靳乐山，2019. 中国生态保护补偿机制研究进展 [J]. 生态学报，39 (1)：18.

吴娜，宋晓谕，康文慧，2018. 不同视角下基于 InWEST 模型的流域生态补偿标准核算——以渭河甘肃段为例 [J]. 生态学报，38 (7)：2512-2522.

吴钊，李戈亮，孙怡萍，2021. 黄土高原水资源调控及生态保护研究评述 [J]. 西北水电 (3)：15.

夏军，张翔，韦芳良，等，2018. 流域水系统理论及其在我国的实践 [J]. 南水北调与水利科技，16 (1)：1-7，13.

相伟，2006. 我国北方农牧交错带生态建设成本体系研究——以吉林省西部为例 [J]. 自然资源学报，21 (1)：92-99.

熊文，孙晓玉，彭开达，等，2020. 汉江下游平原典型区域水生态系统服务价值评价［J］. 人民长江，2020，51（8）：71－77.

熊鹰，王克林，蓝万炼，2004. 洞庭湖区湿地恢复的生态补偿效应评估［J］. 地理学报，59（5）：772－780.

徐晋涛，陶然，徐志刚，2004. 退耕还林：成本有效性、结构调整效应与经济可持续性——基于西部三省农户调查的实证分析［J］. 经济学（4）：139－162.

徐琳瑜，杨志峰，帅磊，等，2006. 基于生态服务功能价值的水库工程生态补偿研究［J］. 中国人口资源与环境，16（4）：125－128.

闫海明，张瑜，李炜，等，2022. 生态补偿标准估算方法研究进展［J］. 河北师范大学学报（自然科学版），46（5）：533－540.

闫伟，2008. 区域生态补偿体系研究论［M］. 北京：经济科学出版杜.

杨光梅，闵庆文，李文华，等，2006. 基于 CVM 方法分析牧民对禁牧政策的受偿意愿——以锡林郭勒草原为例［J］. 生态环境，15（4）：747－751.

杨筠，2005. 生态公共产品价格构成及其实现机制［J］. 经济体制改革（3）：124－127.

杨孟禹，房燕，周峻松，2022. 生态价值实现机制研究进展与启示［J］. 区域经济评论（6）：148－160.

杨文杰，赵越，赵康平，等，2018. 流域水生态系统服务价值评估研究——以黄山市新安江为例［J］. 中国环境管理，10（4）：100－106.

杨中文，刘虹利，许新宜，等，2013. 水生态补偿财政转移支付制度设计［J］. 北京师范大学学报（自然科学版），49（Z1）：326－332.

殷楠，王帅，刘焱序，2021. 生态系统服务价值评估：研究进展与展望［J］. 生态学杂志，40（1）：233－244.

於方，杨威杉，马国霞，等，2020. 生态价值核算的国内外最新进展与展望［J］. 环境保护，48（14）：18－24.

于贵瑞，杨萌，2022. 自然生态价值、生态资产管理及价值实现的生态经济学基础研究——科学概念、基础理论及实现途径［J］. 应用生态学报，33（5）：1153－1165.

俞海，任勇，2008. 中国生态补偿：概念、问题类型与政策路径选择［J］. 中国软科学（6）：715.

曾思栋，夏军，黄会勇，等，2016. 流域水系统理论及模型框架［C］//中国水利学会. 中国水利学会 2016 学术年会论文集（下册）：474－478.

张宏锋，欧阳志云，郑华，2007. 生态系统服务功能的空间尺度特征［J］. 生态学杂志（9）：1432－1437.

张捷，傅京燕，2016. 我国流域省际横向生态补偿机制初探——以九洲江和汀江韩江流域为例［J］. 中国环境管理，8（6）：19－24.

张康波，2015. 我国水生态补偿财政制度创新研究［J］. 中国水利（18）：36.

张莲莹，2015. 生态文明背景下生态补偿机制的思考［C］//2014 年《环境保护法》的实施问题研究——2015 年全国环境资源法学研讨会（年会）论文集：322－325.

张林波，陈鑫，梁田，等，2018. 我国生态产品价值核算的研究进展、问题与展望［J］. 环境科学研究（4）：118.

张林波，虞慧怡，郝超志，2021. 生态产品概念再定义及其内涵辨析［J］. 环境科学研究，34（3）：655－660.

张雪原，张晓明，曹琳，2022. 水生态产品的产业化价值实现路径与模式研究——以九江市芳兰湖片区为例 [J]. 中国国土资源经济，35 (7)：27-35，89.

张翼然，周德民，刘苗，2015. 中国内陆湿地生态系统服务价值评估——以71个湿地案例点为数据源 [J]. 生态学报，35 (13)：79-86.

张志强，徐中民，龙爱华，等，2004. 黑河流域张掖市生态系统服务恢复价值评估研究——连续型和离散型条件价值评估方法的比较应用 [J]. 自然资源学报，19 (2)：230-239.

章铮，1995. 生态环境补偿费的若干基本问题 [C] //国家环境保护局自然保护司. 中国生态环境补偿费的理论与实践. 北京：中国环境科学出版社：81-87.

赵军，杨凯，邰俊，等，2005. 上海城市河流生态系统服务的支付意愿 [J]. 环境科学，26 (2)：510.

赵银军，魏开湄，丁爱中，等，2012. 流域生态补偿理论探讨 [J]. 生态环境学报，21 (5)：963-969.

赵钟楠，田英，李原园，等，2018. 流域尺度综合与具体类型水流生态保护补偿结合的理论与方法初探 [J]. 中国水利 (11)：15-18.

郑海霞，张陆彪，2006. 流域生态服务补偿定量标准研究 [J]. 环境保护 (1)：42-46.

中国环境规划院，2005. 生态补偿机制与政策方案研究 [R]. 北京：中国环境规划院.

中国环境科学大词典编委会，1991. 环境科学大词典 [M]. 北京：中国环境科学出版社.

仲志余，余启辉，2015. 洞庭湖和鄱阳湖水量优化调控工程研究 [J]. 人民长江，46 (19)：52-57.

周晨，丁晓辉，李国平，2015. 南水北调中线工程水源区生态补偿标准研究——以生态系统服务价值为视角 [J]. 资源科学，37 (4)：792-804.

庄国泰，高鹏，王学军，1995. 中国生态环境补偿费的理论与实践 [J]. 中国环境科学，15 (6)：413-418.

Cuperus R，Canters K J，Piepers A G，1996. Ecological compensation of the impacts of a road [J]. Ecological Engineering (7)：327-349.